U0169088

科学之光
LIGHT OF SCIENCE

科学文化经典译丛

美国技术简史

技术信念改变世界

TECHNOLOGY IN AMERICA
A HISTORY OF INDIVIDUALS AND IDEAS

[美] 卡罗尔·普塞尔　主编

洪　云　罗　希　杨　念　译

罗兴波　审译

中国科学技术出版社
·北　京·

图书在版编目（CIP）数据

美国技术简史：技术信念改变世界 /（美）卡罗尔·普塞尔主编；
洪云，罗希，杨念译 . —北京：中国科学技术出版社，2022.1
（科学文化经典译丛）
书名原文：Technology in America：a history of individuals and ideas
ISBN 978-7-5046-9329-7

Ⅰ.①美…　Ⅱ.①卡…　②洪…　③罗…　④杨…　Ⅲ.
①技术史－研究－美国　Ⅳ.① N097.12

中国版本图书馆 CIP 数据核字（2021）第 253557 号

原书版权声明：
Title: Technology in America: a history of individuals and ideas / edited by
Carroll Pursell.
© 1981, 1990, 2018 Massachusetts Institute of Technology
All rights reserved. No part of this book may be reproduced in any form or by any means, electronic
or mechanical, including photocopying, recording, or by any information storage and retrieval system,
without permission in writing from the publisher.

简体中文版由 Massachusetts Institute of Technology 授权中国科学技术出版社在中国大陆地区独家
出版、发行。未经出版者书面许可，不得以任何方式复制、节录本书的任何部分。
北京市版权局著作权合同登记　图字：01-2021-6989

总 策 划	秦德继	
策划编辑	周少敏　徐世新　李惠兴　郭秋霞	
责任编辑	郭秋霞　李惠兴	
封面设计	中文天地	
正文设计	中文天地	
责任校对	吕传新　邓雪梅	
责任印制	马宇晨	

出　　版	中国科学技术出版社	
发　　行	中国科学技术出版社有限公司发行部	
地　　址	北京市海淀区中关村南大街 16 号	
邮　　编	100081	
发行电话	010-62173865	
传　　真	010-62173081	
网　　址	http://www.cspbooks.com.cn	

开　　本	710mm×1000mm　1/16	
字　　数	306 千字	
印　　张	21.5	
版　　次	2022 年 1 月第 1 版	
印　　次	2022 年 1 月第 1 次印刷	
印　　刷	河北鑫兆源印刷有限公司	
书　　号	ISBN 978-7-5046-9329-7 / N·289	
定　　价	108.00 元	

（凡购买本社图书，如有缺页、倒页、脱页者，本社发行部负责调换）

第三版前言

　　每个领域的知识都在随着时间的推移向前发展，因而新知识、让人感兴趣的新主题、新方法以及对旧主题的新观点也会不断涌现。《美国技术简史》第三版新增3篇文章，内容涵盖自第二版以来人们更加感兴趣的主题：蕾切尔·卡逊和环保运动的兴起、吉尔伯特和美国玩具业的发展以及游戏的形成、刘易斯·霍华德·拉蒂默和非裔美国人为获得作为专业发明家和工程师的认可所进行的奋斗。上述3个主题反映出人们对技术领域的兴趣在不断增加，人们不仅关注标志性的工具、机器以及生产、运输和通信的技术，同时还关注技术是如何赋予工作、娱乐和环境的意义。

　　《美国技术简史》初版中的许多章节由技术史的开创者们所撰写，其中有8章由美国技术史学会的前任主席们完成。书中文章是基于已有的学术共识写成，正如这门学科的先驱们所理解的那样。从这个意义上说，它们本身已经成为我们对技术不断发展理解的重要基准，同时也仍然是可靠的事实叙述。除却书中所述事实，今天的读者还应思考两个问题：第一，技

术领域是如何发展成熟起来的？第二，在理解美国技术这一强大却无形的
领域时，有哪些方面被忽略了？

卡罗尔·普塞尔

澳大利亚国立大学

澳大利亚首都堪培拉

2018 年 5 月

第二版前言

    《美国技术简史》自首次出版以来的 8 年中，在各院校的课堂教学中发挥了一定的作用。近 10 年的经验表明，尽管本书并没有涵盖所有内容（比如，本书仍可增加解释性教科书内容和第一手文献资料汇编），但本书将一如既往地客观呈现人们对美国技术史的看法，这是对作者学术水平的肯定。

    《美国技术简史》此次再版，新增 3 章内容，内容涵盖科学管理、电子通信（以扬声器为例）、电子设备集群以及体制安排，正是这些知识体系共同创造了硅谷的计算机产业。本书着重描写了在当时的社会背景下，大量个体通过自身努力发展并优化美国技术的事实。或许美国发明家的黄金时代就是在这一时期。

    此次再版已重新修订供读者进一步阅读的书目，范围涵盖自 1981 年以来出版的书籍。本书确实还可添加更多内容，但感兴趣的读者可以将本书作为进一步研究的开始。

卡罗尔·普塞尔

凯斯西储大学

俄亥俄州克里夫兰

1989 年 6 月

第一版前言

    《美国技术简史》主要探讨的是美国技术的传播和发展，以及推动技术发展和传播的广大美国人民群众。组织传记的编写不是为了传递只有伟人才能推动历史前进这样的观点。相反，技术是人类行为的基本形式，有想法的人们设计了机器及操作过程，建立了制度，承担了技术变革所需的成本并最终享受到其带来的益处。书中涉及的人物包括美国民间名人中最著名的一部分，这些名人的生命犹如一扇窗，读者可以透过这扇窗，观察到想法和制度之间的相互作用，正是这些相互作用发展出了属于当时那个时代的工具。

    书中内容的时间跨度大致为 19—20 世纪，开篇是简短的介绍，第二章描写了美国木材时代的技术（该章适当地突出了职业类型，而不是单个个体）。第三章谈论的是托马斯·杰斐逊（Thomas Jefferson）对于技术在社会中所发挥作用的具体看法。之后介绍了美国这一年轻的国家所经历的工业革命，以及那时的美国为当时的伟大新时代做出的根本性贡献：美国伊莱·惠特尼制造业体系及其他。书中托马斯·P. 琼斯（Thomas P. Jones）那一章描写了当时的教育形式的产业化及制度化。赛勒斯·霍尔·麦考密克（Cyrus Hall McCormick）那一章叙述了工业化发展至农业和杰斐逊时代自耕农民的花园这一事实。詹姆斯·布坎南·伊兹（James B. Eads）一章则阐述了资本和工程如何共同构建横贯大陆的城市商业文明，这些城市由交通网络进行连接。

詹姆斯·比切诺·弗朗西斯（James B. Francis）的职业生涯开创了一种科学技术方式，该方式逐渐淘汰了我们这个时代传统的或依靠经验的做事方式。由亚历山大·格雷厄姆·贝尔（Alexander Graham Bell）发明的电话只是电力让人惊讶的实际应用之一，毕竟诸如贝尔和托马斯·阿尔瓦·爱迪生（Thomas Alva Edison）一类的人曾将电力科学转变为电力工业，他们二人应该是美国技术史过渡时期中最重要的人物。乔治·伊士曼（George Eastman）的经历告诉我们，科学可以给技术带来改变，大公司可以将技术投入生产并销售产品，这已成为 20 世纪美国文化的显著特征。

艾伦·斯沃洛·理查兹（Ellen Swallow Richards）让我们明白，在我们这个社会，技术在许多方面对女性和男性产生了不同的影响，比如，家政服务的工作场所就是人们（主要是女性）可以工作的地方，无论这里是否有机器和工业效率标准存在；正如理查兹主张发展可控的（国内）环境科学，吉福德·平肖（Gifford Pinchot）开创了国家自然资源改革的进步时代，进而引发了第一次的资源保护运动和想要实现资源高效利用的理想；亨利·福特（Henry Ford）的汽车工厂更加生动地展示了科学使各种环境合理化，这是其他地方所不能相提并论的。将科学管理应用于美国的制造业体系，福特的装配线因之成了现代工业时代的标志，正如福特的T 型汽车成了美国现代文明的代表工艺品一样。

查尔斯·A.林德伯格（Charles A. Lindbergh）完成的第一次跨大西洋飞行充分地展现了，基于传统价值观变革美国人民的生活和以日益专有的技术来保障政治民主之间，所固有的紧张关系。我们都知道，"圣路易斯精神"号（由林德伯格驾驶）的飞行完全依赖于非常理性和结构化的工业秩序。巴斯特·基顿（Buster Keaton）和查理·卓别林（Charlie Chaplin）

是好莱坞黄金时代的名人，他们以自己的方式让我们了解现代技术时代的生活是什么样的。

莫里斯·L.库克（Morris L. Cooke）在其职业生涯中始终致力于以电力形式开发廉价、柔性、可分的能源：他希望所有美国人都能享受到现代技术带来的福祉。但是，恩里科·费米（Enrico Fermi）在核能方面的工作以及罗伯特·H.戈达德（Robert H. Goddard）在火箭飞行方面的开创性实验，已经为新技术指明了道路，这些新技术一直在对科学的奥秘进行深入探索，其规模超出了许多国家的预算，恩利克和罗伯特二人的努力只会增强公共和私人企业的实力，而不是个体的实力。

理查德·J.戈登（Richard J. Gordon）提出了出版书籍的想法，卡罗尔·莫拉斯基（Carol Morarsky）和梅里尔·米勒（Merrill Miller）对于本书的筹备及出版给予了极大帮助。

卡罗尔·普塞尔

加利福尼亚大学圣芭芭拉分校

1981 年 2 月

目 录

第一章

美国技术：引言

　　1776 年发生了两次伟大的革命。在欧洲，工业革命开始改变地球的面貌和各地人们的生活。在美国，一场政治革命正在催生一个新的大陆帝国。美国的"革命一代"（The revolutionary generation of Americans）出生时，这个国家仍沿用殖民经济时期所用的中世纪技术①。直到独立革命结束，美国特意引入欧洲新工业技术，进而摆脱英国的政治控制。两场革命不可避免地相互交织，相互影响。美国的改革大大地提高了生产，刺激了消费。工业技术的提升促使美国将精力转向经济增长和大陆扩张。美国采纳了"科学管理之父"弗雷德里克·温斯洛·泰勒（Frederick Winslow Taylor）的建议，即"不再把盈余分配作为首要任务，而重点关注增加盈余。当盈余足够多时，分配盈余就不会有分歧。"直至近年，大多数美国人才开始意识到盈余增长的极限性和技术的局限性。

　　随着第一批定居美国的欧洲人而来的技术，是中世纪取得的成就之一。如方形大帆船（用指南针导航，并在船两侧配上大炮）、重型犁和装有镫的马鞍等，这使得移民能压制住土著人民，然后在此谋生。这些人还修建了

---

① 中世纪技术（Medieval technology），指中世纪欧洲在基督教统治下使用的技术。

工厂来磨谷物、锯木料、织布和冶铁。尽管如此，大多数工艺仍是手工制造，运输工具也以马车和船为主。

随后，自 1763 年詹姆斯·瓦特改进蒸汽机起，一系列震惊世界的新机器和新工艺开启了英国的工业革命，这场革命使手工劳作被淘汰。运输（如运河和收费公路）、纺织业（如珍妮纺纱机和动力织布机）、炼铁（如矿煤、搅炼炉和轧机）等行业，同新兴的土木工程师一起创造了一种新兴的工业技术。美国对此所知甚少，是因为：首先，英国通过立法来阻碍美国工业的发展；其次，战争和缺乏跨大西洋的交流，使得发展中的美国对工业革命一无所知。

随着美国独立战争取得胜利，美国与欧洲重建正常关系，"开国一代"（The Founding Generation）认为，引进技术能够支持这个新国家的发展。美国资源虽丰，但几乎未被开发，那些渴望快速赶超英国辉煌与权力的美国人很快就意识到，要想实现这个目标，就必须用机器来代替手工劳动。1790 年，美国通过了第一部专利法，随后，所谓的"美国佬的独创性"（Yankee Ingenuity）爆发。

奥利弗·埃文斯的自动生产线，是这些震惊世人的发明之一。1785 年，他的磨粉厂把桶安装在传送带上，用来传送谷物和面粉。这项发明如此重要，以至于近一个世纪以来，它一直是美国磨粉厂的标准，直到 1870 年引入了匈牙利的滚轴工艺为止。大约在同一时期，两位发明家约翰·菲奇和詹姆斯·拉姆齐建造了蒸汽船，并在东海岸的河上成功试航。到 1807 年，罗伯特·富尔顿成功乘克莱蒙特北河汽船从纽约市沿哈德逊河航行时，已有十多位美国发明家建造了实验蒸汽船。

美国可互换件制造体系（American System of Manufacture of Interchangeable Parts）是对现代技术最早和最基本的贡献之一。尽管瑞典、法国和英国早有先例，但正是在美国，伊莱·惠特尼首次提出可互换件制造体系设想，并在他的工厂内首次实现将可互换件组装成轻武器。几年时间内，这种体系就被应用于钟表、门锁、缝纫机和小金属部件组装设备的生产中。借由该系统，产品生产成本大幅降低，让原本难以承受高昂价格的民众也用得起这些产品。

1846 年，伊利亚斯·豪申请了缝纫机的专利。缝纫机不仅影响妇女在社会的地位和角色，而且极大地刺激了成衣贸易。此外，它还把大规模生产的技术传到自行车制造业等重要行业，又通过自行车制造业传给汽车工业。到 1860 年，每年大约生产和销售 11 万台缝纫机。

那几年，美国的另外两种设备也值得一提，它们反映了国家的主要需要，促进国家的大规模生产。1834 年，塞勒斯·霍尔·麦考密克为自己发明的收割机申请了专利。1851 年，在第一届世界博览会——伦敦水晶宫博览会上，有人对该设备这样评价——"现有认知和发明中最具价值和贡献的外国发明"。麦考密克使用收割机来收割小麦，实现了加利福尼亚州等小麦大产区的快速发展。

美国的辽阔面积在很大程度上影响了其创新的方向。麦考密克的收割机是为工人稀缺的大型农场而设计。而萨缪尔·F.B. 摩尔斯的电报机（1844 年首次成功应用），则是另一种重要的设备，它打破了美国偏远地区的孤立状态。此外，这也促使了第一次大规模的商业用电。

同电报机一样，铁路也是连接美国全国的重要方式。尽管蒸汽火车由英国人发明，但美国人很快就掌握了该技术，他们改进并利用铁路连通全国的商业市场。1869 年，第一条横贯大陆的铁路线成功建成，这象征着工程技术和组织管理的胜利。

商业和政治的需要也刺激了一系列机器的设计与开发，这使沟通联系更为便利。1873 年出现的打字机，使通信工作机械化，并创造了新的工作岗位——秘书。这类工作不久就向妇女开放，并由她们主导，从而助推妇女走出家门、外出就业。排字机与打字机联系紧密，再加上同一时期以蒸汽发电的"闪电"旋转印刷机，它们共同造就了报纸物美价廉、广受欢迎的黄金时代。1876 年，研究聋人问题的亚历山大·格拉厄姆·贝尔发明了电话。起初，它也是一台用于商业的机器。

尽管这些发明在建设国家、巩固国家经济和政治统一等方面很重要，但它们的出现主要依赖于天才和企业家们的"灵感"。19 世纪的科技迅速发展，科学家们认为人类对自然力量的控制越来越强。随着科学能力和科学自信不断增强，一些旨在刺激、传播和应用新技术的机构随之出现。美国西点军校创办于 1802 年，是美国第一所工程学校，但后来许多私立理工学院和公立工程学校加入了该校。1852 年成立的美国土木工程师学会是第一个工程学会；紧随其后的是 1871 年成立的美国采矿工程师学会；1880年成立的美国机械工程师学会；1884 年成立的美国电气工程师学会，以及其他更专业的学会。在这些学校和学会中，科学技术的诞生源于经验和实验的有机结合。美国内战期间，于 1863 年颁布了国家法律文件，促使联邦各州皆创办了农业和机械学校。同年，国家科学院被特许成立，希望为联邦政府提供最好的科学和技术知识。

与以往相比，20 世纪创新而独特的技术多是诞生于有组织的科学研究中，这在一定程度上要归功于新出现的专业机构。1879 年，托马斯·阿尔瓦·爱迪生在设备齐全、人手充足的实验室里发明了白炽灯，成为 19 世纪末的奇迹。但工业研究真正开始的标志，是通用电气公司于 1901 年创建了企业工业研究实验室。由威利斯·罗德尼·惠特尼领衔，实验室成功提高了电灯效能。截至 1918 年，实验室已雇用了 300 多人。该实验室的科学研究成果斐然，1932 年，欧文·朗缪尔因其在表面化学方面的突出贡献而荣获诺贝尔化学奖。

截至 1917 年，美国工业研究实验室的数量已上升至 375 个，并于1931 年超过 1600 个。个体研究得到了来自联邦政府机构的支持，如美国矿业局、美国国家标准局和美国国家航空咨询委员会等。在美国大多数州，由各州或美国联邦政府资助的农业和工程实验站开展了经济性的研究，与此同时，大学则侧重于发现新知并传授学生，继而应用到生活中。

制度化创新与生产要素合理化相结合。19世纪初，在森林学家吉福德·平肖的领导下，科学家和工程师们发起了一场资源保护运动，提倡在管理有效的基础上进行资源开发，这对能源燃料的影响巨大。自美国成立以来，人们对能源的依赖已从风能、水、木材和动物等可再生或相对无污染的能源，转向煤、石油和天然气等不可再生能源。1850—1900年，能源消耗总量增加约5倍，到1975年，这个数量是1900年的近8倍，当然，越来越多的能源消耗主要以电的形式。特别是1935年联邦政府成立农村电气化管理局后，供电网迅速发展。

在同一时期，受泰勒的经典研究《科学管理原理》的影响，工厂生产时开始关注效率。如发明天才的偶尔闪现的"灵感"被有规划的科学研究所取代一样，自然生长的森林和自由流动的河流也被人工管理的林场和工程控制的水道所取代。现在，传统的手工技能也被科学而精准的机械取代。

在1914年亨利·福特将装配线引入他的汽车工厂之后，这些合理且管理科学的尝试达到了生产巅峰。装配线的原则有：任务分工、下发工作及"产品通过商店有计划、有序、持续地流通"。"福特主义"不仅成为20世纪工业生产的典范，而且在查理·卓别林的电影《摩登时代》中，成为工业技术非人性化的象征。

1941年，美国加入第二次世界大战，联邦政府不得不对这一规模庞大且富有成效的科学技术给予关注。1940年，美国成立了科学研究与发展办公室，由范内瓦·布什牵头，致力于改进战争设备。正如一位历史学家所指出的，它成功地为战争创造了一个全新的电子环境。诸如英国研制的雷达、受控核反应等技术，为战后世界带来了新的技术潜力。计算机、系统理论、喷气推进和农药"滴滴涕"等，都是战争推动科技发展而带来的一部分。同时，政府还着手提高大学在基础科学方面的研究能力。美国在1961年宣布了宇航员登月计划，该计划于1969年实现，这不仅是对新技术的肯定，也代表着人们有信心利用新技术来实现目标。

进入 20 世纪，美国将注意力转向科技发展中存在的成本和收益问题。人们渐渐意识到发展的局限性，包括资源有限和污染增加，这迫使人们更仔细地审视新旧技术。1972 年，美国成立了技术评估办公室，这意味着人们认识到机器和工艺并非百利而无一害。当美国回顾过去、展望未来时，可以肯定的是，无论它选择追求什么样的未来，科技都将发挥至关重要的作用。人们利用科技来满足自己的需求时，虽会更加谨慎，但人们为此实现国家目标的信心也坚定不移。

第二章

美国木材时代的工匠

　　美国早期的技术主要依赖于工匠的技能。这些技能大多古老，就像这些行业中的基本工具一样。一开始，来自大西洋的手工艺人将这些技能带到美国。然后，这些技能通过师徒传授的方式得以延续传承。欧洲工匠不断涌入美国，人们通过书本或指南学习，美国人偶尔到欧洲访学，这些都促进了技能的传播与延续。

　　这时的技术模式，对技能的要求颇高。譬如，见过木桶的人都知道，木板要如何加工才能造出密闭容器。即便制造过程不是什么秘密，外行还是没法快速掌握所需技能。一旦木板拼接稍有偏差，容器就会漏水。同理，木车轮的制作也为大家所熟悉。然而，要造出令人满意的车轮，则需具备充足的实践经验和技能，才能造出合适的零件以组装车轮。

　　更高水平的技能出现于殖民时期，被应用于城镇所开展的大规模手工艺品生产中。另一方面，早期美国人口多为农村人口，他们以务农为生。农民住得偏远，很少见识到箍桶匠（cooper）、工匠（joiner）、细木工匠（cabinetmaker）等人的技能，更别说见识到银匠（silversmith）或军械工人（gunsmith）的技能了。就算附近小镇上有丰富的手工艺品，他们也负担不起高昂的价格。因此，许多美国农民都很擅长制作各类手工艺品，但鲜有精通。他们自己动手，尽己所能，修建谷仓和房屋，制作家具和衣物，制造工具和器具，仅在手工艺者那里购买自己不会制作的物品。

在这种情况下，美国技术与欧洲技术并无显著差别，但美国在某方面享有得天独厚的优势。与其宗主国英国相比，美国拥有丰富的木材。正如人们猜测的那样，第一批殖民者发现新大陆时，它并非全都被茂密的森林覆盖。甚至在沿海地区，森林也遭到破坏。即便如此，此处各种优良的树木比比皆是，而且在早期，开拓疆土的人也不断发现新森林。到殖民时期结束时，东部城市的木材价格上涨，但对于大多数美国人来说，木材仍多到让当代英国人难以想象。

美国有大量现成可用的木材，但人们很少视之为优势。木材是经济的基础，最明显的表现就是它被用于建筑和制造材料。在英国或欧洲的城市中，房屋和建筑中到底使用了多少木材并不为人所知。家具、摆件、小船、轮船、货车、马车及各种工具都是用木头制作的。其次，木材是这个时代的主要燃料。尽管效率低下，木材依旧被用于供暖和烹饪。有时，它也以木炭的形式作为燃料用于冶金和工业生产。最后，木材可被制成重要的化工产品，例如工业碱碳酸钾；木材也可被烧制成木炭以制作火药；槲树皮中的单宁可用来制革。在当时的技术水平下，木材的地位可见一斑。

美国丰富的木材供应带来了许多好处，但也伴随一些不利影响。铁无疑是木材时代最重要的产物之一，以焦炭、石灰石和铁矿石为原料，在高炉中炼制而成。英国的树木被过度采伐，致使丰富的铁矿无法被炼制成铁。因而，英国不得不过度依赖于北欧以获取必需的铁。英国在美洲的殖民地有大量的铁矿石和木材，这有助于冶铁。然而，当英国发展焦炭冶炼时，其殖民地并没有效仿。这是因为，殖民地仍有大量木材，而木炭冶铁的品质比焦炭冶铁更佳。不幸的是，对美国而言，英国的焦炭冶炼很快带动其他技术的进步，并促进了工业革命的发生。19世纪初，美国之所以在工业发展中落后，正是由于坚持过时的方法——用木材来冶铁。

在木材的大量应用领域中，美国木材供应充足的优势也很明显。例如，造船业，这是当时最重要的行业之一。而造船所需的基本原料是木材。英国在这方面毫无优势，因为它缺乏充足的木材来造船以扩展贸易。于是，英国不仅依赖美国提供的桅杆和木材，也依赖美国制造的船舶。美国也为自己造船，用于商业、捕鲸及捕鱼。到美国独立战争时期，三分之一挂有英国国旗的船都由美国制造。美国的贸易和繁荣，很大程度上基于发达的造船业，充足可用的木材造就了美国精湛的造船工艺。若不是造船和冶铁在数量上远超宗主国，美国将永远无法赢得独立战争。

造船技术的典型之处，就在于它依赖个人技能，依赖学徒模式来学习复杂的手工艺。在大城市中，大批量造船的能力不断提升，这丰富了造船所需工艺。事实上，罗得岛州纽波特（Newport, Rhode Island）等海港城镇的手艺人，大部分都被早期最大的科技公司召集来制造远洋船。造船不仅需要造船工、木匠和捻缝工，还需要工匠、铁匠、锡匠、仪器生产商、油漆工、上釉工人、索道工和制帆工。许多既不制作也不使用木制品的工匠，完全依靠为造船业提供木材来维持生计。

到殖民时代，当木材时代的技术所依赖的手工技能被同化时，美国的创造力并不突出。只有工具、技术和设计等慢慢发生了改变，且欧洲和美国模式间的许多差异，体现在不同的需求上，或不同的材料、技能供应上。例如，在美国，用木头修建的建筑物，就比欧洲用石头或砖修建的多。尤其是在新英格兰，那里缺乏建筑用石，优质的制砖黏土稀少，除大城市以外，木质建筑普遍存在。木质建筑，在边境的建筑中占了大部分。美国一些地方引入了瓦屋面，主要用木瓦或茅草，但有时也用石板，这很快就传到各地使用。

这些变化和改进有时是无声的，有时是渐进的，就像优雅的美国斧头一样。美国斧头的出现暂无记录，难以通过知情人追根溯源。这个美国斧

"飞云"号帆船（19世纪由新英格兰造船厂建造），是速度较快的木制飞剪船之一，一天可行驶约696千米

资料来源：美国国家档案馆

头身上有着许多小改变，毫无疑问，它经过不断试验后产生，这显然是一种进步。美国的斧头比欧洲的斧头更坚实，制作得更匀称，斧口和斧背质量相当，且重心接近斧柄中心。斧柄呈弯曲状，不再是直的，更贴合斧工的身高和摆动幅度。

因此人们砍树的速度大大提高。试验表明，在限定时间内，用美国斧头砍倒树的数量是用欧洲斧头砍倒的3倍。这种进步不是因为美国创造力水平提升，而是因为斧头在这片新大陆上得到大量使用，从而带来了美国的改变。

19世纪，当美国在木工机械的发展中占据领导地位时，一项类似但基础更广泛的技术成就被写入历史。动力木工机械很早就出现在美国。在殖民时期，锯木厂的数量仅次于磨粉厂；它们主要依靠水力发电，不仅为殖民地提供了大量锯材，而且还出口到西印度群岛。同样，大量砍伐和使用的木材，为美国的创新打下基础。

锯木厂里的排锯、去角锯和其他改进也随之而来。与其他地方相比，美国的成型机、刨床和木材精加工设备发展得更快。这当中有一些是个人发明创造的特殊产品，例如布兰卡德车床，它由托马斯·布兰卡德（Thomas Blanchard）发明，可以根据模型的图案自动制作复杂的木制品。在这种情况下，枪托可以生产得更快，且对操作员的技能要求更低。这一模式很快得到广泛的推广。

另一个诞生于美国丰富的木材资源的特殊发明，就是轻捷构架房屋。1833 年，奥古斯汀·D. 泰勒（Augustine D. Taylor）在芝加哥引入轻捷构架房屋。轻捷构架采用轻质木材，木材长短多样，取代之前需仔细安装和连接沉重木材——最终采用约 5 厘米 ×11 厘米的木板而不是约 60 平方厘米的木材。这大大减少了木材的消耗而节省开支。采用轻型构架也加快了建房速度，并降低对建房技能的要求。轻捷构架房屋只需将材料装订好即可建成——省去了切割榫接的繁琐过程，或钻孔安装木栓的过程。

在伐木和木工工作中，提倡机械化加工和简化工匠工作。因其拥有大量的木材，木材和木制品在经济中具有重要作用，美国在伐木和木工工作有了显著进步。

与此同时，其他力量也在助推机械化和工作简化的发展。美国人迅速适应了工业革命的发展，而工业革命的一些重要开端刚好与美国独立战争同时发生。他们尤其愿意接受机械化纺织品的生产和引入蒸汽机。事实上，他们也推动了重大发明和创新，如 19 世纪前 10 年制造了蒸汽机，19 世纪 20 年代制造了纺织机。随后，美国率先采用了可互换零件与工厂体系相结合的模式，进入大规模生产，英国人称之为"美国制造体系"。

机械化技术被应用于伐木和成型，促使木工机械取得巨大进步。丰富的木材为美国发明制作钟表奠定了基础，成为美国体系中引人注目的发明之一。枪支的生产开始采用可互换零件，且主要在康涅狄格河谷等区域进

建造轻捷构架房屋的速度很快，对技能要求简单，就如这些在印第安纳州建造房屋的阿米什农民所展示的这样

行。在这里，伊莱·特里（Eli Terry）在钟表制作中也作出类似调整，大量手工黄铜钟表和木质钟表的齿轮被统一为标准模型。这些木质钟表价格低廉，大量生产，迅速占领了市场。在可互换零件的基础上，昌西·杰罗姆成功地制造出黄铜发条。倘若木制品未实现大规模生产，那么这种复杂的生产也难以实现。

布兰卡德、泰勒、特里及其他工匠和手工艺人，传承着几世纪以来的工匠们的精神：从工具和技术入手，他们潜心学习，直至精通。学习之初，他们采用传统的方法，模仿常见的模型。

是什么促使他们能打破既定的生产模式，进而发明简化的机械化生产新方式，并在过程中改变产品呢？正是这段历史时期的机遇，特别是美国以木材为基础的技术，鼓励了他们的发明和创新并最终促进了生产流程和产品生产方式的简化以及机械化。事实上，这种契机与早些时候在英国引起的传统工业革命以及在美国产生巨大吸引力和影响力的成就是一样的。

然而，鼓励发明和创新并不总能促进机械化。桁架桥最初全由木材建造，在以木材为基础的技术中，一种更古老的变化出现在桁架桥的建造上。在道路建设中，这些桥梁用来渡河，但长久以来美国的道路建设一直不发达甚至质量低劣。随着铁路的大力建设，对廉价桁架桥的巨大需求，以及对发明和改进的资金支持也大量出现。美国的铁路纵贯南北、横穿东西，必须以尽可能低的成本建造。与其挖填造路、绕路远行，不如选择小弯道和小斜坡及经济实惠的桥梁更为可取。

因此，发明家们被鼓励发明新的桁架结构。桁架要求坚固牢实，经济实惠，并满足既省料又省力的目标。一时间，发明者们为新桁架申请了大量专利，他们都希望自己的发明能够被采用好大赚一笔。在简化和经济建设过程中，而非机械化过程，又新又好的桁架诞生了。

在另一项以木材为基础的技术行业——造船业中，美国推进的变革和改进计划也未能实现机械化。但就像桁架桥一样，这刺激了所谓的设计改进。美国在建造运输木船上经验丰富。通常，美国的发展计划往往会针对特定的需求而进行。例如，达勒姆船（the Durham boat）是一种大型低负压船，在东部河流被用于运输散装货物。西部的龙骨船（the western keelboat）也有类似的使命。巴尔的摩快速帆船（the Baltimore clipper）是美国特有的帆船，专为航海而设计，在后来的国际比赛中，美国人取得了重大的设计成就。

或许在 18 世纪末造船业所提倡的变革在美国护卫舰设计中得到了最好的体现。这些船的总体概念源于美国领先的造船专家约书亚·汉弗莱斯（Joshua Humphreys），他制造的船与法国或英国的原型大相径庭。他的44 艘火炮护卫舰比同等级别的舰艇更大、装备更重，而且线条精细，这使它们拥有更佳性能。它们是传统意义上的创造性创新，代表现有模型的改进——而非种类上的差异。

于是，基于美国丰富的木材，结合现有各种需求和机会，工匠们进行了多种变革、发明和改进。他们根据国内情况，进行了大量引人注目的设计改进。他们的许多创新成果，确实为 19 世纪的简化和机械化运动做出了贡献。发明创造得到大力支持，要求美国工匠们多关注变革，少追求技艺的精巧以提升生产。

当然，这个过程造就了许多美国特色。例如，有人提出"替代经济"——即制造短期使用后可更换，无须修理，或在磨损状态下仍可使用的廉价商品——也许是基于以木材为基础的技术而发展起来的。此外，由于木材丰富，且美国并没有过多浪费。他们使用的锯子比先辈用的锋利、效率更高——并不用担心像其他锯子一样会带来木屑浪费的问题。

木材的应用改变了美国、许多技术的本质以及世界。他们也改变了那些推动这些发展的人——工匠。今天，美国人比以往更能认识到，这些发展是以带来一定的不利影响为代价，并不是所有的改变最终都是好的。然而，在那个时代，那些改变创新确实是伟大的成就，其所带来的负面影响退居其次。那些改变创新在带领美国走向当代世界的进程中发挥了重要作用。

第三章
托马斯·杰斐逊和美国技术

在所谓的"1800 年革命"中，托马斯·杰斐逊（Thomas Jefferson）当选美国第三任总统，这标志着西方世界共和理想的实现。这一成就体现美国坚信它有能力为民众实现独立自主的同时，也有能力运用先进的知识为民众谋福祉。

杰斐逊，共和党思想家，18 世纪末期精通文理的学者，在以技术为主导的 20 世纪，他是技术民主化的杰出代言人。

杰斐逊所处时代的弗吉尼亚（Virginia，位于美国东部大西洋沿岸），与 20 世纪的社会环境有很大差别。在这里，精英文化组织严密，扎根于以农业为基础、保守传统的社会中，且强烈依赖于奴隶制。但是，1776 年的美国还太年轻，尚不能培养出真正的贵族。杰斐逊的父亲彼得·杰斐逊（Peter Jefferson）是勘测员，就像许多弗吉尼亚的贵族过去所做的那样，他通过精明的算计，成功地获取了这片新大陆上的大片森林和农场。

对积极进取的人而言，那时的美国充满机遇。与根基稳固、家产丰厚的家族联姻，能给个人带来财富，并赋予个人一定的社会义务和激励，并由此接受良好教育、积累公共事务经验及发展个人威望。托马斯·杰斐逊继承了土地财富和传承了尊重知识的理念。他和乔治·华盛顿一样，掌握了测量技能。杰斐逊继承父业并勤劳开垦，使他在里瓦纳河上的庄园——蒙蒂塞洛，达到了史无前例的规模。这个建筑不仅体现了 18 世纪的工艺和文化水平，也体现了杰斐逊在学术上的追求。

杰斐逊既是学者又是政治家、思想家，对他而言，欧洲，尤其是法国，是适宜的精神家园。作为本杰明·富兰克林（Benjamin Franklin）的接班人，杰斐逊被任命为美国驻法公使，他与法国的科学家及学者们建立紧密联系。尽管从未深入了解过英国和英国文化，他却对英国和英国文化都不太喜欢。然而，英国工业革命发展迅速，这使杰斐逊对英国的技术钦佩不已。同时，他也清楚科技发展为城市和人民带来的好处。他敏锐地意识到，让法国哲学家为之着迷的实验科学，在英国的用途是将劳动力和资源转换生产出服务生活的商品。

美国自然资源丰富，殖民者在此自由发展。这巧妙地影响了大众口味和企业家才能。此时的科学，仅悠闲的牧师和其他业余爱好者会接触，或存在于美国的早期大学。对大多数殖民者来说，技术是因他们对现实需求而作出的自然回应。采纳"专业知识"（"know-how"①）而非"事实知识"（"know-what"②）的方法获取知识，自然很符合务实的美国人利益。美国人可以自由地借鉴欧洲的知识和经验——杰斐逊的海外之旅、他所钟爱的那些书以及拜访蒙蒂塞洛的学者，对美国人自由借鉴欧洲的知识和经验有所帮助。

作为美国哲学学会（American Philosophical Society，APS）的成员和主席，杰斐逊积极促进学会成员与欧洲重要的科学人士的联系。他写给

---

① "know-how"：专门知识、技术诀窍，最早指中世纪手工作坊师傅向徒弟传授的技艺的总称。多指从事某行业或者做某项工作，所需要的技术诀窍和专业知识。

② "know-what"：事实知识，指可以直接观察、感知或以数据表现的知识，如统计、调查资料等。

大西洋两岸学者的大量信件，翔实地呈现了杰斐逊热衷学习丹尼斯·狄德罗（Denis Diderot）著名的百科全书的精神，他为同事们找到了这本书，令同事感动。尽管他的图书馆在火灾中损失惨重，也代表了启蒙运动知识传播的缩影。1814 年，英国军队烧毁了华盛顿的国会大厦（the National Capitol）及珍藏有 3000 册书籍图书馆。杰斐逊从自己的图书馆中捐赠了11 车书，约有 6500 册，作为国会新图书馆的主要藏书。

即使这片大陆饱受战争摧残，经验主义学者们对学习的这种热诚仍久盛不衰。同样地，一个作风传统、宗教虔诚的民族，对法国启蒙运动中奇怪的社会和政治教条也可能保留意见。他们已失去继续革命的热情，转而重新寻求社会稳定和经济繁荣。因杰斐逊热爱法国革命哲学，对宗教持怀疑态度，使得许多反对他的联邦党政客，深信他难任公职。

作为一个启蒙运动者，杰斐逊积极探索认知这个世界。现在，有关宇

托马斯·杰斐逊（伦勃朗·皮尔的作品）
资料来源：纽约历史学会

宙的问题可待揭秘；艾萨克·牛顿（Isaac Newton）也意识到了这一点。倘若杰斐逊对这个宇宙及其规律、天体力学和壮观的地球有着强烈的好奇心，那么他的好奇心是为了探索奥秘，促进人类条件的改善。他在1763年说道："我相信，完美的幸福从来都不是神给予的，但他已经在很大程度上赋予我们力量，让我们接近幸福，这是我一直坚信的。"

18世纪是一个共和主义的世纪，人们推崇科学与理性，这两个概念在政治上也得到重视。杰斐逊说："科学在共和政体中比在其他任何政体中都重要。"他认为，共和环境不仅特别适合科学和技术，而且这种结合还有助于培养新的美国民族主义意识。确实，正如杰斐逊所说："像美国这样一个新生的国家，我们必须依靠学习其他国家的科学来发展，它们比美国建国更久，拥有更好的方法，也比美国更先进。"新大陆为探索科学技术提供了前所未有的机会。他给哈佛大学校长约瑟夫·威拉德（Joseph Willard）建议道："这是贵校培养年轻人的发展方向。我们奋斗了大半生，为他们争取到来之不易的幸福，应该让他们奉献宝贵的时间以助推美国成为追逐科学和美德的国度。一个国家有多重视科学和美德，这个国家就有多自主。"

这位蒙蒂塞洛的全能学者饱含民族自豪感，他对那些外国科技发明的声明保持警惕：他认为有些发明源自美国，但被其他国家占为己有；尤其涉及居高临下的母国时。杰斐逊认为，美国专利局（The Patent Office）是美国创造的象征，他给专利局的局长威廉·L.桑顿（William L. Thornton）建议道："我认为英国人必须承认我们的发明能力远超他们，我们的专利局就是最好的证明。"他和大多数美国人一样，对新政府雇佣欧洲工程师和技术人员的行为持怀疑态度，因为这将使美国本土人才发展受阻，进而损害国家技术。

杰斐逊的美国民族主义意识时常会让他反应激烈，欧洲评判美国科研创新成就不足，且否认借鉴国外经验，他会过度反驳。他指出，就人口基数而言，法国的人才理应比美国的多6倍，而英国的至少要比美国的多3

倍。但是，他也信奉科学无国界，他拒绝以任何方式限制其他国家使用他的发明，并敦促各国像科学学会那样，和谐组织国际关系，建立"遍布全球的兄弟会"。

如果说杰斐逊深信科学技术对共和政体的成功至关重要，那么，他则更关心科学技术对民众日常生活的影响。即便在杰斐逊有生之年，美国民众对术语"民主"了解甚少。他关注应用科学和社会变革，这体现了他对普通民众的信心。在民主国家，灵活自主和变革是最有利于技术进步的条件；理性在科学进步中得到了很好的展示，必将取代迷信，知识必将取代无知；保守主义必将适应社会变革。他指责新英格兰的神职人员过于关注先辈观点和行为，"而非向前看，以寻求进步"。罗伯特·富尔顿（Robert Fulton）因他成功发明蒸汽船而广受赞誉，杰斐逊在1810年给他的信中写道："我既不担心新发明和进步，也不固执坚持先辈的做法。印第安人的盲目执着使他们在文明世界中处于未开化状态。"

如果理性和才能的目标是为人民服务，那么实用性应该是评判民主技术的最终标准。这种符合人民需要的能力，也符合最高的人道主义目标。在这个新生共和国里，纯科学与技术之间的界线不再分明。一位合格的科学家，如数学家、天文学家大卫·里滕豪斯（David Rittenhouse），有时会感到因科研不堪重负，但也很少会因被指派去做钟表或测量等技术任务而感到不快。杰斐逊计划在他创办的弗吉尼亚大学（University of Virginia）引入以技术为导向的课程，并敏锐地观察到"我曾煞费苦心地去弄清那些智识之士和具有科学头脑的人们所认为具有培养价值的学科"。他抱怨说，现有学校教授的科学版本"对技工和实干家有限的需求而言太冗长了"。

杰斐逊考虑将科学发明投入到日常应用，这免不了会被拿来同富兰克林做比较。他们二人都有着对人类及其世界的强烈好奇心，都持实用的科学观点。杰斐逊在1783年给一位记者的建议中赞同富兰克林，富兰克林"被赋予了研究自然的天赋"。富兰克林写道："我建议多花时间做实验，少花时间做假设或想象，我们都喜欢用这些假设和想象来取悦自己，直到被某个实验摧毁。"富兰克林以《穷理查历书》(*Poor Richard*)的日晷实验为例，这个实验中，太阳的光照在12块凸透镜和一列火药上，能依次点燃78发火药，他说："让大家知道许多私人和公共项目就像日晷实验一样，花费巨多，却毫无获利。"

尽管在自然哲学上杰斐逊是经验主义者，他也认可假设推理的意义，他说："我的信念比现实走得更远。因为，通过不同假设的碰撞，真理可被引出，科学终将进步。"事实证明，富兰克林是更好的科学家，他擅长观察自然现象并据此进行实验，他也是改善壁炉的发明家。杰斐逊本希望退休后能继续研究自然科学，但到了晚年时，他发现科学的发展速度极快，他已难以追随。

杰斐逊关注应用科学提升人民的生活质量，这使他更擅于发现有用的东西。他出国时，会给朋友和他的人民带回一些有用物品。他宣称："通过交换有用的东西来促进全人类的共同利益的实现。"这激发了一系列的想法、书、商品和发明的出现，进而丰富美国的技术知识。对某些人而言微不足道的东西，却可以促进了凸版印刷和橄榄油灯改良，对杰斐逊而言，那些小东西是激发好奇心的工具。他发现火柴是一个"美丽而有用的发现"，可以用来点燃蜡烛、生火和封信。

杰斐逊坚决捍卫将"实用"科学的独创性用于国家发展。在他看来，这代表实用科学的民主化，不管它们用途有多甚微。1812年，当他在卡莱尔（后改名为狄金森，英国英格兰西北部城市）学院计划开设化学课程时，他给托马斯·库珀博士(Dr. Thomas Cooper)建议道："你知道富兰克林博士的科学研究为什么受人欢迎吗？因为他总是努力让科学为人们服务。"他说："化学家们对此还不够关注。我希望看到他们将科学应用到国内的生产，例如冶炼、酿造、苹果酒制作、发酵和蒸馏、面包、黄油、奶酪、肥皂等的制作和鸡蛋的孵化中。我很高兴你们的课程大纲中有这些主题。我希望你能让那些善良的家庭主妇们也懂得这些化学科目。"

1815 年，他批准了乔治·弗莱明（George Fleming）发明的新型蒸汽机，该蒸汽机操作简单、价格便宜、适用范围广。杰斐逊说："对日常生活有益的小发明，比只适用于实现大目标的发明更有价值。少数人关心利益，而更多人关心实用性。"杰斐逊建议他发明"家用机器"（domestic machine），用来提水、洗床单、揉面包、加热玉米粥、搅拌黄油、转动叉子。如果这些看起来微不足道，他解释道："家用机器对普通人来说，可能一台可以驱动 30 对磨石的发动机相对而言比瓦特和博尔顿的机器更有价值。"杰斐逊因改进了普通的犁而略感愧疚，1978 年 3 月，他认为有必要向伦敦国家农业委员会主席约翰·辛克莱爵士（Sir John Sinclair）道歉，他说："将文化人满意的科学理论与没文化的劳动者的实践相结合，这种结合将被社会上最有用的两个阶级所接受。"

将科学理论应用于实践背后所呈现的是杰斐逊的好奇心和丰富的知识。蒙蒂塞洛的大厅、墙壁、建筑设计、厨房、车间和家居陈设无不展示着他多样的兴趣。据说，他的图书馆里有多卷关于草原土拨鼠家谱和跳蚤敏捷性的研究资料。他不仅对音乐感兴趣，而且也爱探究小提琴产生音乐的物理和声学方法。他对数学有浓厚的兴趣，甚至将国家的货币改为十进制，以及改进古老的度量衡制度，"让会简单乘除的人，在生活中的方方面面中应用到算数"。

美国有着环绕广阔的海岸和优良的海港。但却是一个军事弱国，因此杰斐逊在外交政策上奉行防御立场。杰斐逊十分喜欢富尔顿发明的"鱼雷"，或叫"水雷"。他说："我真心希望鱼雷能拥有可以击沉海舰的射程。"然而，杰斐逊也支持组建一支只使用廉价炮艇就能保卫港口的精锐海军的观点。他任职期间，至少修建了 176 艘炮艇，每艘长度有 15—21 米，这些船与华丽的鱼雷相比，并不出彩，因此被抨击他的人戏称为"杰斐逊的民主下沉基金"。1802 年，他组建了以技术人员为主而非军人的一支工程师队伍，作为西点军校的核心。杰斐逊和富兰克林一样，也对气球同样着迷，他认为航空作战可对敌人的阵地一目了然，从而陷敌人于困境。

杰斐逊对新发现和发明有着独特见解。传言他发明了一个建在小山上的锯木厂，靠帆式风力系统发电，并借助理论验证此方案的可行性，但他对实际问题考虑欠佳，未想过如何将笨重的锯木搬上山去。然而，杰斐逊关心的不仅仅是想象中的锯木厂。担任副总统期间，他派遣两名特使前往欧洲，目的是搜集"美国人关注的"欧洲技术领域的信息。必须仔细观察与农业利益相关的一切，以及"机械艺术的发展，因为它们反映了美国的必需品及那些不便运输的器具，如铁器、炉子、采石场、船只和桥梁"。但就较轻的机械艺术和制造业而言，有些根本不值细究，因为"就目前的环境而言，美国不可能快速成为一个制造业国家，投入过多的精力势必造成浪费"。当然，大多数具有农业思维的美国人也有同样的判断。不过，1789年在法国时，杰斐逊对早期可互换部件的试验很感兴趣，他把样品和说明书寄给了战争部长亨利·诺克斯将军（General Henry Knox），希望这位发明家和他的工人能在美国模仿生产，但这显然是徒劳的。在英国，他就蒸汽机的相对效率采访了马修·博尔顿（Matthew Boulton），并得出了一个令人印象深刻的结论："一配克（1配克≈0.0089立方米）半的煤燃烧产生的能量和一匹马跑一天产生的能量完全一样。"与此同时，他继续收集各式各样的新书，并运往美国。这些书中所含的欧洲的知识和思想可以更广泛地为美国人服务。

杰斐逊预测，美国人之后会热衷于机械器具。作为一个忠实且执着的通讯者，他对一位费城人发明的一种独特的复写装置——"复写器"很是满意。"复写器"由一张桌子组成，上面有一个机械运动装置，悬挂着3—5支笔。杰斐逊对此感到非常高兴，他可以同时复写出几份原稿的副本，且保留自己的书写风格。杰斐逊追求完美，这使他不断寻求进步，他说："我对这个'复写器'很满意，我认为花时间发明完全符合我需求的东西很值得。"他称这个"复写器"为"便携秘书""本世纪最佳发明"——对于不那么热衷于书信写作的美国人来说，不一定认可此观念，因此"复写器"并没有得到广泛的普及。

绝大多数美国人仍以农业为生，杰斐逊建议将农业提升为一门科学，以便所有美国人都能享受当代土壤改良试验、多样化耕作、保护、耕作和收获技术带来的好处。当他还是国务卿时，杰斐逊听说费城附近的一个农场里有一种新的打谷机，他就亲自去观察。杰斐逊在一份英国收割机的介绍中看到一个模型，于是便在蒙蒂塞洛亲自仿制。结果并不如人意，所以他继续寻求改进。

杰斐逊最引人注目的发明，当然是他自己基于数学原理而倾心设计的犁。这种犁减少了与土地的摩擦，从而更节省马力，消耗同样的能量可以犁得更深。1788 年在法国时，他注意到南希（Nancy，法国东北部城市）附近的农民使用的犁板很笨拙。在蒙蒂塞洛（此处指美国肯塔基州韦恩县的一个镇），他通过计算找出犁切割的最佳形状，这种犁后来在蒙特塞洛被推广。他发现，普通的犁往往会磨损成类似的形状——这证实了这种犁的成功之处。杰斐逊并没为这项发明申请专利，相反，外界对他成就的认可使他比较满意，这其中就有法国农业协会颁发的金质奖章和英国农业委员会让他成为荣誉会员。

蒙蒂塞洛人民渴望自给自足，这激发了杰斐逊的兴趣，开始关注任何有助于实现该目标的过程或设备。作为国务卿，他负责专利注册。1793 年 10 月，他收到了伊莱·惠特尼（Eli Whitney）发明的轧棉花机的图纸。他匆忙给惠特尼写了一封信，信中充满了对这台机器的惊讶与好奇。"我们最大的困难之一是清除棉花种子。"他说，"我对你成功发明家用机器十分感兴趣。"他想知道这台机器是否已经被彻底地试验过了，或者还"只是一台理论性的机器"——这是另一种暗示，表明杰斐逊关注以实用性作为发明标准。

从 1769 年开始，杰斐逊在弗吉尼亚州查尔洛特斯维尔附近的蒙蒂塞洛设计并建造了自己的家，用来展示他的实用想法和发明

　　家用技术为杰斐逊提供了最大的机会来展示他与生俱来的才能。近两百年来，蒙蒂塞洛的访客们一直对这位民主信徒发明创造的那些奇怪而巧妙但却实用的装置感到惊奇，并从中找到乐趣。他的发明清单很长，种类繁多，其中包括了车间和工具。一种可旋转设备（即旋转衣架）的设计是为了方便悬挂和取出衣物。旋转椅方便杰斐逊一览书房四周的风景。在他的可调节音乐架中，旋转椅可随桌子转动。拐杖，打开时有 3 条腿，中间连接一块布，即可成为一张方便的椅子。一种特殊的机械装置（即自动门）可以同时打开两扇玻璃门。

　　还有一些杰斐逊想象创造的成果。著名的蒙蒂塞洛日历钟，一面在屋内，一面在屋外，用炮弹做砝码，一周上一次发条，不仅可以报时，还能展示日期。东边门廊上有一个巧妙的风向标，用一根杆子与下面天花板上的刻度盘相连，告知主人和邻居风向。蒙蒂塞洛的天花板也是防火的。作为一个永远不安分的"漫游者"，杰斐逊发明计步器来测量他的行程，并在他的马车上加了一个里程表来计算里程数。

　　杰斐逊乐于接待贵宾，这激发了"服务餐盘"的发明，客人能快速吃到热食。一个垂直的旋转设备竖在中央，上面放一块餐桌板，板上可放菜，这样就可避免用餐时走动，也可避免仆人在就餐时偷听聊天。升降机（也称哑巴服务员）隐藏在壁炉两侧镶板后面，可将杰斐逊珍爱的葡萄酒从地窖运输到餐厅。

在担任总统期间，杰斐逊深切关注国防问题，他设计了一个干船坞模型，以使他宝贵的炮艇免受风暴和腐烂的侵蚀。大多数炮艇被作为早期版"后备舰队"保留下来，这是"二战"带来的创意，是国防与经济的结合。杰斐逊自豪地把一个模型放在壁炉台上，尽管他的批评者对此发明难以接受。

新政府面临的一个主要问题是给予科学和发明适当的支持。新宪法规定对发明给予"有限"期限的垄断专利授权，以保护发明。杰斐逊对这种支持有着强烈但并非固执的看法。他的基本思想是坚信思想自由，限制发明的使用将带来不利影响。1788年，在一封从法国寄给詹姆斯·麦迪逊（James Madison，美国第四任总统）的信中，杰斐逊诚恳地建议禁止垄断，哪怕是有限的垄断。麦迪逊试图说服杰斐逊，他说："垄断是多数人对少数人的牺牲"，因为在美国，权力掌握在多数人手中，少数人不太可能受到偏袒。杰斐逊最终承认，授予原创和发明有限的专有权，将促使科学和艺术的发明创新。

杰斐逊坚信创意是普遍的，"为促进人类道德建设和改善人类条件，应该在各国间自由传播"。大自然希望像火一样"可以在所有空间中传播"，就像人呼吸的空气一样"不能被限制或独占"。此外，一旦公开出现，它就附加给每个人，而他们也难以抵制。杰斐逊说："它的特别之处就在于，只要其他人拥有它的全部，就不会有人拥有的少。有人从我这里获得创意，他自己就得到了指导，而我的思想也未见减少。就如他从我这里点燃创意的火光，他就得到了光明，而我的也未泯灭。"因此，杰斐逊认为政府应履行向公民传播有用信息的职能，而非确保发明家的经济利益。

他同时声称发明是一个累积过程，而非某位天才独有成果。"事实上，一个新的想法会引出第二个、第三个……如此循环，直到有人结合所有想法，就产生了我们所说的新发明。"对于英国人宣称那些发明是英国的，而杰斐逊认为那是美国的，这也让他恼羞成怒。他在 1787 年抗议道："我今早在报纸上看到，他们窃取了我国另一发明，并归属他们国家。"杰斐逊声称，这个"发明"涉及用零件制作车轮的方法，费城人周末横跨德拉瓦河（Delaware River，美国东部河流）去野餐时，都会看到每个农民马车上有此轮子。这种创意是由富兰克林带到欧洲的，可以在荷马（公元前 9 世纪前后的希腊盲诗人）的书中找到——杰斐逊说，新泽西（New Jersey，美国大西洋沿岸）的农民可能就是从那里学来的，"因为我们的农民是唯一能读荷马诗歌的农民"。

根据 1790 年颁布的专利法，发明家们要求授予专利权，杰斐逊对此感到不安。他认为，在这种制度下，技术进步和鼓励创新一样都面临巨大问题。尤其令人恼火的是奥利弗·埃文斯（Oliver Evans）的主张，此人既有发明才能，又有强烈的产权意识。埃文斯的自动磨坊可以用水力磨粉、筛粉和装袋，这让磨坊主们既嫉妒又怨恨。杰斐逊在 1806 年建造了自己的面粉厂，他改进了电梯、翻搅器和传送桶。不久，他就收到了一张罚单，因为他使用了埃文斯的创意。他虽支付了罚款，但也对此满是抱怨，他说："如果把大家所知的各种有用之物放在一起……让他（埃文斯）独自享用，无论是单独的还是组合的，每一件东西都会以受专利保护的名义而被他抢走。"

杰斐逊还强烈反对垄断发明标准，并在此基础上对埃文斯的主张提出了异议。"我能想象一台机器如何提高面粉产量，但绝不相信要求统一机器生产标准就能达到同样的效果。"他警告说，这种做法可能最终导致：有人要运用斧头、锄头或铁锹的新用途，就必须获得这些基本工具的类似使用专利。事实上，"如果我们旧机器的新应用成为垄断的基础，"他说，"专利法从我们这里夺走的，将远远超过它给予我们的。一个人有权用刀切肉，用又取肉，那享有专利的人可以剥夺他联合使用的权利吗？这样的法律，非但不会像预期的那样予以我们便利，反而会剥夺我们的便利，并以垄断的方式，让我们无权使用现有的东西。"因此，纺纱机应该合理地适用于任何可能用途。杰斐逊说，大约 16 年前，乔治敦（圭亚那首都）的一个铁匠制造了一种碾碎石膏的设备，经过改进后，这种碾碎玉米棒子的装置现在成了埃文斯的专利。

杰斐逊对按地理区域限制销售专利设备的做法感到不满。他说："各个地方的人都有权使用他们依法购买的产品。这种强加在我们身上的滥用和剽窃罪名使专利法丧失其该有的优势。"

杰斐逊颇为担忧专利垄断的年限，他在 1807 年给埃文斯的信中写道："虽然一个发明家在一段时间内，可依靠发明获利，同样可以肯定的是，专利权不应永久享有，如果对现有器具和生活中的发明实行垄断，与发明者的利益受损相比，这对社会的损害更大；因为人民自然会认为同样的东西或其他东西是好的。"然而，他也承认，享有专利权的时间长短可能会受到美国环境的制约，因为美国人烟稀少，疆域辽阔，自然会影响知识的传播，也会耽误发明的传播，这对专利持有者不利。

无论杰斐逊在专利垄断这个棘手问题上是什么样的立场，在担任华盛顿总统的国务卿期间，他面临着实施共和国第一部专利法的现实问题。该法案于 1790 年通过，由战争部长、司法部长和国务卿组成委员会管理。当然，杰斐逊的其他职责还有处理外交事务、保存联邦档案和颁布法律，所有这些都需要少量的预算和工作人员支持才能完成。即便担心新官僚主义会漠视发明家的权利，但有关管理委员会中增加专家的建议仍未被采纳。

理所当然，杰斐逊对新法案的实施负有主要责任——鉴于他的声誉，这并不令人意外。他厌恶垄断的同时，又关注细节和准确性，并以新颖性、实用性和社会重要性为基础确定发明的标准。1790 年 7 月 31 日，第一项

1790 年发布的第一个美国专利的副本上，有两名签
名者的照片：杰斐逊和华盛顿。这项专利的有效期
为 14 年，但根据后来的一项法律，有效期为 17 年

专利被授予塞缪尔·霍普金斯
（Samuel Hopkins），他发明了
一种新的提取钾盐和珍珠灰的方
法。1790 年只授权于另外两项专
利。与此同时，杰斐逊很喜欢同
对科学和技术有兴趣的人才会面
和交谈。

申请专利程序冗杂。委员会
每月开会讨论申请，确定规格、
起草模板。确定蒸汽船的归属过
程复杂，最终 4 位申请者被授予
专利。花里胡哨的设备被拒之门
外。杰斐逊坚称："要让我们相信
发明者没有被错误或不完美的主

题误导，那实际的实验就必须做好。"

作为专利申请负责人，杰斐逊谨慎严毅，典型案例便是杰斐逊在处理
雅各布·艾萨克斯（Jacob Isaacs）申请蒸馏器和熔炉（用于从海水中提取
淡水）专利一事。在这个帆船盛行、航程多变的时代，这样的设备比较重
要。杰斐逊要求雅各布将他的发明搬到自己的办公室以进行测试。他邀请
大卫·里滕豪斯（美国天文学家，钟表制造商，勘测员）和卡斯帕·威斯
塔（一名医生），来协助判断艾萨克斯的发明有何优势。五轮测试后，雅各
布的发明未能通过申请。杰斐逊花了大篇幅来论证，与已知方法相比，此
类蒸馏方法不具优势。

如果说杰斐逊的兴趣是广泛的，那么他的时间和精力则是有限的。他
身兼数职，任务繁重，常感劳累，时常怀疑自己是否能公正地判断日益增
多的创意和发明，内心备受煎熬。他说："自己不得不对一些常被作者认为

有价值的专利做出不恰当的评价，这种情况让他备受折磨。"

1793 年 2 月，新的专利法有力简化了国务院办公室的工作，让地方法院负责鉴定已颁发专利的有效性。这一举措遭受来自政府官僚机构的质疑，专利注册变得如此随意，有人声称，在专利局的现有模式中，不乏抄袭并重新去申请专利之人。而杰斐逊得以从搜查检测的职责中脱身而倍感欣喜，他希望这一新举措可以带来新的审判形式。

在杰斐逊任职期间，他总共授予 67 个专利，与其说这是美国独创性的失败，不如说它代表一个反对垄断的人的原则，他在授予专利权时矜持不苟，让那些真正有功绩的人才能享有。1836 年对美国专利制度进行了修订，达成共识，在审查制度中纳入杰斐逊的严格标准。

杰斐逊的理想是致力于为民众谋求福利的技术，这反映并强化了一种逐渐主宰美国文化的态度。在 19 世纪前 20 年，用于日常的发明井喷式增长，杰斐逊在此期间一直坚持他在技术上的理想。

亚历西斯·德·托克维尔（Alexis de Tocqueville，法国政治思想家、社会评论员）在 19 世纪 30 年代访问美国时，他发现杰斐逊的理想以一种让杰斐逊感到不安的方式蓬勃发展。托克维尔在《美国的民主》（*Democracy in America*）中指出，崇拜发明、关注效用、对应用科学投入热情，都是将科学应用于人民需要而取得的民主成果。

这样的应用成果，包括生活水平的提升，即便在如今也让人嫉妒。今天，当美国在担心其自身临近技术创造大发展的尾声之时，美国人也同全世界人民一样，痛惜技术引发战争，致使环境破坏、动荡不安，缺乏人情味。

然而，历史上仍然存在这样一种意识，即杰斐逊式理想：通过科学和技术实现世界合作和理解，为人类提供了希望，使人类能够合理利用其剩余的自然资源和人力资源，并明智而人道地将这些资源用来满足每个人的需要。

第四章

本杰明·亨利·拉特罗布和技术转移

　　技术转移，指某种技术由其起源地转而应用于其他地点的过程。技术转移需经过一名或多名技术人员临时或长期的流动才能实现。当今，非个人交流和全球旅行方式丰富多样，之前影响技术转移的因素作用不再明显，但技术转移很大程度上仍依赖于技术人员的流动。

　　毫无疑问，1790—1850 年这段时间对技术转移而言至关重要。受英国技术人员移民和英国人民海外旅行的影响，美国工业化的程度，与快速发展的英国及西欧并驾齐驱。此外，本土技工和工匠对美国改良进口设备做出了大量贡献，并开创了自己的技术传统，为世界所称赞。要了解美国转移技术的方式及手段，我们不得不关注那些参与该过程的人及其生活。在这些人当中，本杰明·亨利·拉特罗布（Benjamin Henry Latrobe）就是其中一员，他助推了建筑和工程专业在美国的建立。

　　1764 年，拉特罗布出生于约克郡（Yorkshire，位于英格兰东北），先后在英国和法国的摩拉维亚学校（Moravian schools）接受教育。他很早就表现出绘画方面的才能，之后就对建筑和工程等相关领域产生了兴趣。拉特罗布在德国非正式学习工程学，并参观西欧建筑纪念碑，于 1783 年返回英国。在那里，他先在英国颇负盛名的工程师约翰·斯密顿（John Smeaton）的办公室工作一两年，随后又到著名的建筑师塞缪尔·科克雷尔（Samuel Cockerell）那里工作。1791 年，拉特罗布在伦敦成为一名独立的建筑师和工程师，从而加入了这两种在美国几乎不存在的职业队伍。

那时，英国工程与其他地方的不同之处在于，蒸汽机被广泛应用于抽水和机器运行。斯密顿与蒸汽机技术联系紧密，我们可以肯定，拉特罗布向他学习了不少。拉特罗布在英国的工作期间，恰逢马修·博尔顿（Matthew Boulton）和詹姆斯·瓦特（James Watt）的发动机制造公司在早期发展中小有成就，拉特罗布对他们的工作也有所了解。在交通运输方面，尤其在运河和收费公路上，英国也处于领先地位。拉特罗布可能在斯米顿的一个学生手下就职过，作为贝辛斯托克运河（the Basingstoke Canal）的部门工程师，他还是另一条位于艾塞克斯（Essex，英国英格兰东南部）的运河的顾问。因此，拉特罗布得以与当时一些最新技术打交道。

在建筑方面，英国是古典复兴的中心。这个学派强调的元素包括圆顶、带有爱奥尼柱式和多立克柱式的门廊，以及简单、朴素的外观。这种风格影响了拉特罗布的品位，他设计的英国私人住宅也体现了这种风格。

因个人原因，可能是他妻子的辞世，拉特罗布于 1795 年末离开英国前往美国，并于 1796 年 3 月抵达弗吉尼亚州的诺福克。他的余生都定居美国，并自称是一名美国人。

拉特罗布在美期间最有名的遗产便是他的建筑。在弗吉尼亚期间，他设计了第一个主要作品——里士满监狱（Richmond Penitentiary），一个巨大的砖石结构建筑，该设计体现了当时最好的刑罚理论。1798 年，拉特罗布搬到费城，第一次有机会在宾夕法尼亚银行（Bank of Pennsylvania）表达他的古典复兴思想。宾夕法尼亚银行通常被认为是美国建筑中最美丽的公共建筑之一，而中央广场发动机房（Centre Square Engine House）则是这种风格极其典型的例子。1803 年，托马斯·杰斐逊任命拉特罗布为美国公共建筑的测量师，他负责美国国会和白宫的再设计和修建，并赋予它们当今游客所能欣赏到的经典之美。他同时也为大西洋中部各州的私人住宅做设计。除了这些建筑，拉特罗布还是几个教堂的建筑师，这其中，最大和最令人印象深刻的教堂是巴尔的摩大教堂（the Baltimore Cathedral），而最精致的要数华盛顿的圣约翰教堂（又被称为"总统的教

费城水厂的中心广场发动机房，体现了拉特伯的古典复兴式建筑风格 [由伯奇父子公司（W. Birch and Son）雕刻]
资料来源：美国国家档案馆

堂"），这是他艺术品位的直接而典型的表达。

　　如此丰富的建筑生涯对拉特罗布来说似乎还不够，他还是 19 世纪头 20 年美国最活跃的工程师。拉特罗布最伟大的工程是费城自来水厂（the Philadelphia Water Works），它为当时美国最大的城市提供了第一个综合供水系统。他还设计并建造了新奥尔良（New Orleans）的第一个自来水厂。拉特罗布在交通运输方面也发挥了重要作用。他指导了宾夕法尼亚州萨斯奎哈纳河下游的航道改善工作，是切萨皮克运河（the Chesapeake Canal）和特拉华运河（Delaware Canal）首建期间的工程师，以及华盛顿城市运河（the Washington City Canal）的工程师。因身兼几个运河项目的顾问，他拒绝了其他职位的邀约。拉特罗布还设计或指导工业设施，包括美国第一家蒸汽动力轧钢厂、锻炉、华盛顿海军造船厂的锯木厂和木片

拉特罗布为美国国会大厦设计的版画，发表在鲁道夫·阿克曼（R. Ackermann）的《艺术宝库》（1825），选自拉特罗布早期的水彩画

厂、匹兹堡（Pittsburgh）的第一家蒸汽船船厂，以及俄亥俄州（Ohio）斯托本维尔（Steubenville）的一家毛纺厂。

拉特罗布令人震惊的工作履历表明，他为美国带来了丰富的知识和技能。进一步分析他指导的工程，便会发现拉特罗布通过各种方式将技术知识转移到美国。也许，拉特罗布最了不起的是他让美国人相信和接受技术转移的概念，接纳新想法，进而实现技术转移。他在费城水厂的建立中所起的作用就是对这一过程很好的诠释。

18世纪90年代，费城因依赖污染和不合格的水井而困扰，但它没有找到能让市民或市议会支持的解决办法。美国也有自来水厂，但没有建立适合大城市使用的供水系统。另一边，欧洲城镇自来水厂却很普遍，拉特罗布对它们很熟悉。在伦敦居住期间，他注意到几个创新的蒸汽供水厂，它们通过街道下的木管道向城市输送河水。

1798年年底，拉特罗布在费城建立宾夕法尼亚银行，并吸引了市议会一个委员会的注意，该委员会负责调研水的问题。委员会主席要求拉特罗布检查城市北边的泉水，判断这些泉水是否适合供水。他的调查报告超越了他的授权，基于英国的先例，他在报告中陈述了他对完整的供水系统的观点。拉特罗布的报告彻底改变了费城如何获得更好供水的有关看法。虽然拉特罗布确实认为泉水可以作为水源，但他反对使用泉水。他认为，泉水不足以清洗街道和冷却空气，而这正是费城最迫切的需求。拉特罗布提议从邻近的斯库基尔河（Schuylkill River）取水，用两个蒸汽机将水抽到一个升高的水库，然后通过木管向全市输水。他认为，这样的系统在7个月内便可建成。

这个计划最大胆的地方在于启用蒸汽机。当时，整个美国只有三个蒸汽机（全都不在费城），也没有正规的蒸汽机铸造厂。美国人民对发动机的性能所知甚少。拉特罗布试图通过报告来描述他所能记得的伦敦蒸汽动力自来水厂，并呼吁访问过英国的公民来证实他的报告，以引导公众。他刻意描述了切尔西水厂（the Chelsea Waterworks）作为较早的水厂之一，应用了著名的博尔顿和瓦特的蒸汽发动机。为了打消群众对蒸汽机的疑虑，他这样写道：

> 在蒸汽机出现后不久，这个发明被视为危险物，因为人们还没学会控制蒸汽的巨大力量，所以蒸汽机时不时会造成一些危害。现在，蒸汽机就像钟表一样温顺、安全。
>
> 我坚信，费城会有这样的铁匠，倘若给予他们一定的指导，他们也能制造出高效的引擎。

市议会委员会立即接受了拉特罗布的建议，并聘请他为顾问工程师。1799 年 3 月，拉特罗布在新泽西州北部的 Soho 铸造厂（Soho Foundry）订购了两台发动机，在那里雇用了一位曾为博尔顿和瓦特工作的工程师。同年 3 月 2 日，市政府根据拉特罗布对该项目的 15 万美元预算，批准了自来水工程的建设。

拉特罗布对创新性的自来水厂的了解和热情展示，是费城接受该项目的决定性因素。他在英国所学的工程技术和知识，使他能说服公众，相信通过利用最新的技术便可解决供水问题。最后，拉特罗布的设计被证明比预计的要昂贵，成为费城财政的一大负担。15 年后，这个系统被新的系统所取代，7 年后这个新系统又被第 3 个系统取代。尽管如此，费城仍致力于全面的城市自来水系统建设。在 19 世纪上半叶，费城是供水系统技术的发展中心。

拉特罗布也为美国带来了规划、组织和指导技术项目（如运河）的专业工程技能。自独立革命以来，美国已经规划了许多运河，但在拉特罗布抵达美国时，几乎都没动工。在拉特罗布之前，有一位训练有素的英国工程师，名叫威廉·韦斯顿（William Weston），他将自身技术投入于中部和北部各州的运河工程建设。但在 1799 年回英国之前，他只培训了一部分人来接手他的工作。和韦斯顿一样，拉特罗布发现美国人对他建设运河工程的技术很感兴趣，欣赏有加。例如，华盛顿运河公司（the Washington Canal Company）于 1802 年成立，公司董事们便在第二年聘请拉特罗布指导初步调查。他把时间花在华盛顿的公共建筑、切萨皮克和特拉华运河的调查上，直到 1804 年，他才写了调查报告。同年 6 月，当股权认购书开放时，他的报告被作为运河可行性的证明而展出。不幸的是，运河建设的发起人未能筹集充足的资金来开展项目。

1809 年，公司再度募股，这一次有足够的股份被认购。华盛顿运河公司的董事们再次向拉特罗布寻求建议，但拉特罗布拒绝提供帮助，除非他被长期聘任为运河工程师。董事们同意了这一安排，条件是他们可以从他的工资中扣除他在 1804 年所做的报告中收到的 300 美元。拉特罗布默许了这一规定，也同意了他们的条件，即他以"最经济的规模，最经济的方式，使运河与它的效用和法律规定相一致"。这意味着将使用木头来制作船闸和其他结构，而并非拉特罗布最喜欢的建筑材料——石头。在这方面，拉特罗布几乎和所有训练有素的英国工程师一样，认为要建好就要用得久，用得久就需要用石头。他永远不会原谅华盛顿运河的董事们，他们强迫他用木头造船闸，结果没两三年，船闸就腐烂了，他们对此悲喜交加，公司要求拉特罗布用石头再建一个。

在很多情况下，拉特罗布因为对英国专业标准的坚持而被批评，但这次，他觉得自己是无辜的。他这样写道：

当我们急于成为世界上最文明的国家时，却忘了我们拥有的这些东西是最近才从欧洲引进来的。……这一错误衍生出一种观点，即欧洲人花钱仅仅是为了享乐，这是他们的气候招致的弊端，就像节约是我们的土地带来的美德！节约！简陋的工厂，零零碎碎地建造首都，运河冲蚀着土地，再用木制船闸以及其他一千种廉价的东西当陪衬。作为一个美国人，我对此感到羞愧和愤怒。

尽管他坚持英国的工程师标准而受争议，但作为设计师和组织者，拉特罗布也得到高度赞誉，并受聘于许多技术项目。

拉特罗布不仅亲自转移技术，还通过帮助许多由欧洲人训练的欧美技术人员找工作，从而实现技术转移。对拉特罗布而言，符合他要求且能监督工作的人，于他而言极具价值，因为他经常要同时指导两个或两个以上的项目。因此，对于费城自来水厂的项目，他坚持由他自己来选择监督日常工作的人，此人工资应由市政府支付。然后，他选择了在英国有建筑和工程经验的约翰·戴维斯（John Davis）。他在美国国会大厦的手下约翰·兰塞尔（John Lenthall）也有英国的专业背景。至于他在切萨皮克和特拉华运河的助理人选，是曾在韦斯顿手下工作过的费城测量员罗伯特·布鲁克（Robert Brooke）。拉特罗布对英国的木匠、泥瓦匠和承包商展示出同样的兴趣。在轧钢厂项目中，他雇用了来自谢菲尔德（Sheffield，英国城市）的钢铁工人约翰·帕金斯（John Parkins）；在费城自来水厂项目中，他雇用了在韦斯顿手下工作的泥瓦匠托马斯·维克斯（Thomas Vickers）；在切萨皮克运河和特拉华运河的项目上，他与查尔斯·兰德尔（Charles Randall）签订了合同，他说兰德尔是"一个务实的英国道路和运河建造者"。

拉特罗布为许多有技能的人提供了他们在美国的第一份工作，他们当中一些人，选择在这里继续他们漫长而杰出的职业生涯。例如，戴维斯于1805年离开费城自来水厂，成为巴尔的摩第一家水厂的工程师。其他人，要么与拉特罗布合作超过一个项目，要么被他推荐到其他地方工作。兰德尔就是其中一个，拉特罗布还雇用他修建华盛顿城市运河，并为他争取到了修建马里兰州（Maryland）坎伯兰（Cumberland）到惠灵（Wheeling，即现在的西弗吉尼亚州）的联邦高速公路的工作。

拉特罗布也通过培训他办公室里的一些学徒来促进技术转移。他收的这些年轻学徒们，学习制图和测量等基本技能，并从监督项目的过程中收获宝贵经验。他最重要的学生有弗雷德里克·格拉夫（Frederick Graff）、威廉·斯特里克兰（William Strickland）、罗伯特·米尔斯（Robert Mills）和他的儿子亨利·拉特罗布（Henry Latrobe）。在英国亲自执教是训练工程师常见的方式，拉特罗布通过此方式，将他的知识、技能和观念传给新一代工程师，确保了他对美国技术的持久影响。例如，格拉夫在1805—1847年任费城自来水厂主管期间，成了美国最有名的自来水工程师。在那些年里，全国几乎每一个主要供水项目都需征求格拉夫的意见。

最后，拉特罗布加入了一个美国工程师的团体，这个团体成员要么是欧洲移民，要么到访过欧洲，从而对技术转移做出了贡献。这些人中，有工程师罗伯特·富尔顿（Robert Fulton）、政治家兼建筑家杰斐逊、化学家兼企业家艾瑞克·波曼（Eric Bollmann）、商人兼造纸商约翰·吉尔平（Joshua Gilpin），他们都是拉特罗布经常来往的密友。他们来往的书信中满是有关技术创新的激烈讨论。

这些朋友一致认为拉特罗布是美国最重要的专业技术人员之一，他当选为美国第一个"科学"学会——美国哲学学会（American Philosophical Society）和费城化学学会（Chemical Society of Philadelphia）的成员。拉特罗布在哲学学会《学报》上发表了几篇论文，包括第一篇关于美国蒸汽机的评论文章。

我们并不是说拉特罗布是美国早期技术的先驱，也不是为了强调他一定在美国伟大工程师的队伍中有着显赫的地位。但是，通过对拉特罗布职业生涯的研究，我们可以更深刻地了解美国的技术发展。

拉特罗布为新技术或"热门"技术的转移提供了一个很好的范例。令人惊奇的是，几个技术欠发达的国家，经济却发展迅速，这显然是因为他们采用了发达国家的最新技术，而不是简单地采用标准的、经过验证的技术。这也许可以通过分析受过训练的技术人员和普通人对新技术的热情来解释，他们的热情影响了对创新的接受，即使它们最初是昂贵和无利可图的。

因此，费城自来水厂让市政府在自来水厂运营的前几年里借钱并增加税收，在运营的前 14 年里亏损超过 50 万美元。然而，这些投入为费城带来了一批机械师和蒸汽工程师，他们使费城成为美国第一个蒸汽之都，并将费城打造成为 19 世纪美国的机械工程中心之一。也许我们应该重新审视这个观念，正是对利益的追逐促使技术创新的开始和延续。

我们从拉特罗布的职业生涯中学到的另一点，即其他的训练有素的技术人员对他的技术转移具有重要意义。拉特罗布技术卓越，观念新颖，能力超群，但是他仍需要那些技术人员理解他，并将他的构想变为现实。他的成就斐然，但如果没有诸如兰塞尔和戴维斯这般亲密的助手，没有思特里克兰和米尔斯这样才华横溢的学生，没有维克斯和兰德尔这些能干的工匠和承包商，他的成就也难以实现。关于拉特罗布的现存文件揭露了几十个他的合作者，他放心让他们来执行他的设计和指令。拉特罗布不能单独被视为英雄，因为，他的工作是许多其他人积极创造和贡献的成果——他们中的许多人无据可查。如果我们能同样近距离地审视所有这些科技领域的伟人，我们就会发现，他们的成就以及那些与之相关的成就是密不可分的。

拉特罗布在美国的职业生涯是美国早期发展的一个缩影。这反映了美国在技术创新方面对欧洲和英国的依赖，尤其是在技术创新及向美国技术转移的方式上。我们发现，创新得到大众广泛接受，创新的引进涉及很多人。我们也理解了新技能和新观念是怎样传给下一代的。回望拉特罗布的职业生涯，这使我们对美国技能的传播过程更为敬佩。

第五章

伊莱·惠特尼与美国制造体系

伊莱·惠特尼（Eli Whitney，1765—1825）被公认为"美国技术之父"，他超越19世纪早期的其他发明家，成为一位技术上的民间英雄。他最有名的发明是变革了农业的轧棉机，使棉花成为美国南部主要作物。他另一个同等重要的技术贡献就是他发明了开发可互换零件生产的方法。可互换零件是工业革命的一个重要部分，在19世纪50年代被称为美国制造体系。惠特尼的这些贡献使他成为那个时代的传奇，是现代社会最伟大的人物之一。

惠特尼从不缺少曝光机会。各类自传、通俗历史、教材都有许多关于他如何凭借一己之力发起了一场农业和工业"双重革命"的光辉事迹。这场革命号称使得美国人成为"富足的人民"，并且定义了他们的国民生活特点。对于一代代学生而言，惠特尼的名字等同于一种新的机械技术，一股稳定美国摇摇欲坠的经济、让世界看到这个新的共和国合法化的民主力量。然而，就像塑造其他英雄人物一样，宣传者常常言过其实。这一章的目的是将惠特尼放在19世纪更大的技术发展背景下，重新评估他作为发明家在美国制造体系中的角色。

传奇故事可追溯至 1798 年的春天，当时惠特尼负债累累，他的轧棉机生意濒临破产，他给财政部长奥利弗·沃尔科特（Oliver Wolcott）写了封关于为美国生产步枪的信。他写道，"我相信用水路运输机器，将机器改装来生产步枪，将极大减少人力投入，简化步枪生产。"他的建议加上快速运输的承诺，对于正处在战争边缘的美国政府来说，相当具有吸引力。沃尔科特给了惠特尼一份 10000 支常规步枪的合同。合同在 1798 年6 月 21 日签署，要求最迟 1800 年 9 月 30 日交付。就美国政府而言，他们承诺支付给惠特尼每支步枪 13.40 美元，并且在合同执行的任何阶段都可提供充足的预付款。对于惠特尼来说随时获得款项尤其重要。他向一位朋友坦白说，"我经常面临破产，这份合同提前给了我几千美元，让我不至于一贫如洗。"

惠特尼操持武器生意显然是无奈之举，"破产和贫困"的威胁让他贸然提了建议。这项任务工作量史无前例，美国没有任何一家兵工厂，即使是马萨诸塞州的斯普林菲尔德和弗吉尼亚州的哈珀斯费里这样的大型国营企业也从未在一年内生产出 5000 支武器。更何况惠特尼根本不知道怎么生产武器。他很快意识到生产枪炮可比造轧棉机难多了。在正式生产前，他需要配全一个工厂、招募工人、采购需要的原材料。他没能在1799 年 9 月 30 日第一个合同截止日期前交付 4000 支步枪，这让他的建议显得十分草率。合同完成期限只剩不到一年时间，他仍然没有建好自己的兵工厂。尽管这样，他通过一些精明的手段说服了美国联邦政府不断给他延期，直到 1809 年 1 月他才最终完成合同，这比原先合同期限晚了 8年多。

惠特尼想出一个办法，吸引了政府官员的兴趣，成功地防止合同被取消。1799 年 7 月，为了回应他没有完成合同义务而引来的关注，他宣称想出了一种制造的"新原则"，不仅可以变革军需产业，还可以极大提升供给政府武器的质量。他在给沃尔科特的信中写道，"我的一个主要目标是制作一些工具，以便于制造步枪，每一个部分都有一定比例。一旦完成，将增加整个生产过程的探索性、统一性和精确性……简单来说，我构思的这些工具类似于一块铜板上的雕刻，上面可能会出现许多看起来相像的压痕。"信里首次显露了惠特尼想要统一生产武器，甚至是可互换零件的想法。铜板的类比不仅讲得通，而且也让沃尔科特和他的同事信服，他们认为惠特尼马上就能有重要的技术发现。

惠特尼公布了这一计划后，继续向国会议员和其他政府官员推广他的统一生产理念。1801 年 1 月初，他在国会大厦的展示最为出名，观众有总统约翰·亚当斯（John Adams）和尚未就职的当选总统托马斯·杰斐逊。惠特尼以其标志性的沉着，展示了如何仅用一把螺丝刀将 10 个不同的锁机制放入同一支步枪。这个展示的意图很明显：惠特尼用统一的零件生产枪炮。现场观众极为震惊。即使杰斐逊了解法国人奥诺雷·勃朗（Honoré Blanc）的早期作品，也对惠特尼的展示感到惊讶。之后他在给詹姆斯·门罗（James Monroe）的信中写道，"惠特尼先生发明的模型和机器可以产出一模一样的锁，将 100 个锁拆解并混合各个部件，仍然可以随手拿起零件就组装在一起。"他继续写道，"这很重要。比如 10 个锁里有些必需零件坏了，不需要找铁匠重新做，仍可能组装出 9 个好的锁。"杰斐逊清楚认识到统一生产的军事重要性。

1801 年的展示给美国权力精英留下了深刻印象。之后，惠特尼的名字与可互换零件的发展紧密联系在一起，为他的合同延期清除了更多障碍，使他名列当时最受敬重的人。他突然发现自己被公众领导奉为名人，称赞他为"国家艺术家"。伴随被认可而来的是获得尊敬，他不仅是一位武器制造者，也是事业成功者。在许多社会和经济问题上，都有人寻求他的观点和建议。从他位于康涅狄格州纽黑文附近的米尔洛克兵工厂（Mill Rock armory）可以看出他的名气大增。许多好奇的观光者涌来参观这位发明家和他的工作体系。日记作者和公报记者也开始将这个"惠特尼村"①供奉为纪念美国技术天才的丰碑。典型的有爱华德·肯德尔（Edward Kendall）1809 年出版的一部三卷著作《游历美国的北部》（*Travels through the Northern Parts of the United States*），简要介绍了惠特尼的操作，附和了杰斐逊对惠特尼的称赞。接下来的 40 余年，蒂莫西·德怀特（Timothy Dwight）、德尼翁·奥姆斯特德（Denison Olmstead）、亨利·豪（Henry Howe）等作家将惠特尼的故事加以润色。惠特尼神话通过这些文学作品得以全面展现，被写入了 19—20 世纪成百上千的教科书，教授给成千上万的学生。

惠特尼在美国制造体系中的发明家声誉一直未受撼动。直到 20 世纪 60 年代，研究者开始察觉到关于惠特尼的文字记录和现存的实物之间存在严重不符。最具毁灭性的发现是惠特尼步枪（包括他第一个合同生产的那些步枪）没有可互换零件。物证很明显。一位学者感叹，"实际上，从某些方面讲，这些步枪甚至连可互换的边都沾不上！"再加上惠特尼步枪的单个锁零件带有特殊的识别标志，对于真正的标准化零件带识别标志是没有必要的。这说明 1801 年惠特尼展示的样品是专门为那个场合准备的。简而言之，1801 年惠特尼似乎故意愚弄了政府权威，之后又宣扬他已经成功开发了生产统一零件的体系。

惠特尼传说是否全是编造的？如果惠特尼没有用可互换零件生产武器，他应该被写成一个骗子，或者因为对美国制造体系发展没有任何意义而被摒弃不提吗？两个问题的答案肯定都是否定的。显然他的一部分传说还是可取的，但是要准确了解惠特尼和他的工作，需要重新审视这位发明家、拥护者和象征性人物。这种分析不仅解决了技术创新问题，还阐明了 19 世纪美国工业发展中复杂的社会和思想特点。

机械化是美国制造体系中重要的一部分，惠特尼早就认可这一点。正

---

① 原文 Whitneyville 中，-Ville 常用来以幽默口吻构成虚构的地名，表示"城""镇""村"等。之所以称之为"惠特尼村"，是因为米尔洛克因惠特尼而出名。

如早前提到的，他最开始强调机械生产，对于在 1798 年获得第一份合同的确至关重要。说来也怪，调查惠特尼的工厂所列设备，远不如在这个探索性的"最佳实践"工厂 ① 中的发现错综复杂。

1801 年 9 月，惠特尼根据 1789 年合同送达 500 支步枪的前几周，年轻的菲洛斯·布莱克（Philos Blake）给家里写信，说到他在叔叔工厂里见过的机器。信里提到了钻孔机、搪孔机、螺杆机和夹板锤。四个设备在惠特尼时代都为人熟知。最有趣的部分是一种锻造空心铣螺杆的螺杆机，这可能是惠特尼效仿了法国人勃朗。1825 年惠特尼去世前，他的机械技能增加了压印机、用于开槽螺丝头的开槽机、铸铁剪、两台抛光机。从设计角度看，这些机器没有一个代表新理念。即使是著名的"惠特尼"铣床，其实不是这位大师的作品，而是他的侄儿伊莱·惠特尼·布莱克（Eli Whitney Blake）在 1827 年左右所做。这是一种自动的、锯齿状切割设备，可用于生产平整和不平整的表面。这有可能是模仿哈珀斯费里兵工厂中由约翰·H. 霍尔（John H. Hall）设计的类似的"直切引擎"。

米尔洛克兵工厂是一个过渡工厂，连接了传统工艺作坊和全机械化工厂。工厂的规模不大，所需劳动力也不多，大概在 50 人左右，年产量很少超过 1500 支步枪。与 1820 年前后的其他新英格兰兵工厂相比，米尔洛克兵工厂产量不算多，也不算突出。无论是自行建造的还是从他人处购入，米尔洛克工厂的设计显得十分简单和廉价。实际上，工厂里明显缺少能大批量生产枪支的设备，这说明惠特尼从外面购买了大量的零部件。一开始惠特尼就外包了枪托和枪管生产，这种方式一直持续到 19 世纪 20 年代。惠特尼故意将操作活动限定在锁机制的现场生产。这无疑是生产步枪最复杂的部分，也不需要投入大量资金购买大型设备。这一策略与惠特尼对将米尔洛克作为一个组装车间，而非装备齐全的生产企业的定位相符合。他

---

① 这里指的是米尔洛克兵工厂。

几乎用全手工生产步枪，他有限的机械设备凸显了这一定位。

米尔洛克兵工厂存货清单的大量资料中清楚显示，这是一个以劳动力密集型生产为主的工厂。手工锉屑代表了惠特尼制造体系的检验标准。因此，锉屑车间成了生产活动的关键点。参观者总是评论米尔洛克工人使用的"模具"，把惠特尼的成功归结于这些模具的广泛应用。这些操作一般称为"钻模"，包括引导兵器制造工人将零件放入合适位置的回火钢模型。这些操作不算新，即使惠特尼宣称这是他发明的，并且比同时代的任何人都更广泛地运用这项技术。讽刺的是，钻模的物质局限阻碍了惠特尼履行在1801年向政府当局做出的承诺：用可互换零件生产步枪。事实上，钻模锉屑使得惠特尼可以在生产过程中用非熟练工替换熟练工，从而节约大量成本。本文展现了惠特尼生产体系的真正意义。

工业发展的一个显著特点是劳动分工。当对劳工进行分工，例如在钻模锉屑时，私营工作任务变得简单，而整体生产过程变得更复杂。因此，协调和控制十分重要，从而强化了管理责任。当企业提高生产速度和产量时，对管理者提出了更高的要求。值得赞扬的是，惠特尼认同这一问题，并早在1789年就在米尔洛克建立了管控生产过程的流程。他的贡献体现在成本分析和劳动力控制两点。两者均以改进生产效率和生产流畅度为目标，都体现了重要的管理进步。

惠特尼作为一个精明的商人，知道对成本的适当管控意味着盈利或是亏本，成功或是失败。其他私营武器制造商简单地将劳动力和原材料费用的增加算作成本。惠特尼与他们不同，他精确地测算详细费用。例如在1807年与陆军部协商合同时，他计算了产品价格的利息和保险费用。1812年时，他开始增加设备和机器"磨损"的折旧费。惠特尼还使用了计件工资，他的这种成本测算方式使他成为工厂主中的先锋。这些工厂主试图通过系统化流程和合法化操作使生产合理化。因此，惠特尼从枪炮生意中获得了不菲利润，而许多与他同期的稍弱的工厂主却在边缘挣扎。惠特尼事业的这一面很少受到学术界关注，但是之前的研究显示，他对管理的贡献十分显著，明显超过了他最擅长却不值得被牢记的机械发明。

惠特尼对秩序和原则的要求尤其运用在他雇佣的工人上。正如其他早期的工厂主，他自称为"主的管家"，这个特殊称号既有宗教意义，又体现世俗领导力。从这个角度来看，米尔洛克不仅仅是一个生产的地方，也是精神修炼场，通过系统控制日常生活，养成工人勤勉、节约、节制的正确习惯。

这一定位使得惠特尼融合了神圣和世俗，从而展现了虔诚的生产力。

位于康涅狄格州米尔洛克的伊莱·惠特尼枪支工厂（Eli Whitney Gun Manufactory）吸引许多前来参观惠特尼生产和管理创新的观光者 [威廉姆·贾尔斯·芒森（William Giles Munson）画]
资料来源：耶鲁大学美术馆梅布尔·布雷迪·加文藏品

这对那些指责工业化道德堕落、破坏共和国美德的农业评论家是一个重要回击。

威廉姆·贾尔斯·芒森画的米尔洛克"枪支工厂"反映了惠特尼控制社会的倾向。这幅以乡村为背景的画，一切都以整齐有序的兵工厂为中心。即使是风景中的元素——水闸、棚桥、工人住房的对称布局、围栏围住的牧场、茂盛的树叶——都传递了一种平衡感和稳定感。这个村里的生活与宇宙有序的景象平行。兵工厂的钟声召唤工人上工下工，时钟时间逐渐让工人们养成了规律的劳作模式。规则惩罚懒惰，鼓励勤勉，严格的生活规则系统性地消除了生产过程中的个人特性。首先，禁止工作时间内饮酒、闲逛、咒骂以及其他"不正当行为"，削弱了工业化前工作和生活不分的传统。出了车间，兵工厂工人和家人要遵守安息日的传统，过道德的生活。那些违反了规定规则的人们受到谴责、处罚，有时还被剥夺借款和住房。多次违反者被开除或者拉入黑名单，他们在这个地区找工作的机会也彻底没了。这样那样的制裁措施形成了一种家长式统治，在 19 世纪和 20 世纪的美国不断出现。

尽管惠特尼受到大众青睐，却不受他的雇员喜爱。兵工厂工人在一种严加管制的环境中受到工作压力折磨。持续的监管和软硬兼施的方法激发了紧张情绪，工人们通过劳工争议和表达不满来泄愤。毫无疑问，米尔洛克是兵工厂中劳工流失率最高的。惠特尼有好几次给那些重新回来的学徒奖赏。更多情况下，不满的工人们离职选择了更具有吸引力的岗位。那些留在米尔洛克的工人常常抱怨工资低、领班执行规定死板。米尔洛克士气严重低下，惠特尼无法吸引和留住具有竞争力的工人，大大阻碍了他实现统一性工程理想的努力。

尽管惠特尼想要开发新的生产和管理方法，他的努力并未成功。除了成本分析这一大有可为的尝试，他没有为米尔洛克引入其他新颖的做法。从锉平钻模到空心铣刀，他用的这些技术都是从别处学来的。尽管这样，他积极推崇统一化生产使他成为美国制造体系的重要先驱。一开始，他不仅推广统一化概念，还劝说政治家们支持军工标准化生产的政策。他常常与军械署和军械库官员交流筹备模型武器和引入新技术。罗斯威尔·李（Roswell Lee）是惠特尼的常客，之前是他的门生，他的创新管理方式让斯普林菲尔德兵工厂成为美国枪械工业的中心。因为他的名声和影响力，惠特尼参加了 1801—1825 年政府关于武器制造的所有重要决策活动。例如 1815 年，他主持了在纽黑文举办的关于制定国营兵工厂步枪标准化生产的正式战略的会议。出席会议的有李、李在斯普林菲尔德的前任本杰明·普莱斯考特（Benjamin Prescott）、哈珀斯费里兵工厂主管詹姆斯·斯塔布菲尔德（James Stubblefield），以及惠特尼最好的朋友美国军械署署长德基乌斯·沃兹沃斯上校（Colonel Decius Wadsworth）。这个会议决定引入 1816 新型步枪模型，在国营兵工厂使用特殊的检验规定，最后分包给私营承包商。尽管 1823 年采用的这些测量仪器以现代标准来看显得原始，但是它们标志着持续努力生产真正可互换零件的开端，这一目标在 19 世纪 40 年代最终实现。

说到底，惠特尼对美国制造体系最重要的贡献不在于他的技术创新，而是他积极推动统一性工程理念。他的确是一个关注利润的商人，他也是一个察觉到精准化生产极大优势并努力在公众视野中传播这一理念的拥护者。此外，他有意识地培育统一系统是为了更大的文化目的。当时美国刚刚新起，亟须精神支柱和社会集体憧憬，惠特尼将技术进步与政治经济稳定联系在了一起。在他看来，技术不仅仅意味着控制自然和生产产品，还代表了国家发展的晴雨表，这是一项值得美国人骄傲的成就，共和党制度从中获得力量和活力。一切与美国梦相关的东西，诸如物质丰盛、民主、自由、完全性、命运等，都可以通过技术实现。惠特尼及时代表了这个联邦。他的名字与塞缪尔·斯莱特（Samuel Slater）、奥利弗·埃文斯（Oliver Evans）以及其他较不知名的人一起，不仅标志了技术推动物质进步，也代表了发展工业主义时代下共和制的美德。

19世纪20—30年代，至少有3个主要的创意活动汇集组成了机械集合体，也就是美国制造体系。其中两个中心分别位于康涅狄格州米德尔敦（Middletown，Connecticut）和斯普林菲尔德，两地都沿着康涅狄格河，各自相距64千米，共同继承了17世纪早期清教徒定居者的传统。第三个中心靠近位于哈珀斯费里的波托马克河和谢南多厄河交界处，反映了与新英格兰不一样的习惯和传统。尽管文化反差大，三个中心利用各方的优势，开发了令人振奋的新技术，最终成功用可互换零件生产了枪炮。三者共同对美国金属制造和车间操作产生影响，并且影响力延续至今。

米德尔敦因拥有大量优秀的武器企业而知名。其中最出名的有亨利·阿斯顿（Henry Aston）、罗伯特和J. D. 约翰逊（Robert and J. D. Johnson）、爱德华·萨维奇（Edward Savage）、内森·斯塔尔父子（Nathan Starr and son）。不过他们都不如西缅·诺斯（Simeon North）在机械方面的独创性和技艺精湛。

诺斯是一个安静谦逊的人，拥有多产的武器制造生涯。他在1799年拿到了第一个政府合同。到1852年去世前，他一直是一个生产骑兵火枪、普通步枪、霍尔后膛枪的私营承包人。诺斯尤为长寿，他的技术创新天赋使他成为潮流引领者。当多数枪炮制造者几乎全靠工具手工操作时，他采用了精确标准探索机械化操作。他很快就成功了。1816年，他不仅用先进的船首尾木甲板边板和滚轮机器装备了他位于米德尔顿的"斯塔德尔希尔（Staddle Hill）"工厂，他还成功用无记号的可互换零件制造了手枪触发结构。同样值得注意的是，他开始用一种普通的锉机制作小型触发结构组件，这在美国是首创，十分有效地节约了锉屑消耗，提高了精确度标准。一般情况下，他的这些成就应该使他一跃收获名誉和财富。然而由于缺乏惠特尼的光彩和魅力，诺斯没有能吸引公众注意。尽管他被同时代的人公认为天才发明家，他却度过了默默无闻的一生。

霍尔在哈珀斯费里将诺斯在米德尔顿创造的一切发展延续下去。霍尔出生成长在缅因州波特兰，在1819年获得政府合同后搬到弗吉尼亚州生产印有他名字的后装步枪。起初，他声称要生产可互换零件的步枪，这受到怀疑论者嘲笑，但是那些强调生产枪炮工作的实验性本质的军械署官员却积极支持。1821—1827年，霍尔利用哈珀斯费里兵工厂里的临时设备修建了一批令人印象深刻的机械，包括水动力的落锤锻造，还有一些铣床、钻孔机、仿形机等机械设备。这套设备具有自动停止机制、成形铣刀、全金属构造等特点，代表了机械设计上重要的进步。霍尔注重细节，例如他使用平衡的滑轮不仅提高了操作的速度和效率，还延长了发动机使用寿命。此外，霍尔力求精准，按照特殊的方位定点工作，采用标准的螺纹，在生产过程中使用的测量仪器超过63个。他的这些创新实现了0.002厘米的公差，在1826年成功完成美国第一个全部使用可互换零件的武器。

尽管霍尔在一个小小的试验工厂开展工作，没有能达到显著的经济规模，他仍然是工业编年史上一位重要人物。他的创新在于操作的机械化程度高，并实际取得了出色的成就。霍尔去哈珀斯费里时，没有人可以做到枪炮的完全可互换。他的工作之所以令人振奋不已，是因为他成功将人力、机器和精确的测量方式结合在一起，形成一套实用的生产体系。1819年时，没有任何人，即使军械署署长也不能确定机械化过程能成功运用在生产枪支的每个环节。霍尔展示了他们可以做到这一点，这增强了武器制造者的信心，他们相信有一天可以将霍尔通过小规模操作取得的成就以更大型、更高效的方式运作。从这个意义上说，霍尔的工作代表了美国工业革命的重要发展：机械合成的程度越是不同，组成的类型越是差异大。

正如霍尔和诺斯，斯普林菲尔德兵工厂的枪炮生产者在塑造美国制造体系方面扮演着不可或缺的角色。在李积极和机智的领导下，斯普林菲尔德不仅是"大型国营兵工厂"，还成了美国最先进的生产企业。李认为无论工人技艺如何精湛，用手工制作的步枪在精确度和工艺上无法与机器生产相媲美。过程改良最终成了他的主导原则。从 1815 年他被任命为主管直到 1833 年去世，他坚持追求统一零件的机械化生产。尽管李的一生与成功无缘，他仍然在斯普林菲尔德建立了一套管理策略，在 19 世纪 40 年代，美国 1842 步枪模型的设计和制作达到高潮。这是第一个使用可互换零件大型生产的常规武器，因此成了技术史上的里程碑。

斯普林菲尔德兵工厂在机械艺术方面的领先与其说是内部发明活动，不如说是监管和吸纳他人经验的惊人能力。李和他的继承者约翰・罗伯（John Robb）、詹姆斯・W.里普利少校（Major James W. Ripley）擅长于搜获技术创新，并运用在斯普林菲尔德的生产过程。因为像诺斯和阿沙・沃特斯（Asa Waters）这些最重要的私营枪炮生产商几乎依赖联邦政府的合同，军械署的官员要求合同承包商要与国营兵工厂分享新的技术信息，李和他的职员几乎参加了新英格兰的每一个关键的工作坊。19 世纪 20—30 年代，斯普林菲尔德的巡视员和机械工不断被派往私营兵工厂检查新的机器，顺便画下来以便在斯普林菲尔德复制。李通过这种智力网络获得了碾磨、锻造、测量等最新技术的宝贵信息。也是通过这个网络，李知道了一个来自马萨诸塞州米尔伯里名为托马斯・布兰卡德（Thomas Blanchard）的年轻机械工。他在 1818 年设计了凸轮机床，用于翻转枪管不规则的表面。在斯普林菲尔德展示后，布兰卡德不仅将这个机器安装到了国营兵工厂，还记录和复制母模，继续运用偏心车削原理生产枪托。李认为这个发明很重要，于 1822 年出资将布兰卡德带到斯普林菲尔德成了内部承包商。接下来的 5 年内，这位来自米尔伯里的机械工设计并完善了 14 种不同的木工机器，让枪托生产过程完全机械化、确保了统一性，省去了生产枪炮的 3 个主要部分的其中一个所需的熟练工。很少有人在短短时间内为生产实践带来如此巨大改变。

斯普林菲尔德拥有布兰卡德以及其他具有天赋的机械工，解释了其为何在前内战时期取得国际声誉。早在 1825 年，斯普林菲尔德已经成为美国武器产业的核心，以及获取和传播技术资讯的关键场所。如果武器生产商和其他相关的制造者希望学习最新的金属制造技术，他一定要去拜访国营兵工厂。在那里他可以查看最新的工具和机器，交换意见，与亚多尼雅·富特（Adonijah Foot）、赛勒斯·巴克兰（Cyrus Buckland）和托马斯·华纳（Thomas Warner）这些机械大师讨论常见问题。在满足好奇心，明确需要以后，他可能出发前往另一家企业，去了解更多新颖和有趣的机械理念。美国的武器生产者可以自由出入一个个兵工厂，与欧洲兵工厂的严密把守形成对比。"开门"政策无疑有利于说明美国武器产业形成高度整合的特点和生产者吸纳新机器技术的相对速度。这一政策还突出了美国南北战争前军事服务和兵工厂体系的公共服务的定位。

到 19 世纪 40 年代，斯普林菲尔德的制造技术汇集整合，开始向美国其他兵工厂和机械工厂传播。这股影响力常常通过那些曾在斯普里菲尔德接受过早期培训的工人传开，他们最后迁往其他制造企业的新岗位担任机械师或者主管。这些兵工厂的"毕业生"成为新技术重要的传播者，出现在美国多数重要的金属制造中心。例如 1842 年，斯普林菲尔德体系缔造者之一的华纳辞去了在斯普林菲尔德主军械士的职务，搬去了位于纽黑文的惠特尼兵工厂。几年后，埃姆斯制造公司（Ames Manufacturing Company）吸引了一位名为雅各布·科里·麦克法兰（Jacob Corey MacFarland）的熟练机械工到马萨诸塞州奇科皮工作。像华纳一样，麦克法兰熟知斯普林菲尔德兵工厂所用的技术，作为埃姆斯机械厂的领班，他在奇科皮引入了"兵工厂实践"。其他的制造商相继效仿，获得了最新的兵工厂技巧，减少了冗长的时间滞差，以及边做边学带来的高昂支出。如此转移和合并的方式在 19 世纪 40—50 年代将机械化生产推到了一个成熟的高度，为美国机床公司的崛起和在美国内战前进入欧洲机械市场铺平了道路。

埃姆斯制造公司的经验很好地展示了私营企业如何利用新技术。这家公司于 1834 年由南森·P. 埃姆斯（Nathan P. Ames）和詹姆斯·T. 埃姆斯（James T. Ames）兄弟建立，成了美国最先制造和营销机床标准线的企业。这家公司还承接特殊的承包合同，生产各类木制品、采矿设备、餐具、小型武器、大炮、雕像和其他金属铸件。尽管他们生产技术突出、产品多样，有充分的理由证明埃姆斯兄弟只是模仿者而非创新者。奇卡皮距离斯普林菲尔德仅有几千米，埃姆斯兄弟能轻松获得国营兵工厂的样品和图样。在许多斯普林菲尔德兵工厂前军械士们的帮助下，可以从他们的机械库存中看出这个影响趋势。

通过埃姆斯公司的营销活动和其他早期的机床公司，兵工厂实践开始运用在技术相关的企业。到 19 世纪 50 年代，可以从生产缝纫机、怀表、挂锁和手持工具的工厂里看出来。这只是一个开端，将新技术运用到生产打字机、农业器具、自行车、摄像机、汽车，20 世纪大批量生产相关产品只是时间问题。有趣的是，机械化技术与精密加工相对立算是军需工业转移最重要部分。因为精细化生产昂贵，多数商人乐意选择高度统一化生产而非必要的可互换零件。只有政府可以用得起昂贵的完全可互换性。

美国枪械工业两代创造力的顶点出现在 1851 年伦敦水晶宫博览会（London Crystal Palace Exhibition）。不知名的美国北方制造商[①]生产制造的机械产品的质量和精细度首次给参观者们留下了深刻印象。纽约的阿尔佛雷德·C. 霍布斯（Alfred C. Hobbs）的防撬挂锁、塞缪尔·柯尔特（Samuel Colt）的左轮手枪、佛蒙特州温莎一家小型"武器制造"公司的罗宾斯和劳伦斯（Robbins and Lawrence）制作的 6 支完全可互换的来复枪受到了相当积极的评价和赞赏。3 家美国公司都在这次展览中获奖。更重要的是他们的商品质量优良，以至于 1853 年夏天，英国政府委派约瑟夫·惠特沃思（Joseph Whitworth）和乔治·沃利斯（George Wallis）率

---

① 美国北方人或者新英格兰人也被称为洋基（Yankee）。

领调查委员会去到纽约水晶宫展览馆，之后又去美国东北部开展调查。英国的军械署希望利用美国制造体系，因此又派了一个3人组成的"机械委员会"去美国，想快速引入类似的措施，完善位于伦敦的恩菲尔德兵工厂（Enfield armory）。1954年8月，调查组回到英国时，已经向罗宾斯和劳伦斯、埃姆斯公司等美国企业下了超过10.5万美元的机器订单。4年里，其他的政府也派类似的调查组到美国。尽管那时很少有人意识到，这些事件标志着美国已经成为成熟的工业大国。

　　毫无疑问，惠特尼对这个结果是满意的。尽管他没能在有生之年实现可互换标准，但是值得他骄傲的是，他推广了工程理念并在公众中强化了这一理念的重要作用。因为惠特尼统一化体系成了美国军械署的政策基石。因为军械署，像霍尔和诺斯这样具有创造力的机械师获得了政府合同，可以去实现可互换性这一难以捉摸目标。又因为霍尔、诺斯和其他的合同承包商，新技术在斯普林菲尔德兵工厂汇集，并从那里慢慢传到早期的机床工业，渗透到美国和欧洲市场。从这幅包含了创造、合作和传播的复杂织锦中可以看出机械化的发展谱系，惠特尼和其他早期的武器生产者在20世纪大规模生产行业中直接联系在一起。这些成就决定了美国前工业化的命运。

　　注：这章部分内容节选自作者的书《哈珀斯费里兵工厂和新技术：变革的挑战》。感谢康奈尔大学出版社授权此书使用这一信息。

第六章

托马斯·P. 琼斯和技术教育的演变

重视科学教育是美国的悠久传统，这反映了民族信念的两个重要信条。第一，技术是科学的实际运用，是民族命运的核心；第二，教育是民主的关键。很少有人像托马斯·P. 琼斯（Thomas P. Jones）那样支持这些信条。他是教育改革运动的发言人、1826—1848 年任《富兰克林学会杂志》（*Journal of the Franklin Institute*）的编辑、美国发明创造的国家资深评论员。在他任职美国最具影响力的机械杂志编辑时，琼斯支持拥护那些在杰克逊时代①兴起的机械研究所、学会、学徒图书馆以及相关组织所从事的工作。他为工人阶级提供有用的信息，助力他们攀升至"共和制社会中应有的位置"。

尽管琼斯出生在英格兰，在那里接受教育成为一名医师，但他丰富的阅历使他足以推动美国创造力发展的事业。他对改革的情结无疑是受约瑟夫·普利斯特列（Joseph Priestley）的影响而形成。普利斯特列是一位知名的英国科学家、政治激进分子和宗教反对者。琼斯在 1794 年左右与他一

---

① 安德鲁·杰克逊（Andrew Jackson，1767 年 3 月 15 日至 1845 年 6 月 8 日）是美国第 7 任总统（任期：1828 —1836 年）。

同移民到美国，也许正是与他的联系让琼斯对科学产生了兴趣。接下来的
20 年里，琼斯通过讲授科学及其应用的各个方面积累了相当的知名度。他
的授课天赋吸引了大批观众，让他认识到人们对科学知识的推崇，掌握了
一些如何表达科学知识的积极观点。在成为《富兰克林学会杂志》编辑前，
琼斯还曾在威廉玛丽学院（College of William and Mary）任过 4 年的自然
哲学教授，在教授科学原理中获得了学术经验，并且在与一家费城生产消
防车的企业合作中学到了机械艺术的实用技能。这些使得琼斯在费城的技
术手艺人圈子里有了名气。因此，当富兰克林学会的管理层计划出版一本
杂志时，琼斯是他们想到的唯一适合做编辑的人选。他们鼓励琼斯从纽约
出版商那里购买《美国机械工杂志》（*American Mechanics' Magazine*）。为
了让这本杂志落户费城，他们进一步采取激励措施，任命他为富兰克林学
会的机械学教授。

琼斯设计了这本学术期刊，为了提升吸引力，丰富用途，他将杂志命
名为《富兰克林期刊和美国机械工杂志》（*Franklin Journal and American
Mechanics' Magazine*）。他对这本杂志有两个宏伟的目标：第一，为工人
提供务实的信息；第二，引导美国的发明活动发挥建设性作用。当琼斯于
1828 年被任命为美国专利局局长时，他第二个梦想更有实现的潜力。这两
者之间的关系看起来似乎有点理想化。许多美国人认为专利局是一种教育
机构。琼斯的朋友认为他在学识和实践观念方面都适合局长的职位。此外，
恰逢富兰克林学会刚刚取得了琼斯这本杂志的所有权，琼斯履新有利于提
升这本刊物在全国的影响力。琼斯的确将这本杂志看作"发挥同胞们的天
资和打开技能宝库的途径，这些技能虽然保存在专利局，但迄今为止却鲜
为人知"。换句话说，富兰克林学会的这本杂志也将成为专利局的期刊。为
了纪念这一重要关系，学会将琼斯聘为终身编辑，开始发行一系列的新杂
志，并将杂志的名字改成了《宾夕法尼亚州富兰克林研究所，致力于机械
艺术、制造、基础科学，记录美国和其他的专利发明》（*Franklin Institute of*

为了推动"机械艺术",费城的富兰克林研究所成立于 1824 年 [来自 C. 伯顿（C. Burton）的画作，里面的铜板雕刻约在 1830 年由芬纳（Fenner）、西尔斯（Sears）和孔帕尼（Company）完成]

资料来源：美国国会图书馆

the State of Pennsylvania, Devoted to the Mechanic Arts, Manufactures, General Science, and the Recording of American and Other Patented Inventions)。

然而，这位编辑与专利局的联系惊人的短暂。仅在一年后，琼斯在安德鲁·杰克逊政府重组中被迫离职。但是在接下来的 20 年里，琼斯仍然常常出现在专利局。他曾运作过专利代理机构。在 1836 年重新组建专利局后，他做过临时的专利审查员。1828—1848 年，他将所有的机械技能和杂志经验用于分析《富兰克林研究所杂志》上的新专利。

琼斯用简单的编辑规则运作这本杂志。他相信杂志的文章应当以"常见、直白、突出主题的方式"进行措辞。他强调，务实的人最能理解平实的语言。作家所熟知的科学和技术用语可能仍是"99% 的读者眼中的不正规拉丁语"。琼斯相信语言多变性也很关键，文章要简短。他指出，任何一篇长度超过 8 页的文章都将被三分之二的杂志订阅者忽略。他还对哪些内容适合他的杂志有着坚定的想法。琼斯本质上是一位教师，他的主要目标是传播知识，而非创造知识。他从国外技术杂志上节选资料、报告美国工业成就、鼓励工人分享观点，但是都是站在务实的人需要务实的信息这一角度。

然而，琼斯的关注不是简单地提高传统工艺实践。他相信教育对于提高工匠社会地位和经济地位很关键。他曾经写道，"我们才刚刚意识到我们的工匠同胞的重要性"。他还相信科学原理是机械艺术的基础。如果劳动人民知道科学原理，如果他们能将自然法则和实践技能相结合，他们将在工作中变得"科学化"。这种对技术教育的新认知也具有科学的价值。技术教育有赖于读写能力和开放合作的工作作风，不像手工艺活动那样长期保持神秘感。运用这种项目对于琼斯来说很平常，他的杂志致力于这项工作。不了解基本原理的劳动人民将时间和金钱浪费在无用的事情上。更糟糕的是，他们受到机械空想的误导。正如他在一篇关于永动机的文章里提到，"没有任何一门学科能够像机械原理这样频繁地为大众所提及，也没有任何一门学科能像该学科一样让大众如此费解，因此，没有人比江湖骗子更确信（永动机）的成功"。

琼斯将这一信念和见解运用在他对新专利的分析上。他展望专利局成为一个技术智慧的伟大智囊。一方面，他将专利局视为一个机械工可以查阅机械艺术历史进程的图书馆，另一方面，他认为专利局是一个介绍机械艺术当前情况的合集。如果认真研读专利局的资料，不仅可以帮助工人避免重复前人的错误，还可以引导他完善现有工序，设计新的流程。如果机械艺术可以掌控自身的历史，琼斯相信其也可以掌握未来。

在杂志专栏中，琼斯重点关注传播专利里包含的知识。专利局到1843年才开始印发自己的杂志，所以发布专利本身是一项有用的服务。但是琼斯自封为新发明的公共评论员，他为杂志的读者提供了许多附加的信息。他尤其感兴趣的是那些发布信息全面的专利说明书，有时还附带解释性的图表和编辑评论。例如，在1828年9月美国批准的专利清单里，琼斯打印了一个改良播种机的完整专利说明书，包括一个印有机器外形和组成部件的金属牌子。琼斯在他的"评论"里加入了一位使用过这台播种机的记者的报告，以及他自己的观点。他认为只要按他的建议调整这台机器的播种机制，这台在纽约生产的机器将会对棉花种植十分有用。因此，机械界号召关注已经实地测试、能改装成多种用途的新型机械设备。琼斯对教学情有独钟，他选择诸如播种机这样的案例来说明有用和先进的发明活动。尽管这样，他也常常迫于无奈责备那些没有汲取前人失败经验或者埋头做无用功的发明者。关于一个旋转带锯专利权，这位编辑总结道："《里斯百科全书》（*Rees' Cyclopaedia*）中提到这种旋转带锯，已经在美国不止一次获得过专利。因为试过很多次，其操作方面毫无价值，所以常常被遗弃。如果这位专利权所有人继续这样，那么将会继续面对失败。"

蒸汽杀臭虫机、治疗消化不良的设备，还有改良的洗衣机、黄油搅拌机等等数不清的机器，也激发了琼斯的评论。关于一个搅拌机和洗衣机的组合，他说道，"这是一个晃动或者摇摆的搅拌机，有些创新在里面。光这点就值得高兴，因为在搅拌机和洗衣机中很少有原创性元素"。

最令琼斯气愤的是机械欺诈，不论是存心还是无意的。他评价俄备得·马斯顿（Obed Marston）的推进磨粉机，"这是最荒谬的项目，和尝试永恒动力差不多一样可笑"。它的专利说明书也有问题，专利所有人向美国公民和外国人做出了郑重承诺。琼斯写道，"即使这样双重保证，也无法将把渣滓变成金子"。琼斯用这些案例来强调任何术语都无法逾越自然法则这一科学原理的重要性。他还意识到并不只有工人被这种伎俩欺骗。根据一项国会特别法案，霍雷肖·斯帕福德（Horatio Spafford）于1832年因"在自然哲学中有所发现，并将其付诸实践"而获得一项专利。琼斯说，斯帕福德的设计与最基本的自然法则相悖。他对此表示很厌恶，"任何一个声称了解机械知识的人都有可能被这个电力生产计划所蒙骗"。实际上，琼斯知道费城许多知名人士都投资了这个项目，因此，他决心做一个防止机械欺诈的"吹哨人"。

这本杂志每月列出美国专利清单，因为"附上了编辑的评论和例证"而成了最受欢迎的一个部分。这个专题因为琼斯机智的语言和权威的立场变得生动有趣，因而广为传阅，常被引用。美国人对专利局抱有极大期望。马克·吐温（Mark Twain）在其作品《亚瑟王朝廷上的康涅狄格州美国人》（*A Connecticut Yankee in King Arthur's Court*）中抓住了这一精髓。书中主人翁汉克·摩根（Hank Morgan）说，"在我的任职期间的第一天的第一件公务就是要成立专利局。因为我知道一个国家如果没有专利局，没有好的专利法案，便会成为一只能横着爬行但哪里也去不了的螃蟹"。

美国人把自己想象成有创造力的人。他们的确将独创性视为国民性格，期望专利局成为这一特性的不朽丰碑。美国人常常自发地认为专利体系是他们未来前景的证明，正如欧洲的古遗迹是他们过去历史的见证。美国宪法制定者一开始就把专利与推动"科学和实用艺术的进步"相结合，因此，美国人普遍将国家的进步与发明活动相联系。

　　美国人用技术衡量国家的发展，塑造了许多民间发明家英雄，将技术教育提升到备受重视的地位。尤其对那些曾经因出生环境或者职业而失去受教育机会的人们来说，这成了民主教育的理想形式。在某种意义上，实用知识变成了爱国知识，琼斯可以挺直腰板说他的杂志帮助维持了"我们国家独立结构的重要部分"。

　　对新型技术教育市场与日俱增的需求强化了这些文化价值。工艺传统从来没有提供过成功的培训模式。本杰明·富兰克林（Benjamin Franklin）早早地从学徒工作中逃脱证明了美国这一体系的失败。因此，18世纪出现了各种各样的教育手段：自发组织的自我提升小组，其中以富兰克林的"共读会"（Junto）最为出名；为城市工人教授应用算法和其他实用课程的夜校；还有更受欢迎的应用科学讲座，琼斯在这方面的授课很成功。到19世纪初期，这些种类纷繁的技术教育不再适应国家的需求。修建水渠和铁路的大型土木工程项目、需要蒸汽动力和铁艺设备的复杂工业建设项目都需要更复杂、更系统的工程教育。

　　琼斯是美国技术教育转型期的重要人物。他意识到当时教育体系的两个主要不足：首先是基础教育不足以防止昂贵的私立学校和其他学校之间的教育水平存在巨大差异；第二是学徒制没能激发技术进步所需的智力灵活性。因此，他倡导将实践和理论教育与社会流动性的愿景相结合。对于琼斯和机械学院运动①来说，应对办法就是开发新的教育形式，教育费用低到每个人都能承受，没有公立慈善学校的恶名，比小学教育先进，侧重科学而非经典文学。为了达成这些目标，大多数机械学院提供便宜的夜校课程，按照物理和化学原理以及他们在机械艺术中的应用安排授课。机械杂

---

① 机械学院运动于1821年在苏格兰兴起，为工人阶级提供教育。一开始，机械学院是工人自发成立的组织，他们希望通过教育寻求自我提升。机械学院设立在社区里，提供夜校课程、图书馆和杂志阅读室。

志也体现了同样的目标，琼斯在他的杂志中尝试各种特殊专题，试图向工
人教授一些简单而基本的科学原理。因为他认为接受科学原理教育的技工
将会跨越工艺限制，突破那些曾经限制了他们生活的社会和经济桎梏。

实际上，琼斯所期望达到的理论与实践相结合，最终也仅仅是说说罢
了。科学原理实际上与多数工匠所关注的不相符。工匠们想要免费的公共
教育、机械的留置权法律以及废除债务人入狱规定，而不是对日常车间工
作一点都不实用的基本物理原理。然而，琼斯和其他改革者正确地认识到
技术教育理论和新型教育机构形式的必要性。此外，在有税收支持的公立
学校之前，私立学院和大学仍然以古典传统教育为主，琼斯和他的同伴们
明智地将技术教育与民主思想联系在一起。

美国的技术教育形式体现了这些看法。琼斯去世不到 10 年，机械学院
运动变成了为普通农民和机械工家庭子女提供大学层次的技术培训的一项
改革运动。《1862 年莫雷尔法案》（the Morrill Act of 1862）将这场设立公办
实用科学大学的热潮推向了顶点，这场运动也被称为"人民学院运动"。这
项法案为在全国范围内设立专门提供农业和机械艺术科学课程的公立学院
奠定了基础。这就是所谓的赠地学院①，国会将联邦土地拨给各个州，以维
持学院的运行。的确，这些赠地学院具备多个实用目的，既要推广应用科
学，又要实现民主理想，为琼斯在这个移民国家实现教育梦想提供了物质
保障。

---

① 赠地学院是美国由国会指定的高等教育机构。1862 年美国国会通过了《1862 年莫雷尔
法案》，规定各州凡有国会议员一名，拨联邦土地 18 万亩，用这些土地的收益维持、资助
至少一所学院。

第七章

赛勒斯·霍尔·麦考密克
和农业机械化

　　19世纪初期，美国大部分农业依靠人力手工。只有一些诸如犁地和拖拉的工作借由马和牛来伸力。到19世纪末期，许多农业活动都出机器来完成，与牧草和谷物收割相关的工作更是如此。这些机器通常利用马或者驴来拉动机器，有时候也用蒸汽牵引机或者电力。机器驱动技术仍处于瓶颈期，然而割草机、耙料机、打谷机已经投入使用。直到20世纪以后，汽油拖拉机的出现才打破了动力瓶颈。农业开启的这场工业革命，很大程度上要归功于发明家和制造商赛勒斯·霍尔·麦考密克（Cyrus Hall McCormick）。

　　几个世纪以来，农业作为最古老、最基础的技术经历了数次革命。最早一批抵达美国的欧洲移民者带来了大量中世纪的设备和技术。最为知名的有马项圈、重型犁、三田制轮流耕作。抵达美国的新环境后，他们发现那里的土壤和气候与自己母国没有太大差异，但是与此同时，他们遇到了一系列问题，这些问题阻碍了他们在新大陆直接简单地套用旧大陆带来的技术和工艺。一方面，茂密的森林覆盖了大部分的可用地，使得在工整的土地上犁出整齐的犁沟成为几乎不可能完成的任务。另一方面，他们急需粮食和出口经济作物，加之大量土地尚未开垦，尤其部分土地可以休耕一段时间，使得轮流耕作计划看起来奢侈而多余。

刚开始，美国土著印第安人教这些新移民者如何通过绕开树来避免砍树，如何在不犁地的条件下在山上种印第安玉米。久而久之，随着移民者往西迁移，树被砍倒，草原被开垦。这些工作花费了大量时间和力气。据估计，一位农民一辈子都没法清理出超过一千亩的土地。但是到1850年时，可耕作土地面积约有6亿亩。

美国农场总是缺少劳动力，需要完成的工作和可用的人手之间存在缺口。因此，正如这个国家的工厂一样，农场需要机械化。这个新国家人力成本高且物价高，使用机器替代人力理所当然。1820—1870年，这个联邦国家的北部州的农村人口增加了2.9倍，与此同时，城市人口增加了14.5倍。运往城市消费的食物是农村消费的2倍。运河、高速公路、铁路等新技术大力推动了新市场模式的形成，农业从满足基本生存要求到商业化转型反过来激发了对新技术的需求。

当然，那时的农业和现在一样，不是一项单一无差别的活动，而是一个包括工具和技术、农作物和社会安排的复杂综合体。例如，小麦必须种植在翻整好的土地上，然后收割、打谷、运输并售卖。当采用了马拉犁耕地、修建了新的大型交通网络、商业市场不断扩大时，收成环节（收割和打谷）成了小麦文化扩张的技术瓶颈。

生产流程的关键步骤必然是季节性和劳动密集型的。首先，作物收割后需要晒干，通常捆成一束束立在田边空地上。晒干后收起来将谷物从茎秆上打下来，然后放入袋子里。这种收获谷物的方式持续了百年：整个过程全靠手工，用镰刀或钐刀收割，用连枷将谷物从茎秆上打下来。如果整个过程可以机械化，设计一台用马力代替人力劳作的设备，人均耕作的面积就能显著提升。麦考密克就是通过制作机器来解决这个问题的人。

麦考密克于 1809 年 2 月 15
日出生于弗吉尼亚州的一个农场。
他的父亲罗伯特·麦考密克 20 年
来一直修修补补一台收割小麦的
设备，但是他一直没有找到合适
的设计和组合件。1831 年，22 岁
的赛勒斯接下这项任务。他并没
有在父亲的机器上做调整，而是
完全重新设计，将收割机的 7 个
特点组合在一起，至今所有机器

赛勒斯·霍尔·麦考密克
资料来源：国家档案馆

仍在沿用这一标准：分割器、卷轴、割茎秆的直线往复式刀、指针或者防
护装置、接茎秆的平台、主轮和齿轮，进料侧气流摩擦。在 1831 年他的新
机器在当地的小麦收割中很好地发挥了作用，次年他尝试在肯塔基州列克
星敦市附近当众做了一场展示。直到 1834 年，他仍然坚持对机器做微调，
他查看了俄备德·赫西（Obed Hussey）制作的类似的机器。赫西成了麦
考密克多年的竞争者。麦考密克警告赫西是自己的设计在前，并且在 1834
年 6 月 21 日为自己的收割机申请了专利。1843 年，他开始授权多家公司
生产他的机器，但是由于最终生产出来的设备质量不过关，在田间使用出
问题时，常常归咎于机器设计本身而不是某台机器的制作工艺。

麦考密克做了关键的决定，为了确保质量，维护他的机器的声誉，他
准备自己生产收割机。1847 年，他在芝加哥建立一家工厂，这将使芝加哥
成为美国中西部的中心，并开启了这个城市的兴盛繁荣。在这个新的地方，
麦考密克主导了这个区域迅速发展的谷物带市场。到 1850 年时，他的生意
红火。赫西是他的第一个对手，但是 1848 年麦考密克的基本专利到期时，
许多新的竞争者出现了，到 1860 年，他的对手多达上百人。

麦考密克的收割机在 1851 年第一届世界博览会——伦敦水晶宫博览

会——上闪亮登场。这些一开始因量少、缺乏工艺性而被嘲笑的美国展品，最终展出后以其实用性和简洁度惊艳四座。在伦敦郊外的一个农场里，麦考密克的收割机在潮湿的天气里收割还没有成熟的庄稼，在实战中打败了其他所有对手。连从不褒奖美国成就的《伦敦时报》（*London Times*）都大方地赞扬：光是引入这台收割机，这整场展览就值了。接下来的 30 年里，麦考密克陆续在巴黎、汉堡、维也纳和其他城市的国际展览中斩获许多重要奖项。

在国内，麦考密克证明了自己至少是一位有所成就的商人和发明家。他继续改进收割机，增加了附加装置，迅速申请专利，有效维持了他在市场上的主导地位。在商业技巧方面，他率先采用信用销售、大规模广告，并在他的工厂里利用与时俱进的大规模生产技术。麦考密克虽然没有真正垄断市场，却通过各种各样的方法主导了两代人的收割机市场。

伴随麦考密克的成功而来的是巨大的财富和国际声誉。他成了法国荣誉军团军官和科学院院士。他将大部分财富投资在西部的金银矿和铁路上，他对推动密西西比河谷的国际贸易抱有野心。他还向报纸和神学院等宗教机构捐赠了部分财产。在政治方面，他是民主党人。但是由于内战，民主党的财富减少，麦考密克的影响力也因此受挫。

尽管麦考密克的收割机取得巨大成功，但是只解决了收割庄稼的部分难题。原来的机器不能完成打谷这项费力活，这成了发明活动的关注点。麦考密克解决了这个问题。19 世纪 60 年代始，他制作了一些设备附加在他的收割机上可自动将庄稼捆束。许多早期的打谷机是固定的，通过蒸汽或者马力拉动，安置在田地里将割下来的小麦或者其他谷物脱粒，然后将谷粒打包后用马车运走。

当打谷机单独在一个移动的平台上与收割机组合在一起时，就成了联合收割机。19 世纪最后几十年里，美国中部边境州（位于得克萨斯州以南和北达科他州靠近加拿大边境之间）和加利福尼亚中央河谷这些区域修建

1850 年麦考密克收割机的宣传单，展现了他的广告智慧

的大型农场见证了大型联合收割机的发展和运用。30—40 匹马或者驴拉着机器，顺着麦田拉出一条 18 尺宽的刈痕，打谷、清理、装袋。1882 年，就在麦考密克去世前两年，第一台蒸汽动力引擎拉动的大型联合收割机出现。到 19 世纪末，即使大型联合收割机也全部采用了蒸汽动力引擎拉动。1898 年，一位作家描述看到的"加利福尼亚农场上的大块头""每分钟可以完成三袋大麦的收割、打谷、清理和装袋过程。每袋重达 115 磅，需要两个专业的缝袋工将谷粒从出料槽搬走，缝合袋子，然后丢在地上。一组工作队有 7 个人，包括了机修工和锅炉工"。

1866—1878 年，光是小麦的种植面积就增加了一倍。耕地面积的迅速增加对产量规模提出了更高的要求，运行大型机器对动力的需求相应增

19 世纪后期，驴和马组成的队伍在小麦地里拉拽大型联合收割机
资料来源：美国农业部

加。过去的两百年里，效率和节约资源不如速度和规模重要。到 1890 年，美国农场的蒸汽动力生产了约 200 万马力（1 马力≈745.7 瓦），到 1910 年，达到峰值 360 万马力。这些大块头机器重达 20 吨（仅相当于 50~100 马力），一天要消耗 3 吨煤和 3000 加仑（1 加仑≈4.55 升）水。很快它们就被更便宜、更轻巧的汽油拖拉机取代。1923 年，平均每个美国农场可以获得 4.74 马力的动力，其中，汽油拖拉机提供 17%，农用卡车提供 15%，固定的汽油发动机提供 14%，蒸汽发动机仅占 6%，电力摩托占 5%，风车占 1%，动物动力仍然占比 42%。1935 年美国农村电气化管理局（the U.S. Rural Electrification Administration）成立后，普遍使用汽油拖拉机，加上高效的电力供应，第一次为美国农场提供了便宜且足够灵活的动力，真正实现了农业生产的工业化。

麦考密克的收割机、联合收割机以及拉动这些机器的大型蒸汽机显著而有效地推动了农场机械化。但是这么多年来，这些机器远远没有得到普遍使用。它们价格高昂，可以大面积耕作，因此，只有那些拥有大量土地的富裕农民可以买得起、用得起。各个地方、各种作物使用的机器和原动力差异巨大。种植蔬菜和水果、生产奶制品、养鸡等农场经营的全部种类几乎不使用大型蒸汽动力引擎，更不需要收割机。尽管数以百计的发明家用想象力创造了无数精巧的设备，基本的生产单位仍然是一个使用传统手工工具的人。即使在谷物和牧草收割、耕地等那些电力和机械使用最为成功的农业领域，大部分的农民，尤其是东北部和南部州的农民不是太穷买不起新机器，就是因为农场太小、形态各异、石头太多，或是位于陡峭山坡上而无法使用机器。

因此，对于大多数美国农民来说，收割机的发明还不如对制作手用工具做出的普通改良来得重要。到 1850 年，伊莱·惠特尼和约翰·H.霍尔等人在联邦和小型私营兵工厂发起的美国制造体系拓展到了农业工具制造领域。1849 年，一位苏格兰药剂师到访美国，参加在纽约锡拉丘兹举办的一个农业展销会，他评价道，"这些工具的大致特点是制作简单和价格便宜，这个展览大而有趣。……犁、干草耙、叉子、镰刀、厨灶数量多，许多都制作精良。现在美国的犁大量出口。……用钢板切出来的各式各样马铃薯夹和叉，非常有弹性、轻巧、结实，而且便宜"。值得注意的是，他说，"改进的大镰刀也很棒：一个能干的男子用这个工具一天可以收割 4—6 亩地的小麦。"在听说了麦考密克的收割机后，他评价道，"我想这台机器一定很好，听说在芝加哥已经生产了 1500 多台……今年这些机器卖到了西北部州的平原上收割小麦，"然而，这个展览上唯一展出的机器是赫西的，据称一天可以收割 150 亩地的小麦。

将农业工具描述为"非常有弹性、轻巧、结实，而且便宜"，说明它们代表了 19 世纪中期的美国技术。两位来访的英国机器制造商指出，"生产这些器具使用了模型和机械工具，这些生产工具的销量十分巨大"。通过节省人力的机器大批量生产的犁售价低至 2—3 美元，许多农民都可以买得起。

在大多数美国人都住在农村地区的时代（直到 20 世纪 20 年代，大多数美国人才定居城市），这些大量生产的农业工具代表了最民主的技术。据估计，1862 年时，配齐一个中等大小的普通农场仅需 968 美元。由于大批量生产技艺的传播，到 1907 年时，这一费用降低到约 785 美元。除了政府提供的免费土地之外，一个便宜、高效且唾手可得的技术不断支撑着美国人民一直坚持的梦想：建设一个年轻、独立、自主的农业国家。

　　然而，不管这个梦想有多么富有远见，最终都以幻灭收场了。因其规格和动力的卓越性，以及对大量新能源的需求，麦考密克的收割机深刻代表了正在发展的机械化。那些具备条件用得起这些机器并能将其转化成利润的人们越来越支持机械化。一方面，机械化使得投入更少的人力可以生产更多的食物，因此推动了城市化和工业化发展。尽管农场突破了收割作物的瓶颈，然而又造成了生产链上的另一个瓶颈，因此亟须进一步实现机械化。农民之前的耕地多到来不及收割，现在收成谷物多到没办法运输到市场。大型农场使用大型机器，依赖于大型谷物升降机、铁路运输网络和商品市场，这增加了农业的风险性和收益性。煤和汽油等不可再生能源替代了风力和动物体力。农业逐渐呈现了机械化、综合性、耗能大等生产特点，这些都是多数制造业的特征，也是麦考密克完全没想到的结果，也不是他独自一人能够做到的。尽管如此，他的收割机比同时代的其他机器都更能展现动力和机械化在农业中的地位。

第八章

詹姆斯·布坎南·伊兹：
工程师和商人

美国名人纪念堂（the Hall of Fame for Great Americans）是美国的一个国家机构，成立于 1900 年，由纽约大学（New York University）理事会管理，共分为 16 个类别，工程师和建筑师被归为其中一类。名人堂成立 60 年以来，共有 89 位名人入选，其中仅有 1 人入选工程师和建筑师类别。这个人就是工程师詹姆斯·布坎南·伊兹（James Buchanan Eads），他于 1920—1933 年入选，入选时他已去世多年。

伊兹于 1887 年去世，在他辞世前 3 年他成为第一位被英国皇家艺术学会（Britain's Royal Society of Arts）授予阿伯特勋章的美国人，他因"为工程艺术做出的贡献"而获此项殊荣。在他之前有迈克尔·法拉第（Michael Faraday）、亨利·贝塞麦（Henry Bessemer）、开尔文勋爵（Lord Kelvin）、路易斯·巴斯德（Louis Pasteur）等欧洲名人获此勋章。

然而在 1871 年，正值伊兹处在工程师职业生涯顶峰时期，一本名为《巨大财富和它们是如何产生的》（*Great Fortunes and How They Were Made*）畅销传记将他与丹尼尔·杜鲁（Daniel Drew）、科尼利尔斯·范德比尔特

（Cornelius Vanderbilt）、赛勒斯·菲尔德（Cyrus W. Field）一同划归为"资本家"。这本书的作者是一位出色的记者和历史作家小詹姆斯·D.麦凯布（James D. McCabe Jr.）。E. W. 古尔德上尉（Captain E. W. Gould）与伊兹相识多年，是一位爱唠叨的美国内河航运历史学家，他的作品《在密西西比河上的 50 年》（*Fifty Years on the Mississippi*）于 1889 年问世。在伊兹去世后两年，古尔德上尉说，无论伊兹"作为工程师或在机械和发明方面的才华"获得何种称赞，"与他作为金融家的能力相比，这些都显得微不足道。"

古尔德的判断无疑带有感情色彩。事实上，他是伊兹经营项目的大股东，在伊兹离开后损失惨重。伊兹在 1855 年成立了一个公司接手水上救援生意，获得了一笔财富。1857 年，他因身体原因从公司退休。古尔德作为公司的主管，曾短暂地做过公司主席，他宁愿相信是伊兹的"金融才华"促使他"在成功的浪潮就要退去……知道（股票的）价值来自利益方的口头承诺时"将公司转让给朋友，而不是因为古尔德自己的判断失误或者运气不好导致了损失。

比起另外两本长篇传记的作者，古尔德对伊兹的描述更接近事实真相。古尔德坚信伊兹有两个伟大工程成就，一个是横跨圣路易斯密西西比河、以他名字命名的钢拱支架桥，另一个是位于新奥尔良下部河流口、防护深水河道航运的突堤。这两个成就代表了他的金融能力、公益精神、机械和工程才华。

要了解伊兹作为工程师的职业生涯，就必须认识到他也是银行家、铁路推动者和有创意的商人。他想方设法规划并发掘现代科技的潜力，塑造了工业文明，这点是传记作者们没有认识到的。

1820 年，他出生在印第安纳州劳伦斯堡，之后他父亲带着家人先后搬到俄亥俄州的辛辛那提和肯塔基州的路易斯维尔，四处寻找致富机会，但都未成功。和蒸汽船时代早期密西西比河西部城镇的许多男孩一样，年轻的伊兹展现了对机械的热爱。他 11 岁时做了一个蒸汽机上的小发动机。1833 年，在搬到圣路易斯后，他有机会通过业余时间的阅读丰富自己在机械创造力方面的天赋。他家的主要收入来源为其母经营的寄宿公寓，为了贴补家用，伊兹为一位商人跑腿，做些家务，还能使用他的私人图书馆。除了在辛辛那提和在路易斯维尔接受过几年学校教育，伊兹基本是靠自学。

伊兹 19 岁时，他父母亲再次搬家，这次搬到了密西西比河上游的艾奥瓦州。伊兹在河上获得了第一份工作，在古尔德的"尼克布克"号船上做副手（也称排泥手），往返于辛辛那提和艾奥瓦州的迪比克。他的机械技艺发展到可以设计和建造古尔德口中的"一艘微型蒸汽船……可以从锡制的烧水壶里冒出蒸汽，这一切都设计得巧妙而系统"。但是他排泥手的工作和机械没有任何关系。船上的职员属于营业管理员，负责处理乘客、货主、雇员雇佣和发放工资等事务。

伊兹很快证明他处理人际关系的能力和他在工程机械发明方面具有同样天赋。船上的空间经常过于拥挤，船只有时会因水位低、事故等延迟，船上的职员需要负责安抚不满的乘客和船员。古尔德回忆年轻的伊兹"性格温和，而且他一直保持这个特点，使得他很受欢迎。他让船长很安心，让不安的人们安静下来，尤其是在女士客舱"。

和其他密西西比河上成百上千的船一样，"尼克布克"号在 1839 年遭遇障碍物沉没了。古尔德和他的雇员成功将所有乘客和船员安全救上岸，但是船上那些来自伊利诺伊州方铅矿的大量值钱的铅沉没了。河盗很快偷走了甲板上轻的货物，但是无数的铅仍然留在沉没的船体里，因为那时没有复原沉船的设备。

这个教训对伊兹来说不失为一个收获。接下来的两年他在其他船只上任职员时，研发设计了潜水钟，复原沉船的机械装置和货物。1842 年年初，他与 1841 年 11 月在圣路易斯成立的第一家造船厂厂主合作，建造他所谓的"潜水艇"。他已经准备好启动船只打捞生意。

伊兹在公司积极而务实，负责船只管理和打捞操作，因此，船长的头衔非他莫属。接下来的两年里，他大部分时间都花在他的潜水钟上，在河里上上下下打捞沉船。然而，他在1845年结婚后想回到在圣路易斯的家中。因此，他离开了打捞公司，将注意力转向了建立和管理俄亥俄河西岸的第一家玻璃厂。从他之后几年写的未公开的信中可以看出，他迅速掌握了火石玻璃复杂的制作工艺，学会了建造德国黏土的熔炉，混合沙石、珍珠灰、铅和其他成分，将融化的玻璃液倾泻进压制模具。然而由于开销太大，玻璃厂在1847年年底倒闭了。负债累累的伊兹回到打捞生意，再次与之前搭档合作。

伊兹设计的第一台潜水艇本身是不能潜水的，基本上是在亨利·米勒·施里夫（Henry Miller Shreve）于19世纪30年代早期建造的双舱体清障船基础上的改版。伊兹在他的船上装了起重机，用于放下和提升他设计的潜水钟以及其他必要的设备，例如，推进船体的机器、操作起重机的机器、将压缩空气填充进潜水钟的机器等。他的这项设计运作顺利，但是当他回到打捞生意后，又立即开始设计和建造一系列改进的潜水艇。他的第4台潜水艇于1851年在肯塔基州帕迪尤卡的一家船厂建成，变革了沉船打捞生意。这台潜水艇装上了强劲的蒸汽动力离心机泵，这是伊兹在专利持有人J.斯图尔特·格温（J. Stuart Gwynne）允许下设计的，专门用来清理河道里沉没的蒸汽船内滞留的和船面上滞留的厚重的沙石和淤泥。潜水艇四号装上了这些离心机泵和更强劲的起重机后，可以整体提起沉没的蒸汽船，快速复原沉船，而不只是打捞船上的货物。

1855年，伊兹和他的搭档威廉·内尔森（William Nelson）从美国政府那里购入了5艘施里夫清障船，并将这些船改装成潜水钟船。其中，潜水艇七号是所有船中最大、最强劲的，成为内战时期伊兹的事业进入新阶段的关键。

内战前夕，美国国内阶层矛盾严重，联邦政府改善国内民生的经费减少，只能把清障船拿出来变卖。1853年时，西部河流清理淤泥和障碍的工作几乎停滞。到1856年时，密西西比河谷的河流商业受到航行风险和上涨的船只货物保险费的严重影响。同年，伊兹的朋友国会议员卢瑟·M.肯尼特（Luther M. Kennet）和参议员亨利·基弗尔（Henry Gever）向美国国会提出议案，帮助伊兹获得了一份改善所有西部河流的合同。与此同时，伊兹组建了一家名为西部河流改善和打捞公司（Western River Improvement and Wrecking Company），取代了他的打捞生意。这就是后来古尔德后悔投资的那家公司。在他的朋友提交议案获得国会通过后，这家公司是为了投标取得政府合同而成立的，当时没有其他组织符合投标条件。议会在1857年初通过了这项议案，但是参议院没有通过。1858年时提出的类似的议案又被否决，大部分是亨利·克莱（Henry Clay）和战争部长杰斐逊·戴维斯（Jefferson Davis）提交的。

与此同时，伊兹的肺结核病不断严重复发，影响了他的整个成年时期的生活。前文提过，他因此从忙碌的工作中退休了。随后，他和第二任妻子住在圣路易斯郊区的一所意大利式的大别墅里，热情款待宾客，他还将大量财富投资在房地产和电车道上，成了圣路易斯银行杰出的行长。但是，即使在内战爆发前，伊兹计划了阻塞开罗以南的密西西比河，用装甲炮艇护卫河流。1861年年初，他被召唤到华盛顿特区与战争部长和海军部长磋商。

伊兹与政府的第一份合同是在65天内建造7艘装甲炮艇。实际上，这些船并未按期完成，他除了给华盛顿海军造船厂的造船者塞缪尔·普克（Samuel Pook）提供了一份粗略的草图，几乎和船的设计没什么关系，是普克画了设计稿。他们之所以没有按期完成，是因为饱受战争困扰的政府不能按期支付费用，并且军方不停提出修改设计的命令。伊兹在100天内完成了7艘船只的交付，期间，伊兹还将他的潜水艇七号改装成装甲舰本顿号（Benton），成为炮艇队的旗舰，这展现了伊兹十足的组织能力。就在签署合同的两周内，他组织了 4000 人分别在炼铁厂、机械车间调度了从费城和俄亥俄到威斯康星和密歇根，以及他在圣路易斯南边卡龙德莱特（Carondelet）的铸造厂和造船厂的矿藏资源。四艘装甲炮艇的龙骨就放置在卡龙德莱特。当这些装甲舰帮助攻陷南部联邦在田纳西州和坎伯兰河的大本营（亨利堡和多纳尔森堡），为北部联邦迎来了战争中的首次主要胜利时，政府都还没有支付船只的费用。

伊兹在建造装甲舰的同时，思考适合在西部河流上作战的更高效的战舰。1862 年约翰·埃里克森（John Ericsson）的装甲舰摩尼特号（Monitor）与南部联邦梅里马克号（Merrimack）的经典对战后不到一个月，伊兹被海军部长吉迪恩·威尔斯（Gideon Welles）召唤到华盛顿，要求他设计轻载吃水的全铁炮艇。在海军总造船师办公室，他借了一块画板，几笔勾画了一个单炮塔式内河重炮舰、极低干舷的龟背甲板。伊兹建议采纳他设计的炮塔，使用滚珠轴承而不是埃里克森专利的芯轴来旋转，当火炮反冲时炮眼自动关闭。一开始，海军部反对伊兹设计的炮塔，他在自己的规模扩大的造船厂和卡龙德莱特制铁厂建造的前三艘铁制内河重炮舰使用的是埃里克森的炮塔。之后他得到了一份建造四艘双塔内河重炮舰的合同，其中两艘的炮塔一个采用埃里克森的，另一个用他自己的设计，火炮全由蒸汽控制，他的设计后来成为标准。正是这些内河重炮舰帮助法拉古特舰队上将（Admiral Farragut）在莫比尔湾战役（the Battle of Mobile Bay）中取得胜利。

内战后，伊兹继续设计改良炮架、炮塔和军舰。1868 年，他作为海军部特别代表在国外待了一年之后，向海军部提交了一份报告，倡议建立一套完整的"海军防御体系"。海军军械局（Naval Ordnance Bureau）于 1876 年在费城世博会（the Centennial Exhibition）的政府大楼里展出了他的炮架，与埃里克森的并排摆在一起。伊兹的炮架"由蒸汽动力控制方运行"。埃里克森的炮架"由人力操作，需要 4 个人合力控制其移动"。然而，伊兹对海军军备发展的贡献常常被脾气暴躁的埃里克森贬低，而这些贡献往往被历史学家们忽视了。埃里克森拒绝入选美国科学促进会（the American Association for the Advancement of Science）会员的邀请，因为同年伊兹也获得了类似的荣誉。然而，伊兹对金属制造技术和钢铁性能的熟悉程度，正如这一军舰作品所展示的那样，有助于解释他的下一项伟大成就。

从表面上看，伊兹从未接受过正规的工程培训，也没有任何相关经验可以使他能够设计和监管即使是普通桥梁的建造工作。在 1867 年和 1874 年间，他用前所未有的设计结构建造了横跨圣路易斯密西西比河的桥梁。这座桥名为伊兹大桥，是唯一一架以其总工程师命名的重要桥梁，可以说"在很多方面都堪称桥梁史上最卓越的工程作品"。这座桥的圬工桥墩建在极深的河床基岩上，其深度前无古人，在涨水时节水流湍急，在冬天河水形成冰塞，这些都是之前桥梁建造者从未遇到过的困难。它的桥拱长度超过 60 米，比其他桥梁都长。其中，两个桥拱高 153 米，中间的桥拱高 160 米。这是第一个主要结构部件（钢管拱肋）采用钢材质的大型桥梁。直到 1877 年，这种"新型"结构材料被英国贸易局（British Board of Trade）禁止用于建造桥梁。它不仅采用了 1865 年开始在美国销售的贝赛麦钢，还使用了冶金学上先进的铝合金钢材。伊兹对铝合金钢材的发展起到一定作用。他还采用了新的方式把桥立起来，用悬臂从最近的桥墩移动桥拱，直到钢管抵达中心点，不需要使用"脚手架"支撑。通常在修建桥拱时使用"脚手架"会阻碍航行。伊兹开了先例，后来大型拱桥的修建都遵循他的方法。1876 年建成的美国第一架真正的悬臂式铁路桥——肯塔基河大桥——就是按这个方式设计的。设计者 C. 谢勒·史密斯（C. Shaler Smith）是位年轻的工程师，架设伊兹大桥时他正在圣路易斯为东进口航道设计铁路高架桥。

训练有素的工程师下属给了伊兹得力的协助，比如亨利·弗拉德

伊兹大桥于 1874 年竣工，率先采用了新型材料和建造方式。现在仍然在圣路易斯密西西比河上承载来往的火车和车辆
资料来源：圣路易斯商会

（Henry Flad）设计了架桥的方法，查尔斯·法菲尔（Charles Pfeifer）在设计桥拱时提供了数学计算，他们都是在德国接受教育和培训。伊兹本人负责这架双层三拱大桥的总体设计，在河床基岩上修建桥墩时使用气压沉箱的细节设计，以及肋拱的上部构造的细节设计。伊兹制图室里一位曾在德国接受过培训的工程师，为他的德国同行在工程团队中的贡献感到骄傲。尽管如此，这位工程师在几年后认为伊兹在桥梁的设计和比例分配上值得"专属荣誉"。他告诉工程师观众们，"管道连接和销钉连接，拱座和锚定螺栓等所有最微小的细节，甚至精细到八分之一英寸大小的细节都是伊兹的功劳。"

　　伊兹对欧洲首创的气压沉箱进行了改进，其中包括几个专利发明，例如极大推动对水下挖掘技术发展的砂泵。在设计自己的沉箱前，他了解了欧洲最先进的技术。和美国其他对新技术做出贡献的工程师不同，伊兹拥有第一手的技术知识。他在密西西比河床打捞的那些年里，从他的潜水钟

（其实就是个小沉箱）作业里了解到人类在压缩空气中工作的问题。他大胆决定用钢铁作为桥梁肋拱的基本材料，是基于他在内战期间和战后与海军军械人员共事时获得的第一手冶金经验。

伊兹大桥才正式开工没几个月，伊兹就因病重不能继续工作，一位名叫 W. 米尔诺·罗伯特（W. Milnor Roberts）的国际知名、经验丰富的工程师临时接管了这个项目。在伊兹复工后，罗伯特给伊兹的私人信件里提到，"这座桥从一开始，在设计上，在与其反对者激烈的对抗上都绝对是你的功劳。无论如何，你对桥的计划和安排都拥有控制权"。而且，罗伯特也指出，伊兹的总工程师地位区别于其他普通的总工程师，"不仅仅因为他是规划者和设计者"还因为他是"最大的所有权人，引入了捐赠，受到所有利益相关者的尊重，对他们极其'负责'"。

卡尔文·M. 伍德沃德（Calvin M. Woodward）的《圣路易斯大桥的历史》（*History of the St. Louis Bridge*，1881 年）一书记载了项目筹集资金的过程和伊兹遭到的"极其强烈的反对"。该书证实了伊兹是一个有创意的人，既有工程师的天赋又是一位伟大的商人。但为什么一个从未修建过桥梁，大部分时间都在河上工作的人，突然将所有才华都集中起来在圣路易斯修建一座通火车和汽车的大桥？没人知道问题的答案，甚至连伍德沃德的这本书也没有给出任何解释。密西西比河作为商业要道受到了横跨上流狭窄河道的铁路冲击。桥梁修建的地点位于密西西比河上游与 3767 千米长的密苏里河的汇合处，这为大桥的修建工作带来了极大的阻碍。

如果说这是因为伊兹的自传作家们完全忽视了他长期参与的一些重大商业项目，这样的解释未免过于简单。开始策划修桥时，伊兹是北密苏里铁路（North Missouri Railroad）的控股股东，公司的分支西到堪萨斯城，北到艾奥瓦州谷物生产区。伊兹和他的合伙人构想公司时，北部分公司可以确保向圣路易斯运输谷物。之前都是沿着河流向下运输到圣路易斯的，后来被从芝加哥向西疾驰的铁路运输赶超了，向东运输都是通过五大湖水路。如果在圣路易斯建一座桥连接终点站，为东圣路易斯的费城铁路西延线，那么 1867 年在堪萨斯城设立的西部分支将很有可能像芝加哥线一样成为第一个横贯大陆铁路系统的主要中转站。[积极开拓疆土的费城铁路副主席汤姆·斯科特（Tom Scott）是伊兹修桥公司的原始董事会成员。8 位董事中的 5 位是伊兹在北密苏里铁路（North Missouri Railroad）里的合伙人。]为了确保完成铁路建设和启动建桥的资金，伊兹引领一家企业联合会购买西部最大的银行——密苏里州银行，他将这家银行转变成一家国有银行，从纽约最大的国有银行贷了百万美元。贷这笔款项时，他只提供了个人担保，没有抵押任何东西。

1873 年的金融危机，以及随之而来的经济衰退，加上由于政治压迫、发展新技术带来的机械和冶金问题导致建桥工期推迟，产生巨大费用。伊兹不愿意降低质量标准，种种原因使得伊兹要完成宏伟的铁路修建计划困难重重。大桥于 1874 年建成后，过了几年其收缴的通行费才与桥梁公司债券负债的利息持平。债券所有人取消赎回桥梁的抵押权后将其出售。与此同时，北密苏里铁路也因取消赎回权被售卖。当时最大的国家银行倒闭，伊兹的银行也于 1877 年关门。两年后，伊兹的桥梁和铁路公司都归属金融家杰伊·古尔德（Jay Gould），并成为他的西南铁路帝国的关键部分。

然而那时伊兹成功完成了由私人与美国政府签订合同实施的最大的水利工程：通过建设突堤将密西西比河南通道河岸向外延展约 3.6 千米，跨过河流沙坝到墨西哥湾的深水区，从而穿过密西西比河口的沙坝建成一条深而长久的通道。在他的大桥建成一年前，伊兹已经确定这种突堤是确保河流口通畅的唯一可行的方法。然而，美国陆军工程师（The U.S. Army Engineers）和新奥尔良商会（Chamber of Commerce of New Orleans）却不这么认为。标准著作《密西西比河的物理学和水力学》（*The Physics and Hydraulics of the Mississippi*）的合著者、陆军总工程师 A.A. 汉弗莱斯准将（Brigadier General A. A. Humphreys），以他为首的工程师"证明了伊兹的这种突堤没办法建在密西西比河口，即使建成了也不能为通往海洋的船只提供永久的渠道。"他们建议政府从新奥尔良附近向东修建一条运河延伸到海湾上的布雷顿湾。

伊兹凭借河流的第一手知识，并仔细研究了多瑙河等欧洲河流运用突堤系统的成功案例，他自信地在国会委员会为他的突堤方案辩解。1875 年3 月，他从国会成功获得一份授权他继续按计划推进突堤项目的议案。合同的条款很特别，只要能在 30 个月内将宽阔河道里沙坝上的水位从正常的2.44 米提高到 6.09 米，伊兹就可以获得任何报酬。如果他那时的确做到了，他将获得 50 万美元，如果他在 12 个月内再多提升 0.6 米，他将额外获得50 万美元，以此类推。当一个宽约 75 米、深约 9 米的河道形成，他总共将获得 425 万美元。如果 20 年里河道一直保持 9 米深，他还可获得百万美元。

按照国会任命的土木和军事工程师委员会估算的修建突堤的费用，525万美元远远不够，还不到修建一条运河一半的费用。但是伊兹已经设计了一种新型的"垫子"结构，比之前用的方式都要简单经济。因此，如果伊兹可以说服潜在投资者在第一笔款项到位前提供实施项目的经费，那么他可以自信获得大笔利润。

尽管在陆军工程师运河项目的支持者极力地公开反对抗议，伊兹还是成功地筹集到资金，这再次印证了古尔德上尉之所以将其视为"金融天才"。他还设计了一套新的突堤建造体系以及又快又成功地完成项目所需的所有机器，证明了他还是一位多才多艺的实用工程师天才。

突堤项目还未完成，伊兹已经开始计划组织他的最后一个大项目：横穿墨西哥特华特佩克地峡（Mexican isthmus of Tehuantepec）的航船铁路。那里离密西西比河南通道突堤比巴拿马要近 1200 英里。斐迪南·德·莱塞普（Ferdinand de Lesseps）正准备搁置他在巴拿马修建潮面高的运河的灾难性计划。尽管仍然遭遇到"科学界"和"工程界"权威的反对，伊兹建议用吊架将一艘最大的海洋巨轮放在有 12 条轨道的铁路上，用两台强劲的火车头拖行（每台控制 6 条轨道），经陆地上从大西洋运到太平洋。和之前一样，他向国会申请提供的政府保障并未生效，直到他修建了部分航船铁路，足以证明可以解决技术问题时才生效。

1880 年美国众议院批准向伊兹公司提供许可证和资金支持。因此接下来的几年，类似的议案都差不多变更了。最后，虽然疾病缠身和极度疲惫，他绝对相信自己的计划是国家需要的，因此他告诉国会他会自己筹集全部的 7500 万项目资金，不需要政府一分钱，只要政府给他的公司颁发许可证。

就在伊兹将要从国会两院获得许可证时，他的身体垮了，医生要求他离开华盛顿彻底休息。他的妻子在拿骚（巴哈马群岛首都）照顾他的时候，他的议案在参议院通过了，但是他在 1887 年 3 月 8 日，众议院还未投票同意他的议案前就去世了。他的最后一句话是"我不能死，我还没有完成工作"。

第九章

詹姆斯·比切诺·弗朗西斯
与科学技术的崛起

众所周知，我们生活在一个科学的时代。但是科学影响人们的方式已经发生了改变，从之前的影响人类思考方式到现在影响人类的生活方式。哥白尼、伽利略、牛顿改变了我们对人类在地球上位置的看法。现代科学的深奥令常人难以理解。尽管很少有人知道什么是相对论或者量子论，但每个人却又都受到原子弹的影响。原子弹是科学和技术相互作用的一个案例。两者的相互作用在19世纪工业革命时期就已经开始。到20世纪初期，技术开始具有科学性。大型工业研究实验室里的技术走向制度化。技术产生了许多发明创造，加速了社会变革的脚步，改变了人们生活和工作的方式，但结果不一定都是好的。科学技术一方面带给人们物质丰厚的乌托邦式的希望，但另一方面也带来了核毁灭和环境灾难。人们对如何利用技术的变革服务人类福祉看法各异。但是有一点可以确定，科学技术已经成为改变现代世界的重要力量。

美国能够迅速地从19世纪的农耕共和制弱国一跃成为20世纪的工业大国，科学技术功不可没。要想在未经开发的原始大陆安身立命是一个庞大工程，美国人急需科学助力。美国政府从几个方面加强科学技术的发展。托马斯·杰斐逊总统建立了美国军事学院西点军校。西点军校的课程十分侧重科学和工程，鼓励毕业生成为民用工程师。美国的移民政策也致力于科学技术的发展。为了追求更好的生活，成千上万的人从欧洲移民到新大陆，他们当中有许多训练有素的工程师。无论是本土的还是移民的，这些工程师们都是致力于植根技术于科学的先驱者。他们创造了许多有助于美国飞速发展的新发明。年轻的英国移民詹姆斯·比切诺·弗朗西斯（James Bicheno Francis）就是其中重要的一员。他所发明的水力涡轮机是美国工业最重要的动力来源。但他在工业领域发起的科学研究的传统影响力更大。

弗朗西斯出生于英格兰南莱（Southleigh），其父约翰·弗朗西斯（John Francis）在家乡修建了早期的铁路，并按照工程师的标准对其进行训练。在旺蒂奇学院（Wantage Academy）接受了短期教育后，年轻的弗朗西斯开始工作，先是为他父亲工作，后来先后去了一些运河公司。在这些工作经历中，他扎实地掌握了当时的工程实践知识。1833年，年满18岁的弗朗西斯移民到了美国。当时的新大陆有能力的工程师很少。弗朗西斯成了毕业于美国西点军校的顶尖工程师乔治·W.惠斯勒少校（Major George W. Whistler）的助手。次年，惠斯勒去了马萨诸塞州的工业城市洛厄尔（Lowell），那里是美国最先生产棉纺织品的中心。弗朗西斯陪着惠斯勒去了洛厄尔，继续做他的助手，直到1837年惠斯勒离开。之后，主营洛厄尔城市开发和水电的洛厄尔闸门和运河经营者（The Proprietors of Locks and Canals of Lowell）公司聘任弗朗西斯为总工程师。因此，在美国短短4年间，年仅22岁的弗朗西斯就获得了最重要的工程师职位。对弗朗西斯来说，他的美国梦已经实现了。

弗朗西斯很快证明了他值得信任。他的首要任务是维护和重建一套大坝和运河系统，为洛厄尔工厂提供水力。他还需要测量流向各个棉纺织厂的水流，为工厂主提供所有工程方面的建议。弗朗西斯采用他一贯经典的做法，先是耐心收集数据，然后寻找合理科学的问题解决办法。他发现在洛厄尔工业中心建成的前半个多世纪里，那里曾经发生过洪水。如果水位再次上升到洪水的高度，将淹没运河主要的闸门，对这座新的工业城市带来巨大破坏。因此，弗朗西斯提高了运河两侧壁高，修建了一个约7.5米高的木制大门，可以下降到运河河口。之后两年不到就真的发生了一次洪水。如果没有弗朗西斯的远见，洛厄尔城市大部分地方和工厂都将被毁坏，甚至很有可能造成大量人员伤亡。正是因为弗朗西斯对待工作的科学方法和正确的判断，才避免了损失的发生。

弗朗西斯主要利用工程方面现存的科学文献，当时这些文献主要来自欧洲。可能在大多数情况下，这些资料足矣。洛厄尔的工厂按照英国的做法，使用了铁制的横梁和支柱作为框架。弗朗西斯凭借英国关于铁的强度数据来评估在洛厄尔修建新建筑的计划是否可行。但是他很快发现，不管是这个计划还是在其他的情况下，现有的科学知识是不够的，必须通过自己的实验来弥补不足。为了尝试在工程实践中运用科学知识，弗朗西斯使自己成为科学家。事实证明，科学家的身份很适合他，他拥有敏锐的洞察力和实验研究的天赋。

弗朗西斯的职业生涯证实了技术如何变成科学。工程师借鉴科学的方法，弗朗西斯在确定铁制横梁强度时做的实验也是这样的。用这种方式，工程知识就像科学知识一样变得可以积累。每一个人的工作可以基于前人的经验。科学的另一个特征是抽象化，数学理论就是一个例证。当将科学运用在技术上时，有时会产生突然的戏剧性的变化。传统的技术方式是对现有的设备做出微小的调整。然而，一旦工程师摸透设备的内部理论，有时候可以做出颠覆性的改进。水力涡轮机的发明就印证了这一点。

几个世纪以来，水车一直是工业动力的基本来源，但是常规的水车实际效能有限。最多只有三分之二的水能可以被转化为用来驱动机器机械能源。法国工程师伯努瓦·福内朗（Benoît Fourneyron）利用数学理论，在

19世纪20年代时做了一个彻底的改进：水力涡轮机。这个发明将水动机的效能提升到将近80%。弗朗西斯在福内朗设计的基础上做了显著改良。的确，弗朗西斯的水力涡轮机仍然是最广为使用的类型。弗朗西斯还对运用在涡轮机的科学进行改进，这一点也具有同等甚至更重要的意义。

要了解弗朗西斯的成就，必须先了解福内朗的成就。法国在利用科学发展工程方面是先锋者。法国知名的工程师让·查理斯·博达（Jean Charles Borda）和拉扎尔·卡诺（Lazare Carnot）已经展示了传统水车的主要局限性，并阐明了提高效能的条件。他们发现水能会在两个方面被耗损：一是入水时"震动"，二是出水时超速。"震动"指的是水流撞击水车桨时产生的湍动。因此，产生最高效能的条件是水进入水轮时没有震动，并以最小速度彻底离开水轮。

福内朗的成功之处在于他展现了这些条件可以如何最大限度地付诸实践。他的涡轮机很像一个常规的水车转了个方向。水进入涡轮机中心，然后从水平方向流出。机轮附在金属板上防止水漏出，机轮的桨叶是弯曲的。福内朗用弯曲的桨叶展示如何实现第二个条件：用最小的速度出水。他的分析显示，在水与机轮移动完全相反方向，也就是沿着机轮圆周切面的方向离开时，可以实现第二个条件。福内朗将机轮的桨叶做成合适的弯曲度，基本实现了这一条件。

无震动入水是最难实现的条件。这要求水不能对机轮产生任何影响。福内朗的理论表明这是可以实现的。水应当完全按照桨叶移动的切面方向进入，可以与桨叶的轴线平行方向移动，将不会对机轮产生任何影响，因此不会因震动或者湍流造成能量损失。要实现这一条件，就要控制水进入机轮的角度。福内朗将机轮做成空心的，在移动的机轮里增加了固定的导流叶片来实现这一条件。这些叶片引导水按照指定的角度进入机轮。

福内朗的涡轮机代表了显著的进步。但是其价格比传统的水车要贵得多，因此只有拥有大量资金、对高效能有迫切需求的大型工业中心才会使用。便宜的水涡轮机将会带来巨大利益，尤其在美国这样水能资源丰富但是资金匮乏的国家。弗朗西斯开发了自己的涡轮机，提供了理想的解决办法。他的涡轮机比福内朗的便宜多了，常常能达到更高的效能。就像福内朗一样，弗朗西斯对涡轮机的改进是基于对问题的科学分析。实际上，他详细阐释了涡轮机的科学性。此外，他认为涡轮机理论的缺陷实际上十分普遍：它们适用于几乎所有将科学运用在技术上的尝试。

已有的科学技术存在两个不足：第一，数学理论太理想化或者简单化，省去了诸如摩擦力等至关重要的东西。第二，由于"规模效应"，将实验运用在机器上的尝试遇到了令人困惑的问题。随着机器大小的变化，实验的结果不一致且无法预测。弗朗西斯并没有完全解决问题，但是找到了可以规避两个不足的方法。因此，弗朗西斯展现的不仅是如何改进涡轮机，还有如何创造更科学的技术。

弗朗西斯并不是孤军奋战，他的合作伙伴是工程师尤赖亚·A.博伊登（Uriah A. Boyden）。正是博伊登在 1844 年第一个将福内朗的涡轮机引入洛厄尔，他还为一系列的改进申请了专利。几年后，他将专利权卖给了洛厄尔闸门和运河经营者公司。该公司与弗朗西斯合作多年，共同改进水涡轮机的设计和测试方式。

他们两个人的天赋相互补充。弗朗西斯是位伟大的实验家，而博伊登更擅长于数学理论。天才博伊登生性腼腆，超脱隐逸，从不将自己的任何发现公开发表，除了弗朗西斯外他没有与其他人有专业方面的联系。相反，弗朗西斯为人热情，天生善于交际，他将合作的成果公之于众，用他们的方式培训了一代年轻的工程师。博伊登对现有水力科学的不足有深刻的理解，并积极引导弗朗西斯正确认识这些不足。但是弗朗西斯的实验技能展现了如何才能克服这些不足。博伊登和弗朗西斯的洞察力让对方看到如何在涡轮机设计上做出巨大改进。很明显弗朗西斯第一个做出了改进并发表了成果。就其本身而言，弗朗西斯的涡轮机理所应当以他命名。在这些科学和实践的基础上，一场持久的工业研究传统因为弗朗西斯的启发而在美国发展起来。

要了解弗朗西斯和博伊登，需要了解他们克服的理论和实际的问题。已有的数学理论出色而讲究，但是太理想化。完全按此行事，失败是必然

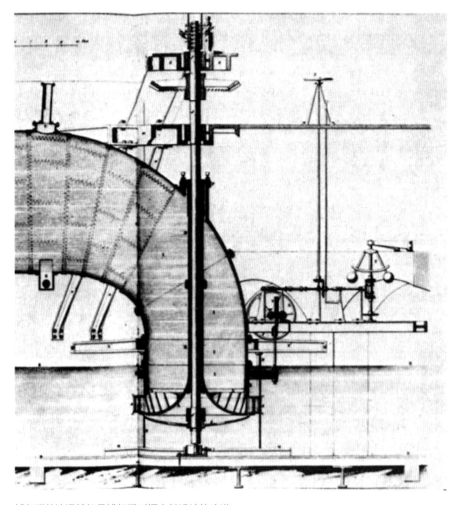

博伊登外流涡轮机是博伊登对福内朗设计的改进

资料来源：詹姆斯·B.弗朗西斯著，《洛厄尔水力实验》，波士顿：利特尔＆布朗出版社，1835 年

的。理论中省略的最重要的因素是摩擦力和流体内阻。直到 20 世纪才出现了适当的理论来帮助理解这些现象。博伊登清楚认识到这些问题并在他与弗朗西斯的信件中强调理想化理论的局限性。弗朗西斯完全理解这一点并付诸实践。水力科学的核心在于测量水流。然而没有一个公式能完全做到精确测算。查阅已有理论后，弗朗西斯这样写道：

> 对于务实的工程师来说，这些大量测量工作的结果并不能令人满意。弗朗西斯仔细查阅已做的工作后，发现自己使用的规则是基于控制水流速度的自然规律，也就是托里拆利定律。如果忽视了主体的极端复杂性带来的后果，那么对大家熟知的其他情况的考虑，将极大地影响流过孔口的水流。

已有的涡轮机数学理论，例如福内朗的理论，都是通过简单的设想来"解决"问题，即可以忽略摩擦力和流体阻力。这也是当时构建任何数学理论的必要假设。福内朗和他的后继者将数学必要性转换为设计原则。他们假设只要没有急弯造成涡流，水流的实际路径就不重要。博伊登意识到这个假设不正确，除急弯之外，其他很多情况也都可能会引起涡流和湍流，这些都是引起涡轮机效能流失的重要原因。因为已有的数学理论无法避免涡流和湍流，博伊登的对策就是放弃这个方式，并继续采用其关键结果。他一点点记录水质点流过涡轮机的路径，也就是"流线"形状。他还利用基本的水力和机械原理，将其他因素也考虑在内，有效减少了效能流失。他的涡轮机效能高达 88%。弗朗西斯吸收并拓展了博伊登的方法，开发了用图解方式设计涡轮机。

摩擦力和水阻力都代表着运转中的能量流失。当部分水质点移动方向与水流方向不同时就会产生水阻力。如果水质点环形移动，产生涡流；如果移动方向随机，朝向各个方向，产生湍流。尽管我们仍然缺乏关于湍流的完整理论，许多令 19 世纪工程师感到困惑的流体运动现象，在 20 世纪流体机械科学发展下得到了清晰阐释。

仔细观察水流流过涡轮机的实际路径揭示了福内朗的设计存在基础缺陷，同时也提出了可能的解决办法。像福内朗设计的外流涡轮机，其机轮的内圈周长必然比外圈周长短。因此，当水流过涡轮机时，水流的渠道变宽，为了填满渠道，外流的水散布开来，产生了一种环形移动的涡流，引起效能流失。也就是说，外流涡轮机必然会产生能量流失，通过转化为水流内部运动而获得能量。解决的办法显而易见，将外流改为内流。美国技工塞缪尔·霍沃德（Samuel Howd）已经做到这一点。霍沃德的机轮具有外形紧凑和价格便宜的优势。因为水流向内，渠道变窄，内流的机轮避免了涡流引起的效能流失。然而往往是，当解决了一个问题，另一个问题又发生了。流体流过的渠道变窄会导致水流速度提高。这是最不理想的情况，这意味着水流出涡轮机的速度相当快，产生了严重的效能流失。因此，霍沃德的涡轮机虽然便宜，但是却不够高效。

弗朗西斯知道自己可以将霍沃德内流涡轮机的价廉与福内朗外流涡轮机的高效结合在一起。根本的问题是降低水流速度。在任何内流的设计中，渠道都会变窄。弗朗西斯认为关键问题不是渠道的宽度，而是其横截面。因此，尽管内流涡轮机渠道必须变窄，可以通过增加其深度来弥补。渠道顶部和附着在机轮上的底板之间的距离被称为"冠"。通过调整其深度和横截面，水流的速度也可以得到控制。这种涡轮机因水流既往内，又往下而被称为"混流式"涡轮机。

弗朗西斯向博伊登提过他的这个想法。博伊登也因此设计了自己的混流式涡轮机。1848 年 4 月 15 日，弗朗西斯写了下面这个备忘录，可能是想维护他的优先权：

我在街上遇见博伊登。我问他是否想过这个新点子，增加机轮内侧上冠的距离，使其比外侧宽。……他回答他已经将这个想法申请专利，正在等待结果。……我很惊讶，尤其是我曾在几个月前向他介绍我打算为布特·米尔（Boott Mill）做个渠道内侧冠高增加到比外侧高的机轮。我印象中他当时觉得这个方法不能解决问题，而且他也没向我透露任何他将这个想法作为他的发明的迹象。

可能很难确定是博伊登还是弗朗西斯谁先发明了混流式涡轮机。弗朗

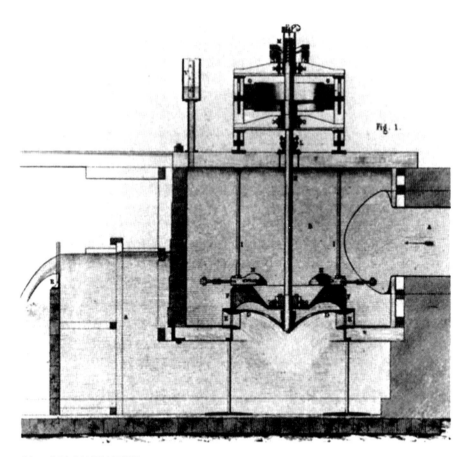

弗朗西斯的内流涡轮机设计
资料来源：詹姆斯·B.弗朗西斯著，《洛厄尔水力实验》，波士顿：利特尔＆布朗出版社，1835年

西斯明显认为是他先发明的，是博伊登剽窃了他的点子。但是博伊登天生深藏不露，有可能是他想到了类似的点子，为了优先获得专利，而选择不告诉弗朗西斯。博伊登的涡轮机专利是一套十分复杂的想法，很明显不是模仿其他人的。他们两人的确在很长一段时间里代表了伟大思想的巅峰。有可能是在与弗朗西斯交流后，博伊登的想法变得更具体。尽管如此，弗朗西斯的成果无疑是独立完成的，或者说是他首先发布了成果。

　　弗朗西斯的涡轮机并没有迅速取得成功。该涡轮机的优势并没有立即在实际运用中体现。这在技术领域很常见，需要一个长期且成本高昂的发

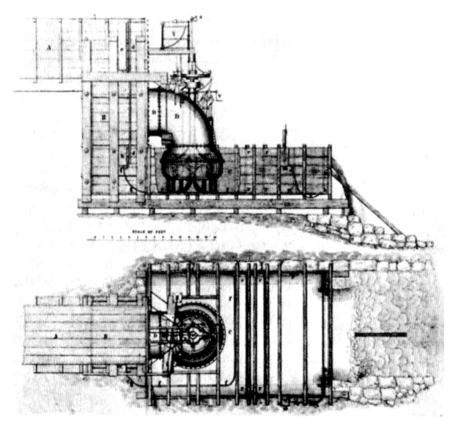

这款使用了爱默生功率计（Emerson's dynamometer）的测试引水槽由斯温公司（Swain Company）在 1869 年建造，和爱默生在马萨诸塞州霍利约克制造的引水槽相似
资料来源:《富兰克林学会杂志》，1870 年

展过程。在弗朗西斯之前，发明者主要依靠直觉和经验来试图完善他们的设备。然而弗朗西斯涡轮机采用系统运用实验测试，其发展过程更为科学。因此，如何改进涡轮机性能的理论或者想法都可以运用严密、定量的测试。法国制造的普龙尼功率计这一基本的工具是现成的。福内朗用这个工具测量他的涡轮机产生的旋转力量或"转力"。普龙尼功率计由一个附在平衡臂上的大型木制摩擦制动器构成，平衡臂的另一端可以承受增加的重量来测量转力的大小，很像用秤称量物品重量的方式。虽然普龙尼摩擦制动器可以测量转力或者涡轮机出水量，但是却不能测量出进水量，也就是一定时间内使用的水量。只有对比进出水量才能准确了解涡轮机的效能。已有的测量水流的公式都是基于小规模实验。然而，实际情况是，涡轮机规格和水流过的闸门或者堰的大小会影响结果。

　　将涡轮机测试发展成为一项精密科学可以说是弗朗西斯的伟大成就。就这项工作而言，他也是学习借鉴博伊登的经验。博伊登完善改进了几个测试方法和设备。为了弥补规模效应，博伊登和弗朗西斯的所有实验都采用全尺寸的涡轮机，从而避免模型实验带来的未知结果。但是弗朗西斯做得更多，他确定了一种新的更精确的公式来测量堰上的水流。这项工作得到了博伊登在数学方面的帮助。这个公式本身是实证性的，弗朗西斯做了无数实验才确定新的公式，又对公式做了些改进，并将其用来测试涡轮机，得到了以前从未企及的精确度。可能弗朗西斯最重要的成就是 1855 年将他的发现发表在他的巨著《洛厄尔水力实验》中。这本书成为美国涡轮机制造者改进和测试涡轮机的指南。弗朗西斯还用他的方式培训了许多助手，他们中的一些人开始从事涡轮机测试工作。1870 年，洛厄尔的前雇员詹姆斯·B. 爱默生（James B. Emerson）组织了霍利约克引水槽测试（Holyoke Testing Flume），他在那里开展了涡轮机的公开测试，并发表了实验结果。这个引水槽最后成了工业研究实验室。科学测试的结果是对弗朗西斯涡轮机性能的伟大改进，更重要的是大量降低了成本。到 1870 年，那时水力在工业生产中仍然比蒸汽动力重要，各种型号的弗朗西斯涡轮机成了美国最广泛使用的水力原动力。虽然弗朗西斯涡轮机很重要，但是从长远来看，他的方法和想法意义更为重大。在欧洲先驱者的成就和博伊登见识的引导下，弗朗西斯展现了如何真正发展科学技术。他提出了理论和实验的方法，使得涡轮机设计更加科学，而不是一门手艺。他教别人如何使用他的方法和理念，然后他的追随者继续推进工业研究的传统，这些都体现在了如今的大型工业研究实验室。当然，这不仅是因为弗朗西斯一个人。其他各个领域的工程师的努力也产生了同样的效果。不管好坏，正是这些努力的合力造就了现代科学技术。

第十章

亚历山大·格雷厄姆·贝尔
和征服孤独

工业革命始于 18 世纪，推动了 19 世纪后半叶的通信革命，改变了工业进步和城市发展的进程。通信的发展让即时交换成为可能，没有通信发展就不会有现代工业社会。对于世界的大多数地方而言，电话是通信革命的象征。电话不仅为办公室和工厂提供服务，也进入了普通家庭，成为社会联系和人际交往的主要纽带。如今，在多数国家都可以安装电话，电话系统发展迅速并已遍布全球。截至 1977 年，全美国共有 1.62 亿台电话，96% 的家庭安装有电话服务。

在 19 世纪的欧洲和美国，个人发明掀起了一个探索将语言转化为电流的高潮。因为有这么一群人专注于加快通信发展，推动科学不断进步，电话的发明几乎就是大势所趋。19 世纪 70 年代，苏格兰的聋哑人教师亚历山大·格雷厄姆·贝尔（Alexander Graham Bell）为了致富，决定改进电报并发明了电话。

贝尔刚好出生在一个从事语言工作的家庭，他的爷爷教授说话方式和演讲技巧，他的父亲梅尔维尔·贝尔（Melville Bell）也以演说为职业。

1847年亚历山大出生时，他的父亲在爱丁堡教授说话方式、写作和演讲技巧等方面已经取得成功，并且开始研究人类声音。在母亲的身上，亚历山大·贝尔发现了另一个人群需要交流的意义。他的母亲伊莱扎·贝尔（Eliza Bell）几乎听不见，只有二儿子亚历山大·贝尔可以和她很好地交流。亚历山大·贝尔对着他母亲的前额轻声说话，可以不通过耳管让她听见声音。像家里其他人一样，他善于表达，声音灵活洪亮。然而在与母亲的特殊沟通上，他比家里其他任何人做得都好。

当他还是皇家高中（Royal High School）的一名优秀学生时，年轻的贝尔在他父亲的工作上表现出了真正的天赋。他有一双敏锐的耳朵，虽然没有绝对的音高辨别能力，但能够区分声音之间的细微差别。他还是一位优秀的音乐家，甚至可以成为一名钢琴演奏家。

爱丁堡是19世纪中期科学和技术发展的桥头堡。贝尔从小在车间和工厂里长大，掌握了机械方面的知识，设计了机械碾谷机，很快有了发明的志向。从身边那些精通技术的人那里他意识到，发明是一个出人头地的捷径。他父亲在家里发起了一个挑战，让他和他的哥哥制作一个说话的机器，用杜仲胶仿造嘴巴、喉咙和鼻子，还有可操作的舌头和可以发声的肺，并成功地发出了类似人类的叫声。

梅尔维尔·贝尔的言语研究的目标是建立一个完整的、普遍适用的音标字母表：一套可以用符号代表发声器官的位置，并标出所有可能的发音的书面系统。1864年，梅尔维尔·贝尔完成了他的"可视语言"系统（"Visible Speech" System），他让3个儿子演示了如何用可视语言正确地发音，并读出他们不知道的外语和方言单词。作为他们家庭的故交好友，乔治·萧伯纳（George Bernard Shaw）通过大作《皮格马利翁》（*Pygmalion*）让可视语言流传了下来，书中希金斯教授（Professor Higgins）用它来记录伊莱扎的伦敦方言。虽然可视语言主要是为语言学家和语音学家们设计的，但它在教授聋人发音方面确有实践指导意义，因为它用图形向聋人展示了如何发出他们从未听过的声音。

1865 年，贝尔的父母移居伦敦，他的弟弟随后死于肺结核。贝尔先是在埃尔金和巴斯任教，1868 年返回伦敦，其后进入伦敦大学学习并帮助父亲工作。利用可视语言的潜力，贝尔开始教授他的第一批失聪学生。但在他完成学业之前，他的另一个兄弟去世了。梅尔维尔和伊莱扎·贝尔决定去美国做巡回演讲，并移民到加拿大，他们说服了贝尔和他们一起。1870 年 8 月，贝尔一家在安大略省布兰特福德的郊区定居。次年 4 月，贝尔通过父亲的关系，得到了一份短期的工作，在波士顿聋哑人学校（Boston School for Deaf Mutes）教可视语言。第二年，他招到了足够的学生继续开展教学。1873 年他受聘波士顿大学"声乐生理学和演讲学"的教授职位。

在贝尔的余生中，他一直认为自己的职业是"聋人教师"，并总是通过传记形式和问卷调查来证实这一身份。尽管后来他有许多其他的兴趣和责任，但他总是抽时间去看望失聪儿童的父母，积极地开展失聪儿童的教育工作，为了支持相关研究，他为失聪人士开展了许多个人慈善活动。海伦·凯勒正是获得了贝尔个人和经济上的支持，帮助她克服耳聋和失明，并将《我的生活》（The Story of My Life）这本书献给了贝尔。

19 世纪中期，波士顿地区的科技活动十分活跃。作为新英格兰工业中心以及哈佛大学和麻省理工学院的所在地，波士顿聚集了科学家、工程师、发明家、熟练的机械师和工匠，以及渴望投资的商人。贝尔参加了许多公开讲座，阅读了大量关于物理学尤其是声学和电学方面的书籍，并开展了一系列的工作，最终使他想到了将语言通过电流传输的主意。

在贝尔发明电话之前的 45 年甚至更久，人们已经发现了电话的基本科学原理。丹麦科学家汉斯·奥斯特（Hans Oersted）在 1820 年证明了电磁学原理；英国的迈克尔·法拉第（Michael Faraday）在 1831 年发表了关于感应电流的著作。奥斯特发现，当电流通过盘绕在铁芯上的电线时，铁芯就会磁化。回过来看，显然如果把磁铁靠近一块柔性金属膜片，当一个变化的电流通过线圈时，磁铁会引起膜片振动，从而产生声音。为了使电流变化细微到足以传达语音，贝尔使用了感应原理：变化的磁场会在电路中感应或产生电流。1875 年 7 月，贝尔发现使固定在电磁石附近的金属膜片振动，可以改变磁场，从而产生必要的变化电流。他的灵感最初来源于1874 年夏天拜访在布兰特福德（Brantford）的父母。贝尔后来开玩笑说，电话是在布兰特福德构思的，在波士顿诞生，从而回避了电话在哪里发明的争论。他最开始是用一系列调谐的簧片而不是金属膜片来传输和接收声音的振动，然而贝尔不相信他的想法会产生可以听见的声音。

当时，贝尔正在研究两个较早的概念：一个是"谐波电报"，用来同时发送多个信息；另一个是与一种技术相关的设备，他称之为"传真电报"，用来以传真的方式传输整份文件。

自从 1843 年塞缪尔·F. B. 莫尔斯（Samuel F. B. Morse）完成了他的第一条电报线路后，可以在相距较远的地点之间进行即时通信，而在这之前必须依靠实物传递信息。新的系统已迅速发展成为一项成熟的技术。年轻的托马斯·爱迪生（Thomas Edison）和贝尔等准发明家从电报的成功中得到启示，希望通过改进电报来致富。贝尔在电报方面的努力使他发明了电话和一个最终取代电报的系统。讽刺的是，1876 年，西联电报公司拒绝了以 10 万美元购买贝尔所有电话版权的机会。该公司专注于一个与电话不兼容的系统，却因目光短浅错失良机。另一个命运的转折是贝尔电话公司（Bell Telephone Company）和西联电报公司在电话专利方面的巨大争议中针锋相对。

贝尔利用了他作为音乐家对谐波电报的观察，采用了共振原理——这种现象使得钢琴的琴弦有选择地产生共鸣，只会对唱进去的音符产生回声。他使用一组钢"簧片"，每个簧片调到不同的频率，在振动中打开和关闭电路，从而产生相应频率的间歇性电流。这些电流可同时通过同一根导线传送到电磁铁上，而电磁铁上的簧片也因此产生相似的调谐。每个接收簧片会有选择地响应发射端相应的簧片振动，从而分离出频率。贝尔设计了连接在每个接收簧片上的触针装置，当簧片发出声音时，它就会标记经过的纸条。

贝尔最初关于电话的想法曾因改进他的谐波电报和传真电报设备而被暂时搁置。当得知电工兼发明家伊莱沙·格雷（Elisha Gray）正在研究一种"音乐电报"时，他深受鼓舞。在1875年6月初，贝尔在波士顿偶然发现，他在布兰特福德构想的理论是可行的。他发现在没有任何发送电流的情况下，拨动谐波电报的簧片会产生波动电流，而且接收簧片不仅会振动，还会发出声音。然后，贝尔用一个以金属为中心的膜片代替了簧片，把他的声音传递给他的助手詹姆斯·沃森（James Watson）。沃森认出了他的声音，但听不出是什么内容。1876年1月贝尔有了新的突破。贝尔为他的电话申请专利时，在发明物说明书里添加了可变电阻的概念。他指出声音引起线的振动，而将部分浸泡过水银或其他导电液体的线置入电路可以改变其电阻并产生波动电流。这意味着声音的传输不再依赖于其有限的机械功率来感应电流，因为通过可变电阻，已有的任何强度的电流都可以被调制。

但直到1876年3月10日贝尔才使用了可变电阻模型。隔壁房间的沃森听到了他的声音，"沃森先生，过来一下。我想见你。"

在此期间，贝尔把一份完整的专利申请交给了加德纳·格林·哈伯德（Gardiner Greene Hubbard）。哈伯德是贝尔的赞助者，也是他未来的岳父。哈伯德转手就将贝尔的专利申请非正式地存放在华盛顿特区专利局（the Patent Office in Washington D.C.）。因为要与英国的投资者谈判，贝尔告诉哈伯德不要提交正式文件。1876年2月14日早上，迫不及待的哈伯德未经贝尔的允许正式提交了申请。碰巧的是，格雷在几个小时后出现在专利局，提交了一份关于电话设备的声明，这是一份尚未经过实践的概念文件。

亚历山大·格雷厄姆·贝尔的助手詹姆斯·沃森在 1875 年 6 月 2 日—3 日通宵组装了第一个带有语音的电话接收器模型

资料来源：美国电话电报公司

格雷很有可能听说过贝尔的装置能通过电流传输语音，因为在 2 月 14 日之前，格雷已经几个星期多次进出专利局。有时候，发明最重要的是知道这是可能的。格雷很有可能受到这点启发，并尝试独立完成。然而，贝尔和格雷的方法存在细微但本质的区别，这表明双方都不知道对方想法的细节。

由于贝尔在时间上有优先权，尽管只早了几个小时，并且他的发明已经达到更高级的阶段，他获得了第 174465 号专利，这也许是历史上最有价值的专利。

西联电报公司随后买下了格雷的版权，并聘请爱迪生对电话提出改进方案以便获得专利。爱迪生开发了一种比贝尔电话更好的发报机。一家由西联电报公司支持的电话公司利用爱迪生的发报机从贝尔公司那里抢走客户。在随后一年的诉讼中，贝尔的专利以及他清晰而有说服力的证词挽回了局面。西联电报公司在和解中放弃了包括爱迪生发报机专利在内的电话权利，来换取了在专利17年有效期里的20%电话租金收入。尽管在接下来的20年里遭遇了约600起法律挑战，贝尔公司一直保持着垄断地位。

然而，贝尔在获得专利后面临的直接挑战是如何让人们接受他的发明。在费城举办的纪念美国建国一百周年展览（The Centennial Exhibition in Philadelphia）为他提供了一个独特的展示机会。贝尔在1876年春天发明了一种铁盒接收器。这个装置采用可变电阻和电磁发报机。6月下旬，他在展览的主楼里安装了这个装置，向一群杰出的美国科学家以及巴西皇帝唐·佩德罗（Dom Pedro）进行展示，这对宣传很重要。贝尔的声音从装置里传出来，让专家和皇帝都感到惊讶。这次成功使贝尔的电话成了美国科学界的话题，来访的外国科学家把消息传到了国外。之后，贝尔在波士顿地区和布兰特福德用改进的电话设备进行了一系列的演讲演示。当地报纸很快知道了这一发明，贝尔有效地推广了他的智慧结晶，并受到了欢迎。

对人们来说，第一次听到电话是一次难忘的甚至是可怕的经历。当一些农村听众听到铁盒里传来空洞的声音时，他们几乎惊慌失措。但人们很快就因其实用而欣然接受，电话很快就得到了普及。第一条普通电话线建成于1877年4月4日，连接了生产电话设备的商店和波士顿郊区店主的家。7月贝尔电话公司成立时，有100多部电话投入使用，到8月时，这个数字跃升到600部。（1922年贝尔去世时，该公司的电话数量超过了900万部。）

然而，贝尔对经营企业并不感兴趣，很快就退出了公司董事会。除在各类专利诉讼中担任证人外，贝尔逐渐停止参与公司事务。到1881年，他与这家公司断绝了联系，只保留了约2000股股票。贝尔此前曾在电话股市场繁荣时期出售了大部分家族股票。最后经过多方的努力，贝尔公司发展重组为美国电话电报公司。尽管如此，贝尔在 1897 年仍受邀启动了纽约和芝加哥之间的电话服务，这一事件被拍摄下来，成为贝尔最著名的照片之一。

贝尔的电话成了美国家庭不可或缺的一部分。有民间传说，贝尔本人拒绝在自己的家里安装电话，这个故事被赋予了相当有趣的幽默感，有时贝尔也会提及这个故事。事实上，他家里有电话，但书房里没有。也许电话最重要的直接作用是促进了 19 世纪 80 年代城市化的迅猛发展。现代城市和工业的迅速发展依赖电话来进行即时通信，没有延迟，也没有手工运输信息的堵塞。

电话给未到而立之年的贝尔带来了名声和财富。他从未停止过发明创造，但他之后的发明发现再也未能超越他最初的成就。贝尔在追求电话技术的过程中，将非凡的知识、能力和性格糅合在一起：言语、音乐、声学、机械和电，这一切都融合在他的头脑中，并与他的雄心、动力和雄辩、令人信服的个性相结合。他内心对成就的渴望极其强烈，为了和梅布尔·哈伯德（Mabel Hubbard）结婚，他迫使自己成功发明电话。成家立业之后，贝尔根据自己的兴趣和动力自由地追随不同道路。之后贝尔设想用光束发送声音，并开发了一种无线"光电话"。他使用了元素硒，其导电能力取决于落在它上面的光的多少。带有声振镜的发报机产生一束强度波动的光。光束聚焦在一个硒接收器上，反过来改变电话接收器的电流。贝尔成功地利用阳光传输声音，但仅限于光束不间断的情况。没有像今天的激光这样的技术突破，光电话是不实用的。但是贝尔的光电话工作作为利用光线对不透明物质进行无损分析开辟了道路，也就是光声光谱技术，这是一项近代才使用的技术。

贝尔发明了一种可以定位身体内子弹或其他金属的电话探头，可用作外科手术的辅助工具。这种探头一直使用到第一次世界大战期间才被 X 射线所取代。贝尔还在医学领域发明了"真空夹克"，一种环绕在胸部进行人

为庆祝 1892 年 10 月 18 日哥伦比亚展览的开幕，贝尔开通了第一条从纽约到芝加哥的线路
资料来源：美国电话电报公司

工呼吸的机械装置。这个概念后来在现代铁肺中再现。

在 1880 年获得法国著名的伏特奖（Volta Prize）后，贝尔与另外两名工程师和发明家一起组建了伏特实验室（Volta Laboratory）。他们开始专注于留声机，而爱迪生则放弃留声机，开始了电灯实验。伏特合伙人开发了一种记录声音的新方法，通过在上蜡的纸板圆筒上切割凹槽，以及一个浮动（而不是压痕）唱针来复制录音。他们成功地推广了这些专利，贝尔用他的份额建立了一个聋人研究信托基金。然而，这个团体的合作就此结束了。

因为对机械飞行器充满幻想，19 世纪 90 年代，贝尔加入他的物理学朋友塞缪尔·兰利（Samuel Langley）的发明实验中，一起尝试建造了一架飞行机器。贝尔还试验了比空气轻的飞行器和风筝，以解决空气动力学和结构问题。1907 年，受到莱特兄弟飞行的启发，贝尔召集了一群年轻的工程师，包括后来的飞机制造商格伦·柯蒂斯（Glenn Curtiss），成立了空中实验协会（Aerial Experiment Association）。他们在设计飞机时想到了一个利用"副翼"或向相反方向移动的铰链翼尖来实现横向操纵的方法。他们后来发现，类似的机制已经在法国发展起来了。但这群人只同意合作一年，尽管他们为了实现在 15 米高空飞行约 5.6 米的目标，而把合作时间延长了 6 个月，但他们还是在 1909 年解散了。

在研究风筝结构时，贝尔认识到四面体的可能性。四面体是由 4 个等边三角形组成的几何形状，形成一个有基座的金字塔。他设想了一种结合了强度和轻盈的新型建筑。四面体的优点是它三角形的边，都是可压缩或拉伸，而不能弯曲。由四面体组成的结构是由三维支撑的。单个构件可以批量生产，比如用金属冲压而成，然后用螺栓连接在一起。此外，四面体结构需要的资金、时间和技术相对较少，可以建造大跨度的屋顶或桥梁。贝尔的概念预示了巴克敏斯特·富勒（Buckminster Fuller）的网格圆顶，如今它已被广泛用于空间框架建筑。贝尔在 1904 年获得了四面体结构的专利，并在加拿大避暑别墅里建造了一座塔来展示四面体结构的潜力。但是他的这个想法没有获得认可，贝尔也没有继续下去。

贝尔对空气动力学的另一个研究是水翼船。他和空中实验协会的成员凯西·鲍德温（Casey Baldwin）一起建造了一系列"水上运动场"，其中最后一个在 1919 年创下了每小时 114 千米的世界海洋速度纪录。然而，美国和英国海军都不感兴趣，贝尔 - 鲍德温水上运动公司（Bell-Baldwin Hydrodrome Company）没能获得任何生意。1922 年的水翼专利是贝尔的最后一项专利。

贝尔通过这些发明在许多方面预见了今天的技术。但他后来的发明想法与电话相比，有点落差。然而，贝尔的兴趣并不仅仅只是发明，他在各种各样的追求中找到了人生的意义。

如果说贝尔的一生特别关注沟通和打破人与人之间的障碍，那么他对聋人的关心就是最明显的体现。在他自己家里，他的母亲和妻子梅布尔都是失聪者。梅布尔在 5 岁时失去了听力，1873 年来到贝尔学校当学生。1877 年后，他们结婚了。作为一个很有造诣的演讲者，她的发音虽然不是非常完美，但是还是相对不错的。她能够跟上其他人的谈话，常常使新认识的人感到惊讶。

作为一名聋人教师，贝尔的想法使他卷入了一场终身争论，至今仍在聋人工作者中流传：区别于唇读法的手语应该在多大程度上被使用。在贝尔时代最广泛使用的手语形式是由 18 世纪的修士戴雷贝（Abbé de l'Épée）发明的，用于表达想法，而不仅仅是用手指拼写。一般来说，手语不容易产生误解，不需要上下文来补充解释意思。特别是对那些天生失聪的人来说，使用手语更简单，也可能更自然。而唇读法则要难得多，需要使用者的思维速度来把握上下文，最重要的是，它要求使用者熟悉所讲的语言。贝尔反对手语的理由是，手语是一种特殊的语言，切断了聋人与其他人的交流，只有会使用手语的人才能和聋人交流。他还认为手语剥夺了聋人对英语或其他语言的充分理解，因为手语在表达抽象思想方面远远不如英语，表达的微妙程度也有限。

作为唇读法的必然结果，贝尔强调教聋人用英语表达、思考和交流。贝尔的想法使他经常与爱德华·加劳德特（Edward Gallaudet）发生冲突。爱德华·加劳德特是著名的聋人教育家，也是"联合教学法"的创始人，该教学法在大量使用手语的同时也运用其他方法。贝尔还在 1890 年积极地帮助建立并资助了美国聋人语言教学促进会（American Association for the Promotion of the Teaching of Speech to the Deaf）。该会后来更名为亚历山大·格雷厄姆·贝尔聋人协会（Alexander Graham Bell Association for the Deaf），作为全球信息中心和图书馆，负责管理拨款，并出版与聋人有关的研究。

贝尔的另一项遗产是《国家地理杂志》（*National Geographic Magazine*）。1897 年，国家地理学会（National Geographic Society）的创始人哈伯德

去世后，贝尔出于家庭原因，接任了该学会主席一职。为了刺激日益减少的会员人数，让协会枯燥而迂腐的杂志重新焕发活力，贝尔找到了一位能干的年轻编辑吉尔伯特·格罗夫纳（Gilbert Grosvenor）。贝尔提供的财务支持，以及使用引人注目、充满活力的插图的想法，为格罗夫纳在杂志版式上的全面创新奠定了基础。这位新编辑成功地将图片和真实易读的文章结合在一起，甚至到今天仍是该杂志的标志。他后来娶了贝尔的大女儿埃尔西（Elsie），一家人仍然活跃在这本杂志上。

贝尔兴趣广泛，积极参与许多事业和组织，以及他的公开演讲天赋，都给人留下了一个性格开朗的印象。人们总是能一眼就看到他。他高大魁梧，声音洪亮，黑眼睛，黑皮肤，络腮胡子——随着年龄的增长，络腮胡子变白了。他一生都在与退缩的想法对抗。他选择从深夜一直工作到清晨，这让他更加孤独。他对聋人的孤立有天生的同情心。贝尔喜欢待在新斯科舍避暑别墅为自己创造的一个小小的世界里，尽管如此，他还是在1880年定居的华盛顿特区过着活跃的社交生活。梅布尔想尽办法对抗他的孤僻，他自己也意识到他的内向。

贝尔为整个世界，特别是聋人还有他自己探寻通信便捷。对美国人来说，他的名字与电话密不可分。在他的葬礼期间，美国所有的电话服务都停止一分钟以表达敬意。贝尔的成就无疑使他成为通信革命的中心人物，将地球两端的人们直接联系在一起。

第十一章

托马斯·阿尔瓦·爱迪生
和电力的起源

当托马斯·阿尔瓦·爱迪生（Thomas Alva Edison）名声大噪之时，美国也作为一个强大的科技国家登上了世界舞台。这两者的同时发生并非完全偶然，因为爱迪生既得益于有利的环境，也助力打造了这样的环境。1876—1886 年，他在新泽西州门洛帕克（Menlo Park，New Jersey）的这 10 年是他成果最丰硕的黄金岁月，也是美国在发明和工业方面崛起的时期。到 1890 年，美国的专利授权数量和钢铁产量都领先世界。此外，作为基本燃料和重要化学品的煤的产量也首屈一指。这是一个多产的年代，在美国许许多多富有创造力的人当中，爱迪生的成果数量遥遥领先，到 1885 年，他已经获得了 500 多项专利，在那之后还有数百项。他不仅拥有最多的专利，而且专利涉及的设备和工艺在经济上和技术上都令人印象深刻。

爱迪生无疑是美国"镀金时代"的英雄。报纸报道显示，他是美国民众最感兴趣的人物之一。据他生前的一项受欢迎的民调显示，他是美国民众最钦佩的人。与他同时代的美国人喜欢并崇拜他，不仅因其出生平凡，但通过自身努力获得了财富和地位，还因为他为来到新大陆的人们提供了物质享乐。

1847 年，爱迪生出生在俄亥俄州的米兰（Milan, Ohio）。这是一个以运河、农产品加工和运输为主的中西部城镇。他的父亲是一位小木瓦制造商，也是一位教师。后来，他们一家搬到了密歇根州的休伦港（Port Huron, Michigan）。年仅 12 岁的爱迪生就在开往底特律的火车上流动兜售糖果和推销报纸（推销员），并在行李车上搭建了自己的小型科学实验室。在爱迪生举世闻名之后，各地出现了许多他的传记，他年轻时的这段经历和其他经历成为全国流传的励志故事。父母在督促孩子以爱迪生为榜样的同时，也在间接地通过他感受体会美国梦。

如今世俗的美国正在寻找其他具有代表性的人物，甚至是反英雄人物。而这些曾经家喻户晓的名人轶事，如今已退隐到历史的背景中。所以我们应该简单回忆一下在当时开往底特律火车上的实验室发生的那一场火灾，迫使年轻的爱迪生去了其他地方做实验。我们或许还记得，爱迪生曾将一位接线员的小儿子从铁轨上推开，当时铁轨正有一辆火车迎面驶来，接线员为了感恩，让爱迪生认识了电报。他的部分失聪使他从最初的与世隔绝，转而开始自省。要了解爱迪生，我们应该关注他作为见习电报员的经历，因为正是在"见习期"他不仅学会了在一个动荡和苛刻的世界中生存的艺术，而且还学习到了很多关于电的知识。在同事们的眼中爱迪生是一个怪人。电报员的工作经常四处流动，然而爱迪生从不在晚上与他的同事去镇上娱乐而是待在实验室里。爱迪生十分崇拜伟大的迈克尔·法拉第[①]，他认真研读法拉第的文献资料并按照他的规则来做实验。1868 年爱迪生进入波士顿西联电报公司工作，专注于发明创造。起初，他只能在业余时间进行

[①] 迈克尔·法拉第（Michael Faraday, 1791-1867），出生于萨里郡纽因顿，英国物理学家、化学家，被称为"电学之父"和"交流电之父"。他发现了电磁感应现象，引入电场、磁场、磁力线等概念，为经典电磁学理论奠定了基础。

发明，后来他抽出时间发明了一台自动投票记录仪，并为其申请了专利，但他找不到市场。（他后来说，正是从那时起，他决定在发明之前先调查市场。当时和现在大多数的专业发明家都采用这个策略。）爱迪生并不满足于做一个业余爱好者，他下定决心以新职业为生，于是 1869 年他去了纽约。他带着改进电报系统的想法，目光敏锐，头脑清醒，善于抓住机遇。机会很快就为他敞开了大门，他修理了一台华尔街印刷电报，因为当时的电报机急需报价单。一位做电报生意的老板为了感谢爱迪生，一直支持他，给了他电报准入资格。他为包括竞争对手在内的几家电报公司改进了电报技术，其中包括可以使四条信息在同一条电报线上同时传送的四路系统设计，很少有人知道他因此牵涉进了错综复杂的商业和技术活动。当西联电报公司落入臭名昭著的金融家和股票大亨杰伊·古尔德（Jay Gould）手中时，爱迪生说那里不再需要他的发明，于是他成了一名独立发明家，自己选择问题、自己创造发明并组建新公司来销售这些产品。1870 年，他在新泽西州的纽瓦克（Newark，New Jersey）建立了一个电报制造车间和实验室；1876 年，当他决定成为一名独立发明家时，他利用资金和与日俱增的声誉实现了自己的愿景：建立一个发明企业，或者说，发明工厂。

他选择了位于纽约和费城之间宾夕法尼亚铁路（Pennsylvania Railroad）上偏僻的门洛帕克（Menlo Park）。门洛帕克是供应基地，乘火车到现货市场只需要一小时左右的路程。但门洛帕克不同于其他城市，这里远离世俗干扰，可以集中注意力做实验。他从纽瓦克的工厂里调来了一些经验丰富的老助手，比如机械师和富于创造性的模型制作师约翰·克鲁西（John Kreusi），同时引进了一些新助手，他们必须学习爱迪生的风格，并具有创造发明方法的热情。

位于门洛帕克的场地既舒适又精巧。这些建筑提供了专业发明家所需的资源，很快爱迪生就被称为门洛帕克的奇才。在新地点办公几年后，爱迪生将一栋楼用作办公和技术科学图书馆（里面存放了各种系列的世界顶尖杂志，供那些想要了解最先进技术的人使用），在另一栋两层高的大楼里设有装备齐全的化学实验室、电力测试设备以及机械车间。（后来，这间生产小型全尺寸电动机械模型的机械车间被分成几个单独的车间。）在爱迪生专注于发明电灯系统后，他又新增了一栋小型建筑用于吹玻璃灯泡和生产碳丝。之后又添加了一间木工车间使得设施更加完善。发明工厂建成之后充满了生机活力，许多水彩画和绘画为了抓住公众的想象力，将其描绘成白雪覆盖的地方，让人联想到慷慨的圣诞老人和他忙碌的精灵们。事实上，这个地方更像是一个高级的发明中心。

门洛帕克小组里的社会学更值得研究。人们通常认为，这位发明天才会把工作委托给热情灵活的助手，可实际上他们之间的互动要复杂得多。从门洛帕克的数千本实验室笔记可以看出，爱迪生对诸多因素都很敏感关注，他决定小组的最终目标，但有几个人会紧随其后做团队研究和开发，听从他的协调和监督。历史资料还显示，根据不同项目的性质，门洛帕克核心小组的成员就像那里的设备一样偶尔会调整。

1878—1882年，凡是涉及发明和改进电灯系统的活动，弗朗西斯·厄普顿（Francis Upton）、克鲁西和查尔斯·巴切勒（Charles Batchelor）等人的名字经常出现在进行实验和记录观察的笔记本上。他们独特的性格和工作也让我们了解了爱迪生的许多情况。厄普顿的出现否定了爱迪生不重视科学的说法。厄普顿是一名物理学家，曾在普林斯顿大学鲍登学院

托马斯·阿尔瓦·爱迪生在新泽西州门洛帕克的实验室里展示了他和他的研究团队开发的现代射线管的前身

（Bowdoin College，Princeton University）学习，并在柏林师从著名的赫尔曼·冯·亥姆霍兹（Herman von Helmholtz）。后来，他在启动电灯项目时来到门洛帕克，读到了外国科技文献中的最新技术。不久，他就负责为这个系统开发发电机。爱迪生的另一位至交巴切勒（Batchelor）也非常专注，据说爱迪生因为巴切勒离开实验室而暂停了工作。巴切勒是一位来自英国的机械专家，他最开始来到美国从事纺织机械的工作。克鲁西也是一名机械师，出身于欧洲，是模型建造大师。如果没有克鲁西的模型建造，爱迪生和其他发明家就无法工作。据说，爱迪生只需要告诉克鲁西一个大致想法，克鲁西就可以简化成图纸和模型。克鲁西最出名的是演示了第一部留声机。因为身边都是在旧大陆当过学徒或学习过的人，爱迪生与其他技术和工业领域的专业人士一样，也借鉴了英国和欧洲的技术和科学。

爱迪生是一个发明和开发小组（今天可以称为研发小组）的负责人，不仅如此，他还是一个发明家兼企业家。如今，很少有人尝试需要承担如此广泛责任的职业。爱迪生不仅负责发明和开发，还参与了项目的融资、宣传和营销。他最著名的项目电灯系统很好地证实了这一点。

对一个独立发明家来说，选择一个问题或项目至关重要；受雇于公司的发明者的发明导向通常由他所属公司或机构的既得利益者明确或含蓄地指出。出于各种原因，爱迪生在 1878 年决定加大资源投入电灯项目。科学和工程领域的朋友告诉他，白炽灯的先进技术意味着立竿见影的实际成果。技术期刊和专利也显示了关于白炽灯的研究活动。这些信息让爱迪生意识到，他有可能解决剩下的关键问题，比如发明耐用的灯丝。这将决定是细致地修修补补还是获得商业上的成功。他对自己解决电灯问题的能力充满信心，因为像许多专业发明家一样，他知道自己的特长，并能借鉴他人的经验发挥这些特长。总之，爱迪生做了多年的电报工作，已成为电力方面的专家。如果能够用类比的方法来转移、改造和发明如电报的电磁现象、电池的电化学、继电器的精密机械和电路的规律等技术，都可以称为新的发明。

研究电灯的另一个原因是门洛帕克包括丰富的物质和人力资源。在当时，门洛帕克代表了大量的投资资源，它有质有量，运转良好，方向明确，发展前景一片大好。因此，有些问题在门洛帕克能得到最好的解决，而其他问题适合在其他地方解决。爱迪生和他的顾问们意识到发明和开发一种适用门洛帕克的电灯系统的问题，这个系统包括电磁机器（发电机）、精密仪器（开关、固定装置、控制装置、白炽灯等）和复杂的电路。由于各个组成部分的问题各有不同，门洛帕克的设施和人员可以得到有效利用。这套系统需要反复的测试和实验，而门洛帕克及其团队也非常适合这一点。最重要的是，电气照明系统需要远见、规划和协调，爱迪生在这方面很有天赋，爱迪生的门洛帕克实验室的设计也符合这一要求。

在最终做出承诺之前，他必须确定市场和财务资源。爱迪生经常用类比的方式思考，他发现白炽灯照明系统就像煤气照明系统，他知道煤气照明很有市场。因此，他遵循风险更小的改进过程，而不是引入一种产品或服务。为了确保这一点，他委托调查了纽约市人口稠密的华尔街地区的煤气灯使用情况。那里的办公楼之间深邃的人造峡谷和楼内数千间办公室需要人工照明。所以爱迪生开始关注那些缺少人工照明的办公室并付诸行动并不是巧合，这其中就包括资助了爱迪生项目的 J. P. 摩根（J. P. Morgan）。

这个项目不仅需要商业和财务架构，还需要门洛帕克提供的技术支撑。因此，爱迪生根据格罗夫纳·P. 洛雷（Grosvenor P. Lowre）的建议于 1878 年秋天成立了爱迪生电灯公司（Edison Electric Light Company）。洛雷是一位经验丰富的商业和金融企业家，他个性强硬并成功地开设了自己的公司。爱迪生电灯公司的目的是资助自己在电灯和电力方面的发明事业，并在全世界推动专利发明的采用。从这家公司的章程中可以了解到许多关于技术创新的法则。爱迪生获得股份的投资方式是他的资本，也就是他的专利。他将自己在电气照明和电力领域的所有专利转让给该公司达 5 年之久。摩根和其他金融家贡献他们的资源，也就是资金的投入。爱迪生将其他随后成立的公司的股份奖励给厄普顿等他最看重的员工。这些公司生产爱迪生电气照明系统所需的部件并提供服务。（与一些组织者不同的是，爱迪生并没有从行政角度规定创意概念。）这些公司将电气照明系统的各个部分或功能制度化：纽约爱迪生电气照明公司（Edison Electric lighting Company of New York，1880 年）负责管理第一个示范中央车站；爱迪生机器工厂（the Edison Machine Works，1881 年）负责制造发电机；爱迪生电灯厂（the Edison Lamp Works，1880 年）；（爱迪生）电管公司 [the（Edison）Electric Tube Company，1881 年] 为配电系统制造地下导体；伯格曼公司（Bergmann and Company）生产电灯配件。其他进入照明领域的发明家常常调整已有发电机的设计，或将组件的制造交给不受他们指导和控制的公司。

爱迪生电灯照明系统的发明历史是众所周知的，这里无须赘述。然而，应该指出的是，许多资料过于侧重爱迪生对灯丝的研究和测试。这种侧重分散了人们对爱迪生天才本质的注意力。他写道：

> 不仅是灯应该发光和发电机应该产生电流，灯还必须适应发电机产生的电流。生产发电机需要符合电灯对电流的要求，同样，电灯系统的所有部件需要符合其他部件的要求。因为从某种意义上说，组成一台机器的所有部件之间是通过电力而不是机械连接。像任何其他机器一样，如果一个部件不能与另一个部件正常配合，就会扰乱整个机器，使其无法达到预期的目的。
>
> 大体来说，我着手解决的问题就是使生产的各种各样的仪器、方法和装置之间相互适应，形成一个全面的系统。很少有人能找到如此简洁而系统的发明方法。

1882 年 9 月，爱迪生构思和设计了这个系统，申请专利并在门洛帕克进行了小规模的测试。爱迪生各公司制造了这种设备。随后，第一个用于公共供应的爱迪生中央车站投入使用，按照计划为半径约 1.6 千米的纽约华尔街区提供服务。珍珠街车站（The Pearl Street Station）有 6 台蒸汽机，驱动 6 台爱迪生巨型发电机，每台发电机可提供 1216 根烛光度的灯。在一年之内，大约有 8000 个爱迪生灯由 110 伏的配电系统提供。全世界都在庆祝首个中央车站在技术上的成功。

不过，财务报告显示，在最初的几年里，珍珠街车站是亏本出售电力的。这种情况得以维持有几个原因。最重要的是，考虑到珍珠街作为一个示范工厂，可以吸引全国各地和国外的地方领导人和金融家购买特许经营许可证，以及类似珍珠街的中央车站的设备。另一个原因是一个有效的假设，即随着服务的改善，客户的增加，单位固定成本降低，通过合理化实现各种经济效益，运营将变得有利可图。在 1890 年 1 月大火烧毁这座历史悠久的车站之前，它的确实现了盈利。那时，世界各地的大城市和小城镇都有爱迪生站。爱迪生直流电站时代已经确立，但在 19 世纪 90 年代，被交流电或多相站取代。交流电或多相站通过高压系统为更大的区域提供电力和照明。爱迪生没有灵活地转型。

在珍珠街取得胜利后，爱迪生的辉煌时期就过去了。他一直生活和工作到 1931 年，继续开展发明和获得专利，取得了实质性的创新，但他后来对电影技术、磁铁矿分离、硅酸盐水泥制造、蓄电池、从美洲本土植物中提取橡胶等发明活动缺乏敏锐的洞察力，也没有戏剧性地再现他在 1882 年之前和照明系统一样在四路多工电报、电话发射机和早期留声机等出现的成就。他为引进磁矿分离过程作了大量的努力但并未获得成功，也许可以从这些努力中看出他发明能力明显减弱的一个关键因素。

在珍珠街之后，爱迪生生活中的其他事件成为一个分水岭，他的成就达到顶峰后逐渐走下坡路。1884 年，他的第一任妻子死于猩红热，他的一些朋友认为，爱迪生因深感悲痛而失去了对门洛帕克实验室的兴趣。1886年，他搬进了新泽西州西奥兰治（West Orange, New Jersey）一个自己设计的新实验室。这个实验室比那个充满他个人特点的门洛帕克的乡村院子要大得多，复杂得多。同样是在1886年，他与米娜·米勒（Mina Miller）结婚。米娜是俄亥俄州阿克伦市（Akron, Ohio）一位年轻迷人的社交名媛，他为她在他新实验室上方的山上购买了一处名为格兰蒙特（Glenmount）的房产。他的第一任妻子玛丽曾在他在纽瓦克的车间里工作，他们住在门洛帕克一栋相对简易的房子里。1882—1892年，他在电气制造企业也失去影响力，那时他从事铁矿石项目，最终卖完了他在企业的股份。1892年，他见证了这些企业合并，从爱迪生通用电气（Edison General Electric）变成了简单的通用电气（General Electric）。

出售电力股的收入为磁铁矿分离项目提供了资金。爱迪生通过市场分析决定，投资是有回报的，这让人回想到他在华尔街地区为珍珠街车站所做的深入分析。他的结论是，如果能开发出一种低成本的方法来富集东北地区的低品位磁铁矿，那么由于运输成本的降低，这样就可以取代矿石资源天然丰富的密歇根上半岛（the Upper Peninsula of Michigan）在东部钢铁厂的地位。他估计这些浓缩矿石在东部工厂可以以每吨6.00—6.50美元的价格出售，价格上具有竞争力并有利可图。为了使集中资源的成本最小化，他决定利用规模经济。爱迪生发明并开发了一套庞大的磁选系统。这个系统把大块的岩石、砂石和矿石分解成细小的颗粒，然后让它们在一系列强大的电磁铁的两极之间移动，这些电磁铁把磁性很强的矿石吸走，使它们集中起来。虽然有无数的技术问题需要解决，这个设想过程在规划的成本内于5年后的1899年投入使用。那时，对于爱迪生来说，比较糟糕的是明尼苏达州梅萨比山脉（Mesabi range in Minnesota）极其丰富的矿石正在被开采，而这些矿石可以以低于他的成本运到东部的工厂。他很快放弃了这个项目，至少损失了200万美元。

爱迪生的崇拜者们坚持认为，从技术标准来看，他已经取得了成功，因为整个过程按照预期进行。但是爱迪生并没有用这些标准来评价自己；他是一个发明家兼企业家，因此，他认为金融、商业、发明和工程密不可分。那么，作为一个发明家兼企业家，他为什么会失败呢？最明显的答案是，他对市场的预测不准确。然而，还有其他原因。在矿石分离过程中，他抛弃了熟悉的领域。早年间，他专注于那些构思出彩的精细设备和机器，如电报仪器、电话设备、电灯、发电机和留声机。他并没有证明自己是一位成功的大规模制造系统的发明者。此外，对于他早期的发明，使用者和发明者都有一种兴奋之情。选矿过程的设计和组织是一个环境恶劣充满挑战的创业。在将近 5 年的时间里，他和数百名工人在新泽西州和宾夕法尼亚州边境荒凉的高地上劳作。人们只能问，爱迪生在门洛帕克的笔记本上清晰展现的精神和热情，有多少体现在了矿石项目中。同时他还缺少了那些曾经在门洛帕克与他亲密合作并肩战斗的能干的工匠和电工。克鲁西、巴切勒或厄普顿这一类人都不是矿石分离项目中的重要人物。此外，爱迪生在进入这个领域时迷失了方向，在这个领域中，技术、金融和商业等绝对规模比独创性和技巧更重要。与爱迪生同时代的另一位著名发明家埃尔默·斯佩里（Elmer Sperry）说，他总是为了避免庸俗的竞争而选择棘手而精细的问题。

尽管矿石分离项目以失败收场，以及在之后其他项目（如蓄电池）上的江郎才尽，爱迪生仍然获得了极高的公众赞誉，到他去世的时候，他已达到了一个至高无上接近圣人的地位，成为最杰出的美国人的代表。美国人认为他率直坦诚，自学成才，思想务实，事业有成，天赋异禀。他们认为他是一个能力卓越的经验主义者，既是实验者又是多面手。作为一名成功人士，他勤奋、务实、脚踏实地，为向前发展的社会提供了丰富的物质。公众从他身上得到的不仅仅是发明；他关于教育、宗教和其他一般性问题的言论占据了报纸的头版，并成为无数崇拜者的神谕声明。

　　事实上，爱迪生没那么简单。当向华尔街不信任不切实际科学家的金融家们筹集资金时，他直言不讳；他自学成才，但他的阅读涵盖西方文学的经典著作和法拉第的笔记；他非常成功，但这不仅仅是因为他是发明天才；事实上，他以完美的技巧实践着实验者的艺术，同时他也了解那个时代的科学，并利用它来构建假设和组织实验数据。在实验室里和同事相处，他是别人眼中的"往地板上吐口水的怪人"，但实际上格伦蒙特的地板不太可能会这么脏。早在专业公关完善他的形象塑造之前，爱迪生就向世界展示了他是一位受人爱戴的发明家和被世人需要的英雄。

　　在他的一生中，工业研究中心从门洛帕克和西奥兰治转移到通用电气、贝尔电话和杜邦实验室（DuPont Laboratories）。在实验室里工作的拥有高级科学学位的人不仅利用现成的科学来解决技术问题，他们还根据需要创造了科学。到爱迪生去世的时候，美国人开始把那些身穿白大褂、俯身在显微镜前的人视为用新研究"创造美好生活"的形象代表。

　　尽管爱迪生并不完美，但他仍然是美国的代表人物，也是理解 19 世纪末美国成为世界领先的科技和工业强国的关键人物。那时的美国已经超越了蒸汽船、铁路和纺织厂，但还没有达到自动控制、导弹和计算机的阶段。爱迪生只是提供了灯光和声音，给那些为建设年轻美国辛勤工作的人们带来幸福甚至富足的感觉。

第十二章

刘易斯·霍华德·拉蒂默
和黑人发明家的身份

刘易斯·霍华德·拉蒂默（Lewis Howard Latimer）是 20 世纪初成功的美国非裔发明家。他的一生（1848—1928）先后经历了奴隶制、美国内战、解放黑奴的承诺、重建的希望和残酷的背叛，以及种族隔离时代的残酷压迫。他还经历了工业资本主义在美国取得胜利的那些年，见证了第二次工业革命，看到了电力的生产、配电和广泛应用等新技术戏剧性的诞生。拉蒂默不仅经历了这一切，他的人生也因此彻底被改变：作为一个黑人，他在不断发展的（白人的）电气工业中开创了事业，先是作为绘图员，然后成为发明家，最后变成生产经理和专利案件中的专家证人。

黑人发明家的话题在美国历史上一直备受争议。受到奴役的非洲人一直备受种族主义压迫，不承认他们的发明能力是对种族主义的一种认可。为了反驳这种谣言，人们一直认为发掘并颂扬黑人发明的证据至关重要。黑人发明创造的成果记录往往具有复原能力、自由主义和个人主义三个倾向。复原能力是因为记录发现了那些被遗忘和被忽视的发明家（如拉蒂默）；自由主义是因为记录假定发明和发明家都具有进步性；个人主义指的是在暂时承认这些人努力对抗历史障碍、结构障碍和文化障碍后，他们的故事被讲述成个人战胜了逆境。这三种倾向都把黑人发明家塑造成了"英雄"和年轻人的榜样。

颂扬非裔美国人发明活动的记载至少可以追溯到 1834 年。当时黑人先驱报纸《解放者》（*Liberator*）的编辑呼吁"有色人种发明家"向报社提供有关他们工作的信息。他说，他想"收集美国有色人种的天赋和创造力的证据"。80 年后，亨利·E. 贝克（Henry E. Baker）在他的《有色人种发明家：五十年的记录》（*The Colored Inventor: A Record of Fifty Years*）中称，已经收集了大约 1200 件专利"实例"，尽管他只能证实其中 800 件是黑人发明家的作品。他写道，这 800 个作品"讲述了这个种族在掌握力学科学方面取得进步的精彩故事"。

然而，我们要认识到，尽管黑人参与技术创新遭遇一些特殊的障碍，但黑人和白人参与发明活动又有着显著的共同特点。从 19 世纪晚期到现在，美国的技术越来越以科学为基础，使得那些从事零散发明的人越来越难以营生，在电气工业中尤其如此。《科学美国人》（*Scientific American*）杂志在 1894 年的一篇社论中写道："那些通过实验和概括的归纳法研究电力的人最近抱怨说，电力几乎已经变成了数学。对许多真正基于实验的发现者来说，数学的高级分支构成了一个无路可寻的迷宫。"与此同时，在一定程度上由于这一趋势，研发成本不断上升，这意味着越来越多的发明来自企业的实验室，而不是具有大众名气的车库工作坊。最后，大多数发明并没有带来任何实际的重大创新，只能理所当然被埋没了。拉蒂默的技术生涯受到了所有这些因素的影响。

拉蒂默于 1848 年出生在马萨诸塞州的切尔西（Chelsea, Massachusetts），是乔治·拉蒂默（George Latimer）的儿子。为了摆脱被奴役的命运，乔治·拉蒂默与他的新婚妻子丽贝卡一同于 1842 年逃离了弗吉尼亚。这对夫妇到达马萨诸塞后不久，乔治之前的主人就来认领他，强迫他回到弗吉尼亚。

刘易斯·霍华德·拉蒂默
资料来源：皇后区公共图书馆，档案馆，刘易斯·霍华德·拉蒂默文件

然而，一群著名的废奴主义者看中乔治的事业，他们公开谴责奴隶制不公正，并成功地筹集到了钱来偿还乔治之前的主人。乔治由此获得的声誉和他对废奴运动的积极推崇，或许对其儿子拉蒂默后来的良性和谐种族关系观产生了影响。

拉蒂默接受过小学和中学教育，但在 13 岁时就开始工作，他曾为当地一位著名律师做过一段时间的办公室勤杂工。1864 年，16 岁的他应征加入联邦海军（Union Navy），并于次年退伍。在干过各种工作之后，他应聘了克罗斯比、霍尔斯特德和古尔德公司（the firm of Crosby, Halsted, and Gould）发布的"美国和外国专利律师"招聘广告，招聘"有绘画爱好的黑人男孩"。在办公室做杂活时，拉蒂默仔细观察了为客户绘制专利图纸的绘图员的工作，并买了一本关于绘图的书和一套完整的绘图工具。他后来写道，在"从绘图员的背后观察到如何使用绘图工具"之后，他会在家里练习。当他对自己的能力有足够的信心时，他让绘图员分些图纸给他画。因为表现不错，当绘图员辞职时，拉蒂默顶替了这个工作。他不仅在新岗位上绘制图纸，之后还负责监督按照专利局的要求建造模型。

在为公司工作的 11 年里，拉蒂默一直在积累经验、知识和责任，他也开始尝试自己的发明。1874 年他和 C. W. 布朗（C. W. Brown）一起获得了他的第一个专利（第 147363 号）"铁路车厢的抽水马桶"。大约在同一时期，他还为亚历山大·格雷厄姆·贝尔的电话专利申请做了一些起草工作（这有可能是他工作的一部分也可能是兼职的工作）。在1874—1905年，拉蒂默获得了8项专利。出于各种原因，他还有无数的其他发明没有申请专利。

在公司更名为克罗斯比和格雷戈里（Crosby and Gregory）后管理层发生了变动，拉蒂默于1878年离开了公司。他曾短暂地与另一位波士顿专利律师共事过，但后来经济不景气，他为了生计，做过贴壁纸工、油漆工，还在一家铸铁厂做过一段时间。在姐姐的建议下，他搬到了康涅狄格州的布里奇波特（Bridgeport, Connecticut）。后来他形容这座城市"充满了发明家"，是一个"完美的工业蜂巢"。他又重操旧业，在一家机械车间当上了绘图员。幸运的是，著名的马克西姆机关枪的发明者海勒姆·马克西姆（Hiram Maxim）发现了他。事实上，马克西姆拥有捕鼠器和蒸汽泵等产品的专利，并致力于开发一种带动力的、比空气重的飞机。马克西姆关注很多领域，其中一个就是新兴的电力。1880年，他聘请拉蒂默在他的美国电气照明公司（U.S. Electric Lighting Company）做绘图员兼私人助理。这份新工作让拉蒂默稳步走上了一条通向最终在业内出人头地的道路。

拉蒂默的职业生涯是从绘图员开始的，他发明了一些设备并申请了专利，但在最后几年里，他一直从事电气工程师的工作。工程师既是科学家又是商人，经常蔑视纯粹的理论和书本知识，他们更倾向于重视实践和积累经验。关于这个职业的界定当时还没有完全固定，可以通过各类渠道获得资格，但这个职业不欢迎非白人、非男性以及至少不是受人尊敬的工人阶级。事实上，一位工程师在1903年警告说："我们如果把点燃锅炉并拉动节流阀的人称为机车工程师或固定工程师，把点燃炉子做饭的女性称为家务工程师，那么用不了多久，这个光着脚、往砖模里捣泥的非洲人，就会自称为陶瓷工程师。"

这种担心女性、工人和有色人种的存在会降低工程学地位的想法融进了工程师的教育方式和组织方式。例如，美国电气工程师学会（American

Institute of Electrical Engineers）成立于 1884 年，也就是拉蒂默就职于爱迪生电灯公司的前一年。直到 1903 年该协会才接收黑人工程师的入会申请。所幸的是，当该机构最终收到这类申请时，决定"走规范程序"，并进一步明确规定"审查委员会应仅根据其技术优点来考虑所有申请，而不应考虑肤色或性别限制"。但是，第二年收到一名女工程师的申请后，尽管有人建议设置女性成员的特殊类别，这份申请仍然被搁置并且没有被重新考虑。

在拉蒂默开始他的职业生涯时，正规的工程教育已经很成熟了。伦斯勒理工学院（Rensselaer Polytechnic Institute）是 1829 年世界上第一所私立工程学院，哈佛大学在 1842 年、耶鲁大学在 1847 年都分别设立了独立的工程学院。1862 年之后由各州建立的赠地大学（the land grant university）[①] 都有相当数量的工程学校，1893 年美国有 100 所工程学校，到 1933 年增加到 160 所。成立于 1861 年的麻省理工学院可能是美国最著名的工程学院。麻省理工学院的第一个黑人学生于 1888 年入学、1892 年毕业。但事实上，工程学在过去和现在都仍然是白人男性特权的堡垒；1986 年，美国只有 1.7% 的科学家和工程师是非裔美国人；1989 年，只有 17% 的工程学位授予了女性。然而，1880 年拉蒂默到马克西姆公司工作时，大多数工程师既没有受过大学教育，也没有参加过任何专业组织。

马克西姆的公司在第二年就专注于制造和改进他的白炽灯，这种灯泡比爱迪生的晚一年才上市。1880 年，公司随同拉蒂默举家搬迁到了纽约市，同年，他们第一次安装了商用白炽灯。拉蒂默不仅忙于绘制图纸，还负责灯具制造工作，并帮助监督马克西姆系统的安装。在某种程度上，马克西姆公司是摸着石头过河一样在做实验，因为不像爱迪生聘请了一位接受过

---

① 赠地大学（the land grant university）：为提供实用的农业、科学、军事科学及工程方面的教育以推进工业革命的发展，美国国会于 1862 年通过了莫里尔法案（Morrill Act of 1862），联邦政府将联邦控制的土地赠予各州，各州用变卖土地得来的资金资助当地的大学或学院。获得资助的这些大学就叫作赠地大学。

大学教育的数学家，马克西姆公司缺少计算安全承载各种电线的电力负荷的公式，只能依靠经验和特殊情况的判断来决定这个关键问题。

　　拉蒂默在这类工作中积累的经验使得他越来越擅长做出有用的决定。在这家小公司，拉蒂默需要完成各种各样的任务，他因此成了一个万事通。例如，他被派往费城和蒙特利尔监督安装新设备，负责管理灯丝碳的生产，甚至还抽出时间继续改进电灯的制造和设计，并申请了专利。1881 年，他被派往英国，帮助新成立的马克西姆 – 韦斯顿电灯照明公司

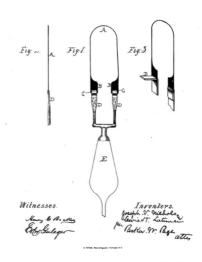

1881 年 9 月 13 日，J.V. 尼古拉斯（J. V. Nicholas）和拉蒂默获得了一种电灯的第 247097 号专利

（Maxim-Weston Electric Lighting Company）建立一个灯厂。他负责培训工人确保工厂顺利运转。这个厂在 9 个月内成功投产后，拉蒂默夫妇回到了美国。

　　回到美国后，拉蒂默又一次面临周期性的求职和就业不足。在这个迅速扩张和发展的行业中，涌现出了大量不堪一击的小公司，这样的环境既对他有利，也常常让他遭受挫折。在新泽西的韦斯顿工厂工作了一段时间后，他在布鲁克林的奥姆斯特德电灯和电力公司（Olmstead Electrical Light and Power Company）获得了一份更好的工作，担任绘图员和灯具生产经理。他继续改进白炽灯，但并非全都获得了专利，有的甚至并没有做出特别的改进。当奥姆斯特德公司在 1883 年倒闭后，拉蒂默转移到埃克梅电气照明公司（Acme Electric Lighting Company），这家公司也在 1884 年倒闭。接着他去了埃克塞西奥电气公司（Excelsior Electric

Company），但没过几个月，他就被帝国电灯公司雇用了（Imperial Electric Light Company）。1885年，他在马瑟电灯公司（Mather Electric Light Company）工作过一段时间，但在年底之前，他被爱迪生电灯公司（Edison Electric Light Company）雇用，这家公司在创新和经济上的成功与拉蒂默以前的公司形成了鲜明的对比。

当时，爱迪生开始对那些侵犯其专利的公司采取积极的法律行动，尤其是1880年爱迪生发明的白炽灯的标志性专利。拉蒂默曾担任一些重要的职位，在这些岗位上他需要负责电灯的改进和制造等工作，需要与爱迪生的一些竞争对手打交道。他很快被分配到工程部门，成为一名"绘图员、监察员和电气照明行业早期事实的专家证人……到处（游历），确保证人的证词和早期申请专利的设备，还为他的雇主在一些基本专利案件中作证"。这份工作需要对相关的技术和业务有深入而广泛的了解，并敏锐地意识到如何最好地表现自己和运用这些知识。在这个国家种族关系迅速恶化的时期，非洲裔美国人能够被选中并成功地完成这样一项专业而又敏感的任务，着实令人惊讶。

1889年，爱迪生电灯公司起诉美国电气照明公司（U.S. Electric Lighting Company）侵犯专利，拉蒂默被调到了爱迪生公司法律部门。他几年前在美国电灯公司工作过，这家公司的灯具使用了马克西姆和韦斯顿的专利。爱迪生在1891年打赢官司，一年后上诉被驳回。拉蒂默的专业知识在这个案子和之后的案子里无疑发挥了作用。1896年，他还被任命为爱迪生电气/西屋电气专利控制委员会（Edison Electric/Westinghouse Board of Patent Control）的首席绘图员。该委员会由两家业内巨头成立，负责处理它们之间的交叉许可协议。这是爱迪生公司给拉蒂默的最后一个职位。

拉蒂默上任时已经37岁，只比爱迪生小一岁。他在爱迪生公司的角色显然是帮助公司塑造行业的过去，而不是未来，他关注的是"早期设备"，而不是新的创造。他的确一直在发明，尽管不得不优先考虑公司的利益，他偶尔也能申请专利。例如，在1896年，他获得了一项"冷却和消毒装置"的专利（第334078号），该装置是可以对从窗户进入的空气进行冷却和消毒，不需要用电。他在同一年获得的专利（编号557076）"帽子、外套、雨伞等的锁架"也是如此。但是，他的发明速度已经明显放慢。

1911年，当在通用电气和西屋电气的专利控制委员会（General Electric/Westinghouse Board of Patent Control）的任职期满时，拉蒂默面临重大的职业抉择。他在皇后区公共图书馆（Queens Borough Public

刘易斯·霍华德·拉蒂默的画作《1912年我的处境》
资料来源：皇后区公共图书馆，档案馆，刘易斯·霍华德·拉蒂默文件

Library）的文件里有一幅画，题目是《1912年我的处境》（*My Situation as It Looked to Me in 1912*）"。画里描绘了拉蒂默站在刀尖上，用一支长长的画笔使自己保持平衡。前边是"广阔的世界"，身后是"通用电气公司的羽毛"，沿着狭窄的小路往前走是"E. W. 哈默（E. W. Hammer），咨询工程师"。底部写着"他会往哪个方向掉落？"根据历史学家雷冯·福凯（Rayvon Fouche）的说法，为爱迪生公司这样大企业工作、自己创业或者在哈默和施瓦茨专利公司（the patenting firm Hammer and Schwartz）工作这三种选择都很吸引他。拉蒂默选择了最后一个，并一直留在这家公司，直到1924年生病，也就是他去世的前4年。

　　1918年年初，所有在1885年之前曾与爱迪生共事的人收到号召，呼吁成立一个名为"爱迪生先驱（Edison Pioneers）"的组织。这是一个精英群体，他们在正确的时间正确的地方，掌握并推动一个新兴强大行业的发展。他们中的大多数人像拉蒂默一样，都没有在大学里接受过电气工程方面的培训，而是独立工作并相互协作，成为当时的"电工"。拉蒂默受邀加入"爱迪生先驱"组织，这是一个黑人在白人种族主义社会的一个标志性荣誉。

第十三章

乔治·伊士曼与美国工业研究的到来

在现代工业社会中，企业的领导地位与科学技术研究密切相关。虽然大学和政府机构在技术研究方面投入巨大，但工业研究对于许多大型现代企业的可持续成功发展至关重要。总的来说，美国工业研究设施的发展和企业的壮大是齐头并进的。19 世纪末 20 世纪初出现了一批开创性的工业研究实验室，包括爱迪生、通用电气、贝尔、杜邦和伊士曼柯达的实验室。工业家乔治·伊士曼（George Eastman）在其职业生涯的后期正式在纽约罗彻斯特建立了伊士曼柯达工业研究实验室（Eastman Kodak Industrial Research Laboratory）。在化学工业方面，这个研究机构虽然不是美国第一个工业实验室，但却是一个成立较早且颇具影响力的研究中心。该机构的英籍创始人和负责人 C. E. 肯尼斯·米斯（C. E. Kenneth Mees）在其著作中指出，这个研究机构自 1912 年成立以来，在近半个世纪里一直作为一个工业经典范式存在。从这个开创性的研究机构的背景可以看出伊士曼和米斯占据了重要位置，同时也阐明了那些社会、技术和文化因素之间复杂的相互作用，这些因素不仅推动了工业研究的制度化，从更广泛的意义上讲，还帮助塑造了现代工业社会。

实际上，美国摄影工业持续的研究活动并不是始于 1912 年，早在 30 多年前就开始了。19 世纪 70 年代末和 80 年代初是摄影工业基本特征形成的分水岭，并最终决定了工业研究的性质。在 19 世纪 70 年代后期之前，摄影技术经历了两个阶段：1839 年至 1855 年左右的直接正像银版摄影法，以及 19 世纪 50 年代中期至 19 世纪 70 年代后期的负像－正像火棉胶（湿版）摄影法。由于感光材料的光敏性极易变质，摄影师必须在曝光的时间和地点准备好感光材料。因此，感光材料在各个地方临时制备，可以在摄影师的乡村画廊里，在流动的马车上，或是在野外的黑暗帐篷里完成。

生产的特征影响着研究和开发的性质，特别是在摄影材料领域。在 1839 年 8 月第一个商业摄影过程的细节公布之后，欧洲科学界立即对摄影产生了浓厚的兴趣，并积极开展研究活动，其中有法国人弗朗索瓦·阿拉戈（François Arago）、希波吕特·斐索（Hippolyte Fizeau）、里昂·福柯（Léon Foucault），英国人约翰·赫歇尔爵士（Sir John Herschel）和 W. H. F. 塔尔博特（W. H. F. Talbot），以及美国人约翰·德雷柏（John Draper）。在 19 世纪 30 年代末和 40 年代初，摄影被认为是一个"前沿问题"，在洞察物质基本性质以及深入了解热、光、电和临床效应等"力量"的相互关系方面具有巨大潜力。19 世纪 40 年代，科学文献中出现了大量关于摄影的研究报告。

然而，到了 20 世纪中叶，科学界的兴趣减弱了。很快各个摄影协会成立并开始出版他们自己的专业杂志。从 19 世纪 50 年代到 70 年代，研究和开发比以前更加零散。这个行业大部分是个体摄影师，他们只能在竞争激烈的摄影活动的间隙抽空开展相关研究。即使在纽约 E. and H. T. 安东尼公司（E. and H. T. Anthony and Company of New York）这样的大公司，也很少有员工从事技术改进或研发。显然，安东尼公司的两位老板把科技创新看作是自发事件，就像被闪电击中一样难以预料。他们把一个主要负责在欧洲寻找新奇事物的法国人作为新的合作伙伴。换句话说，他要搜寻旧大陆，寻找那些被闪电击中的天才所创造的新产品。

鉴于摄影技术创新的浪漫观念和美国摄影业的性质，安东尼夫妇的做法在商业上是有意义的。大多数只能开展小批量生产，而且高度分散。因此，在研究创造新产品方面的大量投资将很难收回。此外，大多数美国摄影师都持反对专利的态度，有一部分原因是英国路易斯·达盖尔（Louis Daguerre）和塔尔博特极具争议的专利纠纷。最后，在一个由小公司组成的分散的行业中，严格执行专利并不具有商业价值。

19世纪70年代末，不易变质的干明胶乳剂的出现引发了一场真正的生产革命，改变了研究的特点。明胶干板由英国发明，在19世纪70年代末工厂制造的明胶干板被引进到美国。虽然最初的生产设施规模相当小，但很快发展成为有专门人员的大型工厂。在这些专业领域中，最重要的是乳剂的制造，改进乳剂作为商业机密受到保护，很快就成为公司商业成功的关键。由于专业化，乳剂制造商可以投入大量的时间来改进工艺，有些还积极寻求摄影材料及其生产的改进和创新。感光材料的生产难度大，随着其生产从摄影师转向了专业制造商，认真狂热的业余爱好者对摄影的兴趣越来越浓厚。由于材料市场扩大，创新的经济回报也增加了。受专利和商业秘密保护的改进乳剂发挥着越来越重要的作用。

在这样的背景下，摄影业又发生了一场重大变革。伊士曼是个身材矮小、不善社交但自信的商人。他大约在1880年以干板制造商的身份进入这个行业，目标是使用专利机械在美国争取较大的市场份额。到1883年，他发现他的机械专利并没有有效地限制竞争，价格竞争使他的利润急剧下降。因此，他聘请了罗彻斯特当地的相机制造商威廉·H.沃克（William H. Walker），与他一起创造了一种新系统——胶卷摄影取代了干底片。

在1884年上半年，他们发明了一种卷式胶卷架，用以替代照相机背面的底片架，开发了一种纸质胶卷，并设计了用于连续生产光敏纸胶

乔治·伊士曼在 1884 年创作了这幅自画像，他写道："这幅画是在转印后基质可溶解的纸上完成的。"

资料来源：伊士曼柯达公司

卷的特殊机器。支架的概念并不新鲜。里昂·沃纳克（Leon Warnerke）于 19 世纪 70 年代在英国引入了这一方案，但他的设计仅符合手工生产风格，只用了当时的慢速干燥的棉胶敏化了他的胶片，并且没有为他的系统申请专利。沃纳克的方案显然失败了。近十年后，在一篇对沃克—伊士曼支架机制的评论中，沃纳克对这款经过大幅改进的美国版本的支架的突出特点赞不绝口。实际上，卷式胶卷不太令人满意。占据绝大部分市场的专业摄影师抱怨纸张印刷的图像质量很差。后来，伊士曼推出一种需要从纸张背面剥离明胶乳剂来印刷的胶片，因为操作繁琐，这套胶片系统仍然没有得到专业摄影师的认可。

到 1887 年，伊士曼公司已经投入了大量资金来研究和开发这种胶卷摄影系统。支架、胶卷、生产胶卷的机器等系统的每个部分都申请了专利。作为该系统的副产品，公司开始生产光敏纸，并为进一步开拓市场，提供显影和冲洗服务。这两种副产品都获得了成功，但伊士曼逐渐认识到胶卷系统在商业上失败了。1887 年可能是摄影史上最关键的时刻。伊士曼意识到他的系统在专业市场上的失败，重新定位了市场。后来他说："当启动胶片摄影方案时，我们希望每个使用玻璃板的人都选择胶片，但我们发现这么做的人相对较少。为了把生意做大，我们必须符合普通公众的需求，创造一个新的顾客群体。"

因此，伊士曼试图为业余爱好者设计一款操作简单的相机，借鉴公司的显影和冲洗服务经验，为业余爱好者提供所有服务，包括繁琐的胶片剥离。他设计了柯达相机，并把相机和一卷一百张的胶卷一起售卖。曝光完成后，业余摄影师将装有胶卷的相机送回工厂，由工厂负责显影和剥离胶卷，冲洗照片，并装上新的胶卷。伊士曼重新审视市场，并相应地重新设计柯达系统，可以说，他创造了摄影业的大众业余市场，彻底改变了摄影技术以及摄影行业。到19世纪90年代中期，大众业余摄影开始流行起来。公司快速发展的设施也常常无法满足柯达相机快照用户的需求。伊士曼为世界创造了一个民主化的形象。与此同时，生产规模的扩大使其功能更加专业化，有助于推动专门的研究和开发活动。

随着新的大规模产销，包括大量海外业务，商业战略和技术创新理念步入了一个新的阶段。在19世纪50—70年代，美国摄影行业的领军者自发地寻求新发展，到80年代，一些有信心能找到新的解决方案或替代方案的研究者，通过为所有新研发的产品申请专利以寻求特定的发展和合法的垄断。在国内外法律框架内经营的跨国企业的经验表明，这种战略并没有充分保护其研发和投资的产品。在美国，专利诉讼既复杂又昂贵，有时需要数年才能得到结果。而到那时，受专利保护的功能可能已经过时了。

在国外，很多国家的产品专利申请比较复杂，且无法确保完全的专利保护。和美国一样，诉讼时间较长，在此期间全面的商业开发可能会受到限制。因此，在19世纪90年代中期，伊士曼柯达公司提出了持续技术创新的战略。伊士曼简明扼要地归纳了建立实验室的动机：

> 我认为在设备贸易中要保持领先地位，必须快速地做出一系列变化和改进。基于这个目标，我建议组建照相机实验部，并极大提高其效率。如果我们每年都能产出质量更好的产品，就没有人能生产和我们一样的原创产品。

被拆解的柯达一号相机（1888 年）
资料来源：伊士曼柯达公司

伊士曼清楚地说明了每年更换模型的策略。这一策略需要实验室做出源源不断的改进。伊士曼柯达公司还用非正式的方式选定一些员工在光敏产品部门进行类似的研究和开发。

在 1912 年伊士曼柯达工业研究实验室正式成立之前，当时的研发设施已经取得了可观的成就，包括薄的赛璐珞胶片卷、电影胶片，连续的电影制作方法如涂层和干燥、醋酸安全膜，增加乳剂的光谱感光灵敏度和范围，大量的颜色实验，再加上许多对业余相机进行的大大小小的改进。因此，摄影业中的工业研发活动一直持续不断且日益重要。1912 年，伊士曼大胆迈出了新步伐，正式建立了工业研究实验室。这个新机构在很大程度上反映了伊士曼和米斯两个人的态度和观念。

1911 年年底到 1912 年 1 月初，伊士曼游历欧洲的经历激发了他建立实验室的想法。他在法国、意大利和德国期间，与主要的电影制作公司签订了电影洽谈合同。在德国，他受拜耳化学公司（Bayer Chemical

Company）高管的邀请，参观了他们在埃尔伯费尔特（Elberfeldt）的工厂。参观完工厂后，他接受了宴请，坐在一位高管旁边。这位高管在桌上夸耀拜耳化学公司的设施很棒，尤其是研究实验室，还有拜耳的科研设备和科研人员的数量。然后他转向伊士曼问道："你们有多少人在做研究工作？"伊士曼显然很尴尬，不得不承认他的公司没有正式的研究实验室。他很快回到英国，决心改变这种状况并立即着手在罗彻斯特建造这样一个实验室。

一则伊士曼的广告语："你只需按下按钮，剩下的交给我们"，这则广告让这款柯达一号相机大受欢迎
资料来源：伊士曼柯达公司

伊士曼决定聘请最有前途的摄影科学家担任新实验室的负责人和建筑师，他在欧洲主要的技术法律顾问给他推荐了年轻的米斯。伊斯曼接触了身材高瘦的米斯。米斯几年前从伦敦大学威廉·拉姆齐的实验室（laboratory of William Ramsay at the University of London）毕业获得理学博士学位。当时，米斯是伦敦南部克罗伊登（Croyden）一家小型干板厂的合伙人，也是彩色摄影和光度学方面的世界领先权威。当伊士曼邀请米斯到罗彻斯特建立实验室时，米斯表达了他不愿抛弃他之间的合伙人和新公司。伊士曼决心让米斯担任实验室的负责人，于是买下这家干板厂，并雇用米斯的合伙人在公司的哈罗厂工作。

米斯欣然接受了罗彻斯特的邀请。不到一年，新的研究设备就投入了使用。伊士曼开始了一场大规模的慈善活动，他要求米斯和实验室为"摄影的未来"负责。更重要的是，他承诺对这个实验室提供长达十年的支

1890 年，柯达推出了第一款折叠式照相机 4 号
资料来源：伊士曼柯达公司

持，并且不期望立即获得任何商业回报。伊士曼之所以满怀信心地对基础研究做出如此慷慨的承诺，因为他完全知道米斯对商业成绩和基础研究一样敏锐。

米斯给实验室带来了这样的科学观点：如果企业不断致力于积累大量基于实验的事实，那么企业将必然逐渐朝着对真相本质的真正理解迈进。米斯吸收了拉姆齐对科学应用于工业的热情，接受了培根学派（a Baconian perspective）的观点，认为科学知识是对社

当托马斯·爱迪生（右）在他的相机中使用伊士曼的柔性胶卷时，移动画面成为现实。这张纪念他们共同成就的照片摄于 1928 年
资料来源：伊士曼柯达公司

会的贡献。米斯当时认为，通过工业研究扩大"馅饼"才是解决穷人困境的最终解决方案，而不是重新分配"馅饼"。因此，他不仅在威利斯・R.惠特尼的通用电气实验室（Willis R. Whitney's General Electric laboratory）或威廉・林图尔（William Rintoul）的诺贝尔实验室，还在弗朗西斯・培根的《所罗门之家》（*House of Solomon*）中看到了工业研究实验室的原型。培根在书中这样描述：

> 收集大量观察到的事实，从这些事实中可以了解自然的基本过程。他相信，通过这种方式，就有可能"了解事物的起因和不为人知的运动，了解人类帝国不断扩大的疆域，从而实现一切可能的结果"。这是一个伟大的愿景，一个地球上的新愿景，一个在某种程度上已经实现的愿景。培根提出实现这一想法的方法是成立一个研究机构，他将其命名为"所罗门之家"。他在作品《新亚特兰蒂斯》（*New Atlantis*）中描述：这所学院将由一群杰出的研究员管理……培根给他们分配了特定的职能。……这是一个崇高的理想，想法十分超前，而且组织得十分严密，倡导在追求知识的过程中开展合作。

为了避免研究实验室对杰出科学家的依赖，米斯认为：

> 许多科学研究需要积累事实和测量方法，而这种积累要求大量研究者多年耐心的工作，而无须个体工作者的任何特别的创意。……尽管完全不受任何天才之火的影响，他仍可以对科学研究做出有价值的贡献。

此外，米斯还对早期关于发明和发现的英雄观点敲响了丧钟：

那些因重大发现而被公认为天才的人，与那些不幸没有做出类似重大发现的人相比，究竟有多少人真正具备了与众不同的才能，这确实值得怀疑。

米斯根据这些观点组织实验室，建立了每周会议制度，提供各种文献工具，以加强员工之间的合作。这座多层建筑包括一个大型图书馆、几个实验室、摄影画廊和一套小规模的生产设备。1913年，他手下有20名员工，仅有5万多美元可支配；到1920年，工作人员增加到88人，开支达到将近35万美元。

在最初的15年里，实验室在重新认识光化学和光度学方面做出了贡献。此外，在第一次世界大战期间，美国失去了德国的资源，实验室开始引入精细有机化学品的小规模生产，带有安全胶片的家庭影院系统，以及第一部彩色电影。此外，通过发现卤化银乳剂中硫化物的催化作用，大幅提高了公司乳剂的范围和灵敏度。伊士曼发现这个实验室不仅实现了它对未来摄影的承诺，也为"伊士曼柯达的财富"做出了贡献。

在他的工业生涯中，伊士曼不仅创造了大量的业余摄影，从而为世界创造了一个民主化的形象。他与美国和欧洲工业中许多人所体现的思想和价值观，促使他放弃了那种认为新技术理念的产生是自发零散的浪漫想法，逐渐采纳了促使他不断追求技术创新的观点。他的研究实验室反对新科学技术起源于英雄的观念，注重实践经验的积累，并将这一坚定理念不断地制度化。

与此同时，持续创新是应对国内外法律纠纷的商业反应，越来越多接受过学术教育的化学家、物理学家和工程师的出现进一步推动了创新。因此，从文化角度来说，持续创新是对某些广泛的社会条件所做出的恰当反应。但同样重要的是，它反映了西方文化中固有的某些社会价值，特别是对全新和改良的所有物的高度重视。例如，尽管美国文化奉行平等主义，但在新技术的发展中，社会将其反垄断态度暂时搁置。宪法规定了专利制度，授予发明者 17 年的合法垄断权。此外，在 19 世纪末，美国人崇拜如托马斯·爱迪生等那些寻求专利的发明家。1890 年通过的《谢尔曼反托拉斯法》（*Sherman Antitrust Act of 1890*）具体展现了他们的反垄断态度。

　　因此，工业研究发展背后的力量是多方面和复杂的。如今了解这项研究活动的形成和发展至关重要，我们有必要考虑个人动机以及科学和工程观念，同时研究反映社会价值的经济、社会和制度结构。技术变革是好的，这是美国过去两百年来一直坚定不移持有的价值观之一。工业研究实验室的出现渗透到一套复杂的文化和社会结构中，正好体现了这种价值观。

第十四章

艾伦·斯沃洛·理查兹：技术和女性

艾伦·斯沃洛·理查兹（Ellen Swallow Richards）是一位杰出的女性，她对美国科技史和美国人的日常生活方式产生了深远的影响。但她并没有发明新设备，也没有制造他人发明的设备，而是以一种不寻常的方式发挥着影响力。她倡导并开展了教育运动，即家政运动，用自己的思想力量改变了美国的技术。

理查兹于1842年出生在新英格兰的一个小村庄。她的父母都是寻常百姓，平常在学校任教，偶尔务农，还在村里开了杂货店。理查兹是他们唯一的孩子，在家里接受教育。十几岁的时候，她也成了一名教师，但她对这份工作并不满意，她渴望更多地了解世界，接受更深更高的教育。因此，1868年25岁的她进入了位于纽约波基普西的瓦萨学院（Vassar College in Poughkeepsie）学习。这是当时美国为数不多的女子高等教育机构。瓦萨学院的大多数学生都比她小，且家境殷实，她靠辅导这些学生养活自己。

1870年从瓦萨学院毕业时，她下定决心自己这一生要做科学务实的事，并申请成为麻省理工学院的学生。当时麻省理工学院仅仅成立了9年，从未招收过女学生。学院管理层做了一个让理查兹正中下怀的特殊安排：允许她听课，但拒绝收取她的学费，这样她就不是正式的学生。不管是否正式，她在 1873 年获得了理学学士学位，成为麻省理工学院第一个获此殊荣的女性。她在麻省理工学院继续深造了两年，担任了化学教授威廉·R.尼科尔斯（William R. Nichols）的助理。当时尼科尔斯正在为波士顿市卫生局（Board of Health of the city of Boston）分析公共供水。在研究生期间，她与麻省理工学院采矿工程教授罗伯特·哈洛威尔·理查兹（Robert Hallowell Richards）相识并结婚。

在接下来的几年里，她对科学和女性问题的兴趣并没有减弱。结婚后，她结识了波士顿的一些富人，并设法说服一些新朋友在各种各样的事情上提供帮助，其中包括建立女性实验室。虽然这个实验室设在麻省理工学院，但与麻省理工学院没有正式的联系。理查兹通过这个实验室免费教授那些希望成为教师的年轻女性科学基础知识。另一个受欢迎的项目是"鼓励在家学习协会"（the Society to Encourage Studies at Home），这是帮助居家妇女接受教育的一系列函授课程。理查兹是这门科学课程的作者。另一个项目是新英格兰厨房（New England Kitchen），研究工人阶级家庭的饮食，向这些家庭的女性展示如何准备既经济实惠又富有营养的饭菜。理查兹在这个项目中担任首席营养学家，并偶尔给学员授课。此外，她还利用尼科尔斯教给她的知识担任工业化学顾问，分析墙纸中的砷含量和食品中的各种添加剂等。

1882 年，在理查兹及其友人的大力推动下，麻省理工学院决定招收女性为正式学生，女性实验室因此关闭。两年后，她被任命为第一位卫生化学的女性讲师，并在她早期的赞助者尼科尔斯的指导下担任实验室的卫生化学研究的助理。从那时起直到 1911 年去世，她定期教授空气、水和污水分析课程，并经常参加实验室的研究项目。因此，她不仅是美国卫生工程学科的创始人，也成为美国首批正式的女性科学家。这些成就表明了她是那个时代出类拔萃的女性之一。然而，尤其让她不非比寻常的是，她在完

女性实验室作为一个独立的机构设在麻省理工学院，一直由艾伦·斯沃洛·理查兹领导，直到1882年麻省理工学院才开始正式录取女性学生

资料来源：麻省理工学院历史馆藏

成这些事的同时还维持着稳定的婚姻。在19世纪事业上获得地位的女性本来就少，已婚更是屈指可数。理查兹很幸运，她嫁给了一个鼓励并帮助她从事科学研究的男人。她没有孩子，至少就事业而言，这一点她是幸运的，因为在19世纪，想在维持事业的同时又抚养孩子，这对大多数女性而言是几乎不可能克服的问题。

尽管理查兹对卫生工程的发展做出了贡献，但实际上她对美国科技的影响体现在另一方面。大约是在她开启科学生涯时，美国各地的教育改革家开始考虑对年轻女性进行家务技能教育培训的必要性。早些时候几乎不需要这种教育，因为大多数女孩会从她们的母亲或雇主那里学习做家务。但到了19世纪中叶，这种传统的教育模式开始瓦解。正在经历工业化的美国向来自欧洲的移民打开了东方的大门。上一代做家仆的女孩现在在工厂里工作。还有部分女孩原本从母亲那里学做家庭主妇，而现在母亲根本不做家务，而是依靠欧洲移民佣人和新型工业产品。当这些女孩自愿选择成为家庭主妇时，她们往往无法获得同样的奢侈待遇，她们所在的学校以

"有失尊严"为由拒绝提供实操培训。对其他年轻妇女来说，她们做家庭主妇的条件与她们母亲的时代截然不同，因此她们母亲的教导毫无用处。试想一下一个在城市里长大的年轻女性发现需要打理一个位于边塞之地的家庭，或者一个成长在欧洲农村的年轻女性需要操持纽约公寓的家务。所有这些年轻女性都需要接受家庭主妇方面的培训，因此，教育改革家发起倡议将家政学（或家庭经济学）纳入学校课程的运动。

改革者们一定觉得发起的运动恰逢其时，因为他们的努力很快就获得了成功。在美国西部，莫里尔法案通过后创建的农业和机械学院通常开设有家政学课程。艾奥瓦州立农业学院（Iowa State Agricultural College）可能是第一家，在1872年开设了家政课程，1877年开设了烹饪课程。在美国东部，这种模式略有不同，因为当时的女子学院不欢迎实用学科。在波士顿、纽约和费城等城市，专门设立了烹饪学校提供烹饪指导。其中许多学校是为两种不同类型的学生设计的：一套课程提供给受过良好教育的年轻女性，她们需要精细的讲授课程来打理舒适的家庭；另一套课程是针对没受过教育的贫穷女孩，她们想要找份好的仆人工作或是雄心勃勃想要学习美国的家务方式。早期的家政学支持者还发现，他们可以很容易地通过文字传播他们的思想。凯瑟琳·比彻（Catherine Beecher）的《美国妇女的家》（*The American Woman's Home*，1869年）和范妮·梅里特·法默（Fannie Merritt Farmer）的《波士顿烹饪学校食谱》（*The Boston Cooking School Cook Book*，1896年）等作品在几年内出版了多个版本，将家政工程的福音广泛传播到美国各地。

理查兹在职业生涯的初期开始热衷于家政学。家政学的原理渗透到了她的私人生活和职业活动中。她试图用高效健康的方式打理自己的家庭，例如不使用容易积灰的厚重的地毯，安装了煤气炉、吸尘器、热水器和通风设施等许多新上市的新设备，烹饪简单而营养的饭菜。尽管理查兹的生活模式与众不同，但她对家务和家庭在很多方面的看法都很保守。她认为，家庭是文明社会的中心。如果受过教育的女性接受适当的培训，将成为最好的家庭主妇，因为她们能够掌握那些未经培训的妇女无法做到的事情，如何让自己的家变得舒适、高效、健康和"民主"（即家庭不是主仆关系），还能避免繁重家务，给自己留出足够的时间从事其他工作：

> 受过教育的女人渴望拥有自己的事业，渴望获得影响世界的机会。现在摆在她面前的最伟大的事业就是把家庭提升到美国人生活中应有的地位。谁有知识、智慧和时间来实现这些理想，并使家庭达到这些标准？不管是谁，这个人一定是家里的女主人，并选择将操持家务作为职业。因为她相信，家庭是人类接受教育并健康成长的地方，是一个民族赖以生存繁衍的根基；因为她相信，把自己的力量和技能奉献给她的国家和时代是值得的。

在 19 世纪 80 年代和 90 年代，除了在麻省理工学院的工作外，对受过教育的家庭主妇进行家政学培训的目标成为理查兹关注的专业活动。她倡导在波士顿的高中增加家政学课程，帮助在美国东部高等教育机构（波士顿西蒙斯学院）建立了第一个家政学学院，在 1893 年芝加哥举办的哥伦比亚世界博览会（the World's Columbian Exposition）上展示了拉姆福德厨房（the Rumford Kitchen），并成为博览会后成立的全国家政协会（the National Household Economics Association）的负责人。这个协会希望以志愿的形式组织妇女来执行理查兹在波士顿开创的项目。

在全国家政协会工作的妇女都是志愿服务，这一点对于突出理查兹对家政运动发展的其他贡献尤为重要。她认为，对于那些受过良好教育（尤其是在科学领域）由于各种原因不愿成为家庭主妇和母亲的女性来说，家政学都应该成为一种合适的职业选择。事实上，她认为教授家政学或操持家务应当成为这类女性的理想职业选择，因为这样不会违反女性行为规范，

也不会威胁到那些禁止女性进入的
职业。理查兹致力于开设家政课程，
因为她希望部分女性能够学习手艺，
另一部分女性能够教授这门手艺。
她希望为女性创造一个新的职业。

为此，1897 年 9 月在纽约普莱
西德湖（Lake Placid）的一个避暑
胜地，理查兹邀请了十几位在家政
学领域开创了事业的女性聚会，讨
论如何推动这个领域的专业化。这
次会议非常成功，后来在每年夏天
又召开了 10 次这样的会议。直到
1908 年 8 月，这个群体不断扩大并
宣布成立了美国家政协会。这个协

艾伦·斯沃洛·理查兹
资料来源：麻省理工学院历史馆藏

会至今仍与家政学有着专业的联系。那时，这个协会已正式成为一个新职
业，并给这个职业命名。全国家政协会作为早期的志愿者组织在几年前已
经与妇女俱乐部联合会（Federation of Women's Clubs）合并。

短短几年之内，协会的会员人数大幅增长。到 1930 年，在美国大多数
大学里，年轻女性和部分男性可以获得家政学的本科或高级学位①，并可以
在这一领域找到工作。在 20 世纪初的几十年里，学区、政府机构、社会福
利机构和许多商业组织雇用家政学家授课、做饮食计划、推广商品、提供
家政服务以及开展研究。

在理查兹和她的同事们看来，家政学家的目标是将每一个家庭从中世
纪带进 20 世纪，将家庭与其所处的技术世界融合在一起。他们认为，妇女

① 高级学位（Advanced Degrees）是指硕士、博士及以上的学位，是比本科学位更高一
级学位。

如果在做日常家务时不会使用必要的机械设备、不进行科学合理的统筹安排就会效率低下。她们也就不可能成为工业化社会中有价值的成员。

> 这个科学时代的家政工作必须遵循工程学原理，需要受过培训的男人和女人共同合作。生活中的机械化环境成为一个重要因素，这种新的动力在今天表现得尤为显著，改造住宅建筑和改变家庭运作是征服保守主义最后堡垒的终极王冠或印章。总有一天，真正当家做主的女人必须是工程师，至少能掌握厨房机器的使用。

理查兹在 1910 年提出的目标很快就实现了，一方面因为美国制造商开始为美国家庭提供所需的商品和服务，另一方面家政作为职业迅速形成，有助于推动新产品在全国范围内普及。作为教师，家政学家培训他们的学生成为消费者；作为营养学家，他们成为新产品的主要消费者；作为企业雇员，他们就家庭主妇可接受的商品提供意见，并协助推广他们所建议的商品；作为穷人的顾问和帮手，他们努力帮助这些人实现中产阶级消费者的地位和行为；作为学者和研究者，他们关心的是如何根除和摧毁家庭中效率低下和经济不合理的根源。尽管如此，他们中似乎很少有人意识到，自己的职业生涯和理查兹的一样具有讽刺意味：她们自己兼职做家务，却靠说服其他女性相信全职家务是（或者可能是）最有价值的职业来维持生计。

撇开这一点不谈，理查兹根据自己学科专业所提出的思想，的确对 20 世纪的美国家庭产生了巨大的影响，在 19 世纪和 20 世纪之交之前，这些家庭的大部分家务完全依靠人力手工完成，而且大部分是女性。无论贫富，大多数家庭都要靠手工拉水、洗衣服、掸家具上的灰尘、生火、保存食物、打理花园、做饭。几十年过去，大部分家务要么由机器完成，要么被淘汰，要么被彻底重组。到 1930 年，85% 的美国家庭实现了电气化；到 1940

年，有一半的人口享受到了洗衣机带来的好处；到 1950 年，几乎每个家庭都有室内冷热水管道；到 1960 年，几乎没有人再用柴火炉子或烧煤的炉子做饭。对一些女性而言，家务活依然费时琐碎，但已经不像过去那样繁重。家政运动使美国妇女从繁琐的家务劳动中逐渐解脱，越来越愿意接受并为家庭购买用来做家务的机器。如果说所有美国人都对机器情有独钟，至少是因为他们中的大多数人从小的生活就与机器密不可分，这也是家政运动遗留下来的一部分。而理查兹留给我们的宝贵财富就是激发这场运动的思想以及这场运动本身。

第十五章
吉福德·平肖和美国资源保护运动

从 1890 年到 1920 年的 30 年里,美国出现了关注未来自然资源的新运动,即保护运动。与最近的环境运动的信念不同,保护运动不涉及长期的信念:国家正在耗尽资源或地球资源有限。相反,保护运动对迄今为止资源使用的浪费现象做出反应,并认为有了新的科学知识和技术,资源浪费问题将得到解决,同时物质生产也能达到新的高度。进步时代[①]里的保护运动使科学管理运动发挥了重要作用,其倡导者认为,通过系统的组织和一致的资源管理方向,过去的资源浪费行为将转变为资源的有效利用,从而为我们创造美好的未来。

吉福德·平肖(Gifford Pinchot)是保护运动的发起者之一,他也是美国第一位首席林务官,而森林管理是保护运动的主题之一。当然,保护运动不止涉及森林问题,它还涉及国家水资源的有效开发和管理,以及一系列的相关资源问题。平肖性格外向而张扬,与西奥多·罗斯福(Theodore Roosevelt)总统关系密切,在党派政治中也很活跃,所以平

---

① 进步时代(Progressive Era)是美国国家制度建设历史上一个具有关键意义的转折时期,其历史背景是美国工业化所产生的经济和社会问题的爆发。

肖常常起到重要作用。历史学家始终把 20 世纪早期的保护运动与平肖联系在一起，他们认为平肖在该运动中发挥的作用仅次于总统。作为首席林务官，平肖将美国林务局（the U.S. Forest Service）的发展作为保护运动的核心。因此，科学和技术在 20 世纪早期的资源保护运动中所发挥的作用主要应归功于平肖。

平肖是美国第一位受过专业培训的林务官。1889 年从耶鲁大学毕业后，平肖前往欧洲学习林业，并于 19 世纪 90 年代进入美国林业领域。最初平肖担任了范德比尔特家族（the Vanderbilt family）在北卡罗来纳州的比尔特摩尔庄园（Biltmore）管理人，在那里他进行了科学的林业实践，之后他又担任了联邦官员的顾问。科学林业最早出现在美国农业部（the U.S. Department of Agriculture），而林业局（the Bureau of Forestry）成立于 1898 年，平肖担任局长。当时的国家森林保护区隶属于长期监管公共土地的内政部（the Department of the Interior）。通过平肖强有力的政治行动，这些保护区在 1905 年转至农业部，更名为国家森林，隶属于平肖所管理的林业局之下，林业局没过多久便更名为美国林务局，平肖成为首席林务官。他在这个职位上只任职了 5 年，但在这短短的时间里，他为未来几十年的国家森林政策制定了政策大纲。

在美国林业发展为了一种职业，平肖在这一发展过程中发挥了重要的作用，这也是他的主要影响力之一。同时，他激励了许多年轻人成为专业的林务员。平肖在耶鲁大学林学院（the Yale School of Forestry）的筹建中发挥了重要作用，并在该学院任教授多年。他有许多学生在全国各地的附属于农业高等院校的林业学校、州林业局以及林业部门中任职。他在林业期刊和杂志的发展、协会［如美国林业协会（the American Forestry Association）］的管理以及专业协会［如美国林务员协会（the Society of American Foresters）］的发展等方面发挥了重要作用。这些事情的发展过程中或多或少都存在一些摩擦，因为平肖脾气暴躁，且不愿忍受他人与其意见相左。事实上，平肖的生活充满了紧张的友谊关系和坚定的忠诚。多年来，在担任林务官和后来的宾夕法尼亚州州长期间，他一直是专业林业领域的权威。即使在他于 1946 年去世后，关于森林政策的辩论也不止一次提到过他。

平肖那个时代，人们对美国木材资源的未来正愈加担忧。19 世纪的最后几十年里，大量树木被砍伐，导致荒地遭到破坏，森林火灾频发，树木砍伐后的土地遭到遗弃。这一切在许多美国人心里留下了烙印。各种行动表明人们对木材供应前景感到担忧，其中包括 1875 年成立的美国林业协会。问题其实很简单：这类浪费行为是否会危及未来的木材供应？如何在砍伐木材的同时着眼于木材的长期供应？正是在这种背景下，美国决定在西部现有的国家公共土地上建立森林保护区，这些保护区将是美国未来的木材供应来源。

对平肖而言，仅仅只有森林保护区是不够的。应采用持续产量的形式进行科学的森林管理。这是一个相当直接的概念，即用于木材生产的树木应被视为一种作物，且每年都应在年生长量的范围内砍伐树木。一片木材可以通过总生长量来衡量，以板英尺 [①] 来计算。然后每年的砍伐量须低于该数值，从而保证木材的持续产量——因而有了"可持续林业"一词。科学林业还涉及许多其他方面。例如，森林需要再生，尤其是在最近被砍伐的区域。现代林业要求在森林苗圃中育苗，然后移种到田野。同时，也要求森林防火。伐木工人将砍伐的树木留在森林中增加了发生森林大火的风险，比如大湖州的森林大火常常将整个村庄烧尽，这让人们清晰地认识到需要避免此类破坏发生。森林防火灭火是现代林业的重要组成部分。此外，还需进行木材林分改良 [②]，将正在生长的森林变稀疏，以便为未来的木材储

---

① 板英尺（board feet）：美国硬材业以板英尺（板脚）作为材积的计量单位，1 板英尺（Bf）为 1 英尺长（0.30m）、1 英尺宽、1 英寸（25.4mm）厚的板材体积。

② 木材林分改良（TSI：timber-stand improvement）：改良的结果是移除低质量的树木和允许作物树木充分利用生长空间。TSI 的主要目标是继续生产更多更好的木材产品。

备健康生长的林木，这能增加常备木材的储量，且是健全管理的基础，同时还可进行以下研究：木材使用调查研究，"森林影响"研究（比如，森林对供水的影响），以及病虫害防治的研究。上述及其他内容构成了科学林业。

回望历史，我们可以从更开阔的角度看待科学林业运动。当时的社会背景是美国人对其丰富的自然资源的态度发生了改变。从 17 世纪早期在大西洋海岸建立殖民地到 19 世纪，近 3 个世纪以来，美国人一直认为美国的资源取之不尽，用之不竭。如果某类资源被开采利用，那么就会有更多的替代资源出现。东部的林地被砍伐之后，可以砍伐大湖州的林地；当这些森林资源开始枯竭时，可以砍伐密西西比河谷南部新生长起来的森林；之后可以砍伐太平洋西北部的道格拉斯冷杉林。农田、矿产、水和能源也是如此。木炭可以由煤替代，煤可以由石油替代，这些资源在西部都发现了更多的储量。特拉华河谷高产的小麦种植被纽约州西部的小麦种植取代，然后纽约州西部又被中西部东部取代，最后中西部东部又被达科他州、内布拉斯加州和堪萨斯州等"粮食带"州取代。19 世纪的技术——农业、伐木和采矿中的新机器——只是加快了资源开采利用的步伐。机器取代人力劳动，使资源开采变得更加迅速和广泛。

然而，在 19 世纪末和 20 世纪初，这类"粗放型技术"开始被更强调系统管理和"效率"的"集约型技术"所取代。科学和技术的关注点远远超出了仅仅用机器和机械力量代替人力劳动，科学和技术注重效率、计划、协调和避免浪费。技术应用于资源时，开始强调持续生产的长期计划，使用曾因没有经济价值而被废弃的副产品，将科学管理应用于资源开采，加工和销售部门。有时，技术发展注重减少过去资源开采过程中存在的浪费现象，但更多时候，技术发展关注应用科学可以为未来带来的可能性。事实上，这些可能性出现在人类不断完善的过程中，出现在针对资源问题的系统实证调查和管理控制的过程中。

　　这种精神在保护运动中有所体现，科学林业是保护运动的组成部分，但保护运动不仅仅局限于林业。同样重要的是，将大规模的工程应用于国家河流的过程中出现的新观点，即将长期流向海洋而未被利用的水用于对社会有益的用途中。通过修建水库来储存水资源，以便以后用于灌溉、供水、航运、水力发电和减少洪水带来的损失，这是整个保护运动的一个主要内容。多用途河流开发起源于美国地质调查局（the U.S. Geological Survey），后来发展至美国填海局（the U.S. Bureau of Reclamation），最后在 20 世纪 30 年代的田纳西河谷管理局（the Tennessee Valley Authority）达到顶峰，多用途河流开发是新的科学管理方法应用于资源的重要体现。随着时间的推移，类似的方法在 20 世纪 30 年代被用于解决土壤侵蚀问题。为了防止土壤这种主要自然资源——农业赖以生存的"资本"——枯竭，人们发展了各种技术，并建立了针对土壤的科学管理。所有这些行动都可用"保护"一词来描述。与水资源开发和森林管理有关的行动是 20 世纪早期保护运动的重要特征。

　　保护运动主要是由新一代科学家和工程师发展推动，他们将更多的实证研究、工程工作和管理技术应用到自然资源的开发中。保护运动的核心成员包括1901—1909年罗斯福政府的官员，美国填海局的弗雷德里克·纽威尔（Frederick Newell）、内政部长（Secretary of the Interior）詹姆斯·R.加菲尔德（James R. Garfield）、平肖和科学家兼哲学家 W. J. 麦基（W. J. McGee）等人。尤其是麦基，他奠定了保护运动的哲学基础，强调经典实用主义，即利用科学为"最大多数人的最大利益"服务。保护运动的这些领导者认为他们用"科学"的资源管理方法取代了"政治"的资源管理方法，并给之前混乱和浪费的做法带来了现代制度和秩序。科学技术指导下的集中高效管理是他们所领导的保护运动的精神所在。

　　保护运动中的有效开发是平肖科学林业的组成部分，需要强调的是他给国家森林管理带来了这一特殊转变。当时，关于林地的用途，存在不同的观点。事实上，西部最初建立森林保护区与其说是为了保护未来的木材资源，不如说是为了保护为城市供水的流域。在这一背景下，当平肖成为首席林务官时，森林管理中最具争议的其中一个问题是牛羊放牧对西部流域的影响。19 世纪 90 年代人们主张建立早期保护区完全是为了将放牧排除在这些土地之外，因为放牧会通过侵蚀和沉积对供水造成不利影响。到 1900 年，禁止放牧带来的压力让牛羊放牧者对此进行了抵制并由此危及森林保护区的存续。

　　从负责森林保护区开始，平肖就强调森林的"经济用途"。正因如此，他把森林保护区更名为国家森林。平肖强调林地的直接经济利益及林地的直接商品用途。他还把西部养牛业的一位领导者带进了国家林业管理部门，制定了在森林里放牧的计划。平肖认为，这项由行政行动而非由法律明确规定的创新行为，对给予国家森林计划政治支持至关重要。但这也更符合他对森林的基本定位，即不是保护，而是商品生产。

首席林务官吉福德·平肖登上一架轻型飞机，前往加利福尼亚州视察红杉国家森林
资料来源：国家档案馆

平肖强调国家森林的经济用途，其影响远比简单地增加牛羊放牧要广泛得多。因为这让他陷入了关于公共土地问题的持久争论，尤其是商品用途和审美用途之间的争论。他关于森林商品用途的定位与希望保留土地免遭砍伐的那些人长期存在分歧，这些人认为公园可以体现森林的美学价值。20 世纪早期，建立国家公园甚至州立公园的运动与国家森林运动之间展开了激烈竞争，平肖是森林运动的支持者，反对前者。国家公园运动源于 1872 年黄石国家公园的建立，并于 20 世纪早期创建了六个类似的公园。国家公园运动的管理哲学认为正在生长的树木不应被砍伐，而应自然成长直至枯萎。但这对于平肖和当时绝大多数的专业林务员来说，是对资源的"浪费"。

当平肖试图将森林保护区转至农业部以确保其管辖权时，他也在试图将国家公园从内政部转移到他的管辖范围来，以便将商品管理方式应用到公园管理。但是，国家公园运动的领导者们，如美国公民协会（the American Civic Association）的 J. 霍勒斯·麦克法兰（J. Horace McFarland）和塞拉俱乐部（the Sierra Club）的约翰·缪尔（John Muir），他们非常清楚平肖的目的所在，所以强烈反对他的行动。这一次，平肖失败了。与此同时，公园倡导者们试图为国家公园建立一个独立的管理机构，并于 1916 年实现了这一目标，即当时在内政部成立的国家公园管理局。平肖极力反对该做法，但没有成功。

这些不是无关紧要的意见分歧，它们是关于森林土地正确使用和管理的主要争议所在，这些争议在 20 世纪早期快速涌现，并一直持续到今天。平肖为林业行业定下了基调。他反对在西部建立单独的国家公园，这些公园有的是从国家森林中开辟出来的；他反对对加州红杉的保护；他还试图开放东部最大的自然公园——纽约阿迪朗达克州立公园（Adirondack State Park），允许在那里进行大宗木材砍伐，但没有成功。在平肖的职业发展过程中，他将森林"明智使用"的保护方式与强调森林是美学资源的保留方式进行了对比。多年来，林务局一直反对将森林作为美学用途，反对在国家林地上开辟国家公园，只一直勉为其难地接受指定的"荒野地区"计划，在这些地区不允许进行商品木材管理。可以毫不夸张地说，林务局和林业行业的协会是由平肖在20世纪早期成立的，该协会成立的背景是合理将木材用作商品用途，极不情愿将木材完全用作美学用途，但将木材完全用作商品用途也是行不通的。更温和的做法是国家森林和国家公园由同一个联邦机构管理。

平肖对科学林业的推动也与另一种不断发展的森林"用途"相悖，这种"用途"逐渐与森林的商品生产用途产生冲突，它就是户外娱乐，即钓鱼、狩猎、徒步旅行和露营。20世纪20年代，随着道路改善，道路使用和发展增多，加上汽车拥有量的普遍增加，户外娱乐活动在美国迅速发展，其中大部分是在公共林地进行，这与林业行业强调森林的商品用途不符。人们进行户外娱乐活动时在许多方面与森林的商品生产相冲突。一开始，是狩猎动物和牲畜争夺牧草；平肖将国家森林放牧合法化，是为了减少森林管理中的野生动物数量。露营管理同样存在问题，影响了森林保护活动的顺利开展；例如，有几起森林火灾应归咎于粗心的露营者。渔民们抗议，认为伐木破坏了水质，破坏了森林美观，影响了他们的活动。很多时候，分歧仅仅是因为人们想将很少的森林管理资金和人力用于户外娱乐活动，但林务员想将资金和人力用于科学的森林管理。

并不是专业的林务员不喜欢户外活动。平肖是老林务员，对户外活动有专业的计划。但从事狩猎和捕鱼的人常常发现，他们在森林中的活动与专业林务员的计划并不一致。林务员不认可户外娱乐活动，因为该活动并没有很好地利用森林资源。直到第二次世界大战之后，户外娱乐活动才在美国的公共森林管理中获得了更"合法"且完全被认可的地位。但即使在当时，尽管公众广泛地将森林用于娱乐，娱乐似乎也不是森林的主要用途，森林更主要的用途还是木材生产。

有意思的是，罗斯福总统自己就是狩猎和户外运动的狂热爱好者，他与当时的许多户外运动领袖长期保持联系，私下彼此也是朋友，比如《田野与溪流》(*Field and Stream*) 杂志的编辑乔治·伯德·格林内尔 (George Bird Grinnell)。一些历史学家认为，格林内尔比平肖对罗斯福的影响更大。事实可能确实如此。在许多关键问题上，如国家森林管理中家畜和野生动物之间的矛盾问题，格林内尔说服罗斯福和他帮助成立的大型狩猎组织布恩和克罗克特俱乐部 (the Boone and Crockett Club) 保持沉默，以便制定兼顾政治和牛羊利益的政策。事实上，户外娱乐活动已经成为森林管理的重要组成部分，且其在州林地上的发展速度远远快于联邦林地。

人们可以从这些评论中感受到早期科学林业运动和保护运动对今天的某些影响。最重要的是，"保护"一词已被"环境"取代，这是有原因的。因为保护运动主要关注的是资源开发的方式，强调效率和一致的方向，而环境运动主要关注的是"生活质量"，尤其是美国人家庭、工作和娱乐周围的"环境质量"。这一变化反映了许多所谓的后工业化价值观——这些价值观与人们的非职业世界有关，不是关于如何谋生，而更多的是与家庭和娱乐有关。这种价值倾向反映了个人和社会的收入水平足以提供人们所需的必需品和便利，并允许人们更多地关注娱乐设施。

在简要分析平肖在 20 世纪早期林业和保护运动中的作用时，环境时代给了我们启示。首先从大体上看，保护运动的核心即科学管理倾向，实际上与环境质量运动的舒适价值倾向之间存在严重矛盾。保护运动中隐含的效率这一内容在逻辑上倾向于科学管理更集中、更具规模的开发及其综合应用。但现在，环境质量却与这种倾向不断发生冲突。例如，虽然多用途河流开发是保护运动的缩影，田纳西河谷管理局是该运动最成功的典范，但环境运动强调自由流动河流的环境舒适价值，反对田纳西河谷管理局和美国陆军工程兵团 (U.S. Army Corps of Engineers) 建造大坝。保护运动曾经的胜利，现在变成了环境运动攻击的主要对象。

现代科学林业也有类似的趋势。当森林管理主要是保护、再造林和选择性砍伐时，美国林务局尽管与国家公园管理局之间存在分歧，但最近越来越强调"环境林业"：利用森林为家庭、工作和娱乐创造舒适环境。这种观点与当今科学林业的发展趋势极为冲突，科学林业强调日益集约化的生产、种子的遗传选择、施肥、行植和耕作、杀虫剂和除草剂的使用以及砍伐林木。森林是作为舒适环境来源还是木材商品来源，两者之间存在严重分歧；尽管在指定荒地不受林务员和其他开发商管理这一问题上的分歧最为尖锐，分歧也存在于普通森林的管理中。虽然平肖倡导集约森林管理，但以国家公园运动和缪尔运动（Muir）为代表的发展倾向更接近现代环境林业的历史趋势。

那么科学技术在其中发挥了什么作用呢？关心木材商品生产的人倾向于把科学和技术完全同他们所关心的联系在一起，认为环境质量运动拒绝科学或任何管理方式。这些人抱怨，由于森林被指定为荒野，他们无法对其进行管理。但这混淆了手段和目的。分歧不在于管理本身，而在于管理目标。森林政策中应该强调商品生产目标还是环境质量目标？科学和技术对于二者同样重要。科学和技术的形式和方式有所不同，但二者都强调系统的数据收集和应用而不仅仅是机器，更强调"软件"而不仅仅是"硬件"。尽管"荒野管理"常常被提及，但也须详细了解资源利用的模式及其对森林生态系统的影响。在这种情况下，管理更倾向于"以人为本的管理"，而不是商品管理，关注森林的承载能力，并将对森林的使用限制在其承载范围内。

平肖是 20 世纪美国资源保护运动的先驱。当前的环境运动不同于其推动的保护运动，环境运动更多是由"二战"后的新价值观所推动形成，该环境运动与平肖倡导的资源运动相矛盾。尽管如此，在美国自然资源政策的历史上，平肖仍然是一位颇具传奇色彩的人物，特别是他曾呼吁在美国利用科学和技术进行大规模森林商品的管理。

第十六章

弗雷德里克·温斯洛·泰勒
与科学管理

弗雷德里克·温斯洛·泰勒（Frederick Winslow Taylor）从小就痴迷于秩序，并给小伙伴们组织的游戏制定详尽的规则。对秩序的追求是泰勒职业生涯的特点，同时这种追求也触及在19—20世纪之交的几十年里这个国家的关切。移民、城市化和工业发展正在改变由小城镇和人际关系组成的传统美国社会。伴随这些变化而来的还有社会冲突。作为一名机械工程师，泰勒试图找到技术方案以提高效率来增加剩余财富，从而解决美国工业中的劳动冲突。他对工作场所秩序的研究在整个美国掀起了一股对个人效率和国家效率的狂热。西奥多·罗斯福（Theodore Roosevelt）曾说过："个人首先要变得有效率……从这些高效的个体中建立起一个高效的组织。当所有的工业和商业企业都提高效率，国家效率就会得以实现。"

泰勒提出的提高工业效率的制度称为科学管理，旨在提高国家生产力，同时消除工人与雇主之间的矛盾，正如他在1911年向国会委员会解释的那样：

在科学的管理下，两党在思想态度上发生了巨大变化，双方都不再把剩余财富的分配看作是最重要的事情，而是一起把注意力转向扩大剩余财富的规模，直到规模变得足够大，这样工人的工资就有足够的增长空间，制造商的利润也会有足够的增长空间。

泰勒虽然对在工厂工作劳累过度的工人表示同情，但他认为消极怠工的工人带来的问题可能更大。他指责后者"像装病一样"，故意限制自己的工作效率。泰勒认为，如果工人提高生产效率，由此产生的剩余财富将足以带给工人更高的日薪和管理层更多的利润。公平的日薪和日工作量对工人和雇主都有好处。从相当简单的人类动机来看，泰勒认为科学管理给了工人最渴望的高工资，给了雇主最想要的低劳动力成本。但管理层不应只是鼓励员工更加努力地工作，而应采用"科学"的方法来确定每日工作量的恰当标准。

泰勒关于某些工人故意限制生产速度的观点是正确的。工人们称之为"定额工作量"，这是他们自己给自己确定的平均日工作量的定量。定额工作量只体现了工人们劳动力的一般水平，但却可使他们免受老板不合理的加班要求。在工人们看来，为了获得更高的薪水或为了取悦老板而超出定额工作量是自私的行为，是以牺牲朋友利益为代价来实现个人利益的一种方式。他们认为这样的人"贪婪"或"不讲义气"。定额工作量是否代表了合理的工作量与泰勒无关。泰勒的科学管理体系，从根本上认为应该是管理控制工作场所，而不是工人。但这与许多行业的传统工作模式相矛盾，因为在这些行业中，熟练的工匠提供技术知识，使得车间得以运转，而管理主要集中在商务层面。在这些行业中，工匠在生产技术上享有很大的自主权，甚至可以雇佣助手并支付薪水。对技术知识的垄断使技术娴熟的工人有权决定自己的工作条件。但泰勒认为应该是管理掌控生产方法，并知晓一切。

泰勒做过工人和主管的工作经验，使其创立的科学管理体系令人信服。泰勒于 1856 年出生在费城一个富裕家庭，家人期望他能像父亲一样成为一名律师。1874 年，泰勒以优异成绩通过了哈佛大学入学考试。但家庭的期望和他自己的想法之间存在差异，就在同一年，他开始抱怨视力下降，然后突然退学，转而成了娴熟的机械师。虽然泰勒的视力很快就"恢复"了，但他仍继续接受作为机械师的训练，第一年他没有任何收入，第二年和第三年每周挣 1.5 美元，第四年每周挣 3 美元。无论在工作中的地位多么卑微，泰勒从没有完全放弃过他出生的那个阶级所赋予的特权。在 4 年的学徒生涯中，他像许多费城上层阶级的年轻人一样，在美国青年板球俱乐部（the Young America Cricket Club）打板球，参加合唱团和业余戏剧表演。泰勒在 1878 年以普通工人的身份进入米德维尔钢铁厂（Midvale Steel Works）时，钢铁厂的其中一位老板 E. W. 克拉克（E. W. Clark）是泰勒网球搭档的父亲；另一位老板威廉·塞勒斯是泰勒家的老朋友，泰勒称之为"威廉叔叔"。在米德维尔时，泰勒参加了工程学的家庭课程，并从史蒂文斯理工学院（Stevens Institute of Technology）毕业。

弗雷德里克·温斯洛·泰勒
资料来源：新泽西州霍博肯市史蒂文斯理工学院塞缪尔·C. 威廉姆斯图书馆

正是在米德维尔钢铁厂时，泰勒第一次被任命为机械师小组的领班。作为一名机械师，泰勒像其他人一样只做定额工作量。但作为主管，尽管工人反对，泰勒还是决心提高生产。"私下我们是朋友，"泰勒后来说，"但当我们走进工厂大门之后，彼此便成了敌人。"

当时的整个美国工业的劳资双方对立十分激烈，这在一定程度上是由安德鲁·卡内基（Andrew Carnegie）等少数实业家积累了大量个人财富，同时与城市贫困工人所处的恶劣条件所形成的鲜明对比造成的。作为进步运动（Progressive movement）的参与者，中产阶级改革家揭发丑闻，并通过厄普顿·辛克莱（Upton Sinclair）的《丛林》（*The Jungle*）等虚构作品让公众了解工人恶劣的工作条件。但对一些人来说，同情变成了恐惧，因为工人成立了工会，工人进行罢工，偶尔会导致暴力情况出现。虽然工人常常可以指望其所在社区的当地执法官员的同情，但大公司可以请求州和联邦政府军队来镇压工人罢工。其结果是国家内斗。因全国对"劳工问题"的关注，美国劳工部（Department of Labor）才得以在 1913 年成立。

19—20 世纪之交，越来越多的工程师从事管理岗位，调和工人和实业家之间的利益冲突。由于工业企业规模不断扩大，技术变得更加复杂，二者共同推动了专业管理阶层的形成。铁路公司率先采用了现代管理技术，即类似于军队的部属与幕僚组织（即生产线与管理人员的组织）体系，来管理分布在各处的企业。1886 年，亨利·R. 汤（Henry R. Towne）向美国机械工程师学会（American Society of Mechanical Engineers，ASME）建议，工程师能为更好的工业管理做出重要贡献。他的建议提出的很及时。在 1880—1920 年的 40 年里，工程专业的人数增长了近 200%，从 7000 人增长到 136000 人。泰勒在 1895 年的一篇题为《计件制可以部分解决劳工问题》（*A Piece Rate System Being a Step toward a Partial Solution of the Labor Problem*）的论文中首次向社会展示了他的部分科学管理体系。

泰勒的科学管理体系包括对工厂进行重组，对个人任务进行计时研究，以及实行计件工资而不是计时工资。工厂工作由中央计划办公室安排，办公室负责提供原材料和适当的工具，并指导每项单独的任务。机械师的工作不再包括找到自己所需的材料，清洗和磨砺自己的工具。一旦工厂运作变得合理化，效率专家就会用计时器对工人的每项工作进行计时，任何不必要或重复的动作将会被停止计时并予以清除，效率专家还为每项任务制定最有效的时间标准和方法。而工人会领取写有如何完成每项任务的说明卡。实行差别计件工资，产量高于既定标准时，其计件工资高于产量维持在原有水平的计件工资。根据泰勒最初的计划，工人未能完成标准产量时，其计件工资会非常低，低到工人不得不放弃这份工作去寻找其他工作。

泰勒认为，通过使工厂的工作条件和每项任务的工作时间标准化，他已经把管理变成了一门科学。他认为做每一种工作都有"最好的方法"，且最好由管理层决定。工人"要么由于缺乏教育，要么由于智力不足"，才无法指导自己的工作。但批评人士指责泰勒主义（Taylorism）把每项任务的计划和执行分开，把工人变成了虚拟机器。

这种对工人的态度可以从泰勒在伯利恒钢铁工厂努力提高效率上看出来。泰勒于1890年离开米德维尔钢铁工厂，成了一名管理顾问。在几次失败的工作经历中，他曾因工程专家在工厂的权力范围与公司高层展开争论，经历了这些之后，米德维尔钢铁工厂的一位前主管引荐泰勒在1898年去到伯利恒钢铁工厂，泰勒在那里建立了计件工资制。一同去到伯利恒钢铁工厂的还有泰勒的几位经验丰富的同事，其中包括卡尔·巴斯（Carl Barth）；泰勒在伯利恒的那些年虽然并非一帆风顺，但收获颇丰。他通过试验自己关于劳工的想法，重组了该钢铁工厂。传统的机械师认为车床运行的最好方法是使昂贵的切削工具保持最长的使用寿命。但泰勒的目标是找到一种在最短时间内切削最多金属的方法。他在车床上进行了系统地测试，发现含有少量钨和铬的标准钢切削工具，在切削钢高速运行且被加热至接近熔点的情况下，可以多切削200%—300%的金属。凭借同事巴斯的数学才能，泰勒组装了计算尺，使机械师知道如何在机器上设置为每次的切割。"高速钢"的发现为泰勒在工程界赢得了相当大的关注，并使其于1906年当选为美国机械工程师学会主席。泰勒在高速钢方面的经验也使他坚定了信念，即管理是控制工厂里技术性工作的最好方式，而不是工人。

其他有关简单任务的测试更加坚定了泰勒的信念。在米德维尔钢铁厂，泰勒强制性的系统化使衡量工作投入程度的实验在数年内依然未取得成功。泰勒写道："工人和管理层之间和谐合作的最大障碍在于管理层不知道工人一天的真正工作量是多少。"但巴斯对数据的数学分析使泰勒确信，通过调整工人工作时间和休息时间的比例，可以实现最大工作量。在伯利恒钢铁工厂，有一项最简单的工作，就是工人每天工作 10 个小时，以每人每天搬运 12.5 长吨① 的速度把生铁和粗铁罐装上火车。每人扛起一块重约 41 千克的生铁，走上一个倾斜的坡道，然后把这块铁扔到车床上。根据休息和工作时间比例的理论，泰勒计算出，一个一流的生铁装卸工人每天能够装卸 47.5 长吨的生铁（48262 千克），但每八个人中有七个人的体力无法胜任这项工作。对泰勒主义而言，为每项任务选择合适的工人非常重要。同样重要的是与个人而不是工人群体进行讨价还价，因为泰勒想用个人主义取代由定额工作量所代表的群体伦理。

在泰勒的试验中，他挑选了一个叫施密特（Schmidt）的工人，这个人雄心勃勃，精力充沛，经常跑步回家，他将自己每天 1.15 美元的工资积攒下来购买了一小块土地并盖起了房子。泰勒知道，没有工人会认同主管给出的这个建议，即通过更努力地工作，工人可以把每天的工作量从 12.5 长吨增加到 47.5 长吨，所以泰勒阐述了工人必备的工作方法，然后把施密特拉到一边，先初步问了几个问题："我想知道，你是想成为高薪工人，还是想像这些人一样拿低薪？我想知道，你是希望每天挣 1.85 美元，还是满足于每天挣 1.15 美元，就像那些拿低工资的人一样？"当施密特表示愿意每天挣 1.85 美元后，泰勒指着一堆生铁告诉他，为了挣更高的工资，他必须在效率专家的指导下，在第二天把所有的生铁都装上。泰勒直截了当地告

① 长吨是实行英制的国家采用的重量单位，1 长吨≈1016 千克。

诉施密特：

> 现在假设你是高薪工人，这位工时测定员（time-study man）明天告诉你做什么，你就做什么（泰勒指着工时测定员说），从早到晚都是如此……，高薪工人只按要求做事，从不质疑。明白吗？当工时测定员让你走，你就走，当他让你坐下，你就坐下，你不需质疑他的做法。明天早上你就到这里工作，明晚之前我就会知道你是否真的可以拿高薪。

在这样的监督下，施密特装载了 47.5 长吨生铁，工作量增加了 380%，工资比之前高出 60%。泰勒并不认为这种进步是不公平的，相反他更关注提高了工人和工厂收入这一事实。虽然施密特不再对其工作的某些细节进行掌控，但泰勒认为这没有什么好遗憾的。相反，泰勒认为他已经发现了一门新的科学。在他的研究中，泰勒总结道：

> 因此，最适合处理生铁的工人，是无法理解做这类工作的真正科学原理。工人不太精明，以至于"比例"这个词对工人来说毫无意义，因此工人必须由一个比他更精明的人来训练，使他养成按照这门科学的规律来工作的习惯，这样他才能成功。

泰勒希望将工程师确立为工厂中具有良性独裁权力的管理新科学的实践者，但这必然与传统的管理权力相冲突。在伯利恒钢铁工厂，泰勒坚持对生产的完全控制牺牲了工人和高层管理人员的利益，于是在 1901 年泰勒被解雇了。然而，大众发现泰勒通过"科学公平（scientific impartiality）"来解决"劳工问题"的想法非常有吸引力。离开伯利恒钢铁工厂后，泰勒从工程部门退休，致力于推广他的管理体系。1910 年，当律师路易斯·布兰代斯（Louis Brandeis）在一场提高价格的听证会上辩称：铁路公司的低效管理最终会让消费者付出代价，而采用泰勒科学管理每天可以为铁路公司节省 100 万美元。律师耸人听闻的说法引起了大众的注意。从此，不仅是工业界，就连普通大众也对泰勒科学管理体系产生了兴趣。1911 年，泰勒出版《科学管理原理》（*The Principles of Scientific Management*）。1912 年，他的崇拜者成立了泰勒协会（Taylor Society）以延续他的工作。泰勒的许多追随者和同事，包括巴斯、莫里斯·L. 库克（Morris L. Cooke）、亨利·L. 甘特（Henry L. Gantt）、弗兰克和莉莲·吉尔布雷斯（Frank and Lillian Gilbreth），都成了席卷全国的效率热潮中的杰出人物。

吉尔布雷斯夫妇的研究给泰勒的效率研究带来了某些改变，这对夫妇以团队的形式进行工作，将他们自己的科学管理理念引入工业领域。弗兰克·吉尔布雷斯（1868—1924）从砖瓦匠开始他的工作生涯，他对速度和效率的兴趣使他开始进行动作研究。从砖瓦匠的手艺开始，他发明了一种齐腰高的特殊脚手架，这样砖瓦匠就不需要弯腰去捡砖，同时他也教砖瓦匠用双手同时工作。弗兰克在波士顿成为一名成功的承包商，1904 年，他出版了《现场制度》（*Field System*）一书，书中描写了他的方法。1912 年之后，他不再做承包商，而是和妻子一起致力于动作研究和科学管理。

吉尔布雷斯夫妇的贡献在于将工作分解为基本动作，并去除不必要的动作。弗兰克·吉尔布雷斯将这些基本动作命名为"分解动作（therbligs）"，将 Gilbreth（吉尔布雷斯）反过来拼写刚好就是 therblig（分解动作，therbligs 是 therblig 的复数形式），不过弗兰克认为没有必要指出这一点。由于他对动作的分析变得更加详尽，所以他用摄影机记录工人的动作，摄影机的下角有一个精确的时钟。与泰勒不同，吉尔布雷斯夫妇的目标不仅是节省时间，还包括如何消除工人的疲劳，以便"让人更轻松地努力工作"。弗兰克·吉尔布雷斯发现泰勒的科学管理与自己的兴趣相一致，只有泰勒拒绝承认弗兰克的分解动作研究（micromotion studies）与

莉莲·吉尔布雷斯在进行动作研究
资料来源：国家自然历史博物馆，史密森学会

自己的时间研究不同的情况下，弗兰克才会不再崇拜泰勒。

　　弗兰克·吉尔布雷斯于 1924 年去世后，他的妻子莉莲·莫勒·吉尔布雷斯（1878—1972）需要独自抚养他们的 11 个孩子。作为吉尔布雷斯咨询公司的合伙人，莉莲的长处在于将心理学应用于管理之中。莉莲生于加利福尼亚州奥克兰市，是加州大学伯克利分校第一位在毕业典礼上发言的女性。1915 年，她获得了布朗大学心理学博士学位。作为一名工程学女性，她在全身心投入自己的职业时，遇到过一些阻碍。莉莲是新成立的美国管理协会（American Management Association）的早期成员，尽管她积极参与工业工程，但更为传统的美国机械工程师学会曾两次阻止她进入纽约的全部是男性的工程俱乐部（Engineering Club）参加会议。她的日程总是排得非常满，加上吉尔布雷斯对效率的热情，他们的大家庭就成了家务劳

弗兰克和莉莲·吉尔布雷斯对一名办公室文员进行时间和动作研究
资料来源：国家自然历史博物馆，史密森学会

动提效方法的实验室，而《便宜一打》（*Cheaper by the Dozen*）一书以幽默的方式描写了这些方法。

在丈夫去世后，莉莲·吉尔布雷斯继续为企业客户提供咨询，但她越来越多地转向教授管理技巧，并于1935年开始在普渡大学（Purdue University）任教。莉莲花了相当多的时间来研究如何提高家务效率。她强调改善室内布局并且在家里消除疲劳，这为家庭经济学做出了重大贡献。然而，因为家庭和作为工作场所的工厂之间存在巨大差异，所以大多数人将泰勒的科学管理应用于家庭的尝试都失败了。家庭主妇既是劳动力也是管理层，所以将每项任务的计划和执行分开是有问题的，为每项任务选择合适的工人也是徒劳的，因为家庭主妇独自负责各类家务，而且只要家务劳动是无偿的，那么用计件工资激励就毫无意义。将科学管理应用于家庭，是希望家庭主妇通过更有效的规划来节省做家务的时间，然后将这些时间用于个人追求，就像工人被鼓励为了个人收入而出色工作一样。但大多数女性似乎都把空出来的时间重新投入到家务上，以提高家庭生活水平。

虽然泰勒对效率最感兴趣的是消除工人如怠工那样的低效率，但他的追随者们以另一种方式回答了这个问题："用什么来衡量效率？"甘特（1861—1919年）是史蒂文斯理工学院的工程专业毕业生，曾在米德维尔钢铁工厂和伯利恒钢铁工厂与泰勒一起工作。他出生在美国南方，身上也有南方人的传统，他一生崇拜的英雄是托马斯·乔纳森·杰克逊（Thomas Jonathan "Stonewall" Jackson）将军。因为内战，甘特家的经济变得困难，所以他在巴尔的摩（Baltimore）郊外一所军事化寄宿学校接受教育，这所学校专为贫穷人家的男孩开办。甘特第一次见到泰勒是在米德维尔钢铁工厂。1987年，泰勒试图重组西蒙兹轧机公司（Simmonds Rolling Machine Company），但遭到了中层管理人员的强烈抵制。之后当总经理、所有领班和副领班、销售人员和办公室负责人在接到通知后的3天内辞职时，泰勒任命甘特为主管，负责相关工作。两人后来又从西蒙兹去到伯利恒钢铁厂工作。

甘特性情温和，且比泰勒更灵活，在伯利恒钢铁工厂，他用任务加奖金的制度对泰勒的差别计件工资方法进行了调整。在这种制度下，未能完成每日工作任务的工人只需按小时计酬，不用按泰勒的低计件工资计酬，而"高效"的工人则可获得奖金。甘特后来变得愿意与工程客户妥协，这让泰勒怀疑甘特是否真的理解科学管理，就像泰勒与其他人的关系一样，泰勒与甘特的友谊在1908年之后恶化，因为甘特提出了自己关于工人培训的想法。随着对工业管理的不断思考，甘特对高层管理低效的不满变得如同泰勒对劳动低效的不满一样。他最重要的技术贡献是显示机器生产的甘特图[（Gantt chart）这是他试图建立管理标准的一部分，类似于对工人的时间研究]。

当工人无法拿到奖金时，甘特总是乐于找出原因。寻找的过程常常使他发现管理上的不当之处。他对管理的批评从关注利润增长转向一种更深刻的信念，即工厂经营不仅是为私人利益，还应为公众利益。正如泰勒的目标是通过生产和利润最大化来造福工人和雇主，甘特将该目标扩展至包括为消费者利益在内的经济生产。他还谴责低效的公司倾向于将机器闲置，但却把机器的成本转嫁给消费者。由于短缺导致价格上涨，工厂主的利润也随之增加，所以工业产能只占了很小的比例。为了阻止国家的工业产能为少数人的私人利益服务，甘特倡导一种新的簿记制度，在该制度下，闲置机器的成本不会加到产品中，而是直接从利润中扣除。

由于金融家和商人的私心，甘特不再对他们抱有幻想。甘特转而设想工程师不仅在工业，而且在社会中也发挥着重要作用。受经济学家托尔斯藤·凡勃伦（Thorsten Veblen）的影响，在 1916 年的美国机械工程师学会会议上，他和另外 33 人组成了一个名为"新机器"的组织，致力于从社会和政治方面进行调整，以应对工业社会的挑战，从而提高纽约市日工资的购买力。然而，甘特并不具备政治家的特质。正如他的传记作者所观察到的："他与生俱来的诚实，不圆滑，无所畏惧的坦率，直率的表达，以及因为缺少朋友而感到孤独，这些都不是成功的政治家该有的素质。"出于对第一次世界大战的担忧，新机器组织按下了暂停键。

当泰勒的许多追随者扩展了科学管理体系的技术和范围时，巴斯仍然是最正统的科学管理专家，也是泰勒最喜欢的助手之一。1909 年，泰勒推荐巴斯对位于马萨诸塞州沃特敦（Watertown）的美国联邦军火库（U.S. Federal Arsenal）进行科学管理。在那里，军火库成了科学管理倡导者和劳工群体之间的战场。泰勒急于获得联邦政府对科学管理的认可，但工会却在集中抵制引入计时器。当巴斯的助手第一次在铸造厂进行时间研究时，工人们也偷偷地给该助手计时。二者之间的差异在第二天激起了铸造工人罢工。助手是在为一个理想的过程计时，而不是实际的工作时间，且他不得不承认，他对这项任务的技术要求知之甚少，只是根据他认为合适的时间确定了一个工人的工作时间。

最终，泰勒科学管理体系的"科学性"似乎是隐藏在精确测量下的主观判断，即使认为该体系有效的支持者，也不认同该体系可以做到科学地精确测量。1912 年，泰勒要求美国机械工程师学会成立一个专门委员会来评估泰勒管理体系的科学基础，该学会返回一份反对泰勒的报告，反对的内容包括不准确的术语，比如"第一流的工人"，以及因不可避免的延迟而需支付大量补贴。事实上，泰勒试图衡量不可衡量的事物，而他的"唯一最佳方式"的不兼容，既是对人，也是对其体系的考验。

在国会就新制度举行听证会后，工人们游说国会议员，禁止在某些政府合同中使用泰勒管理体系，从而成功地阻止了沃特敦军工厂使用泰勒管理体系。国会通过了反对使用泰勒科学管理的立法，这使泰勒感到气馁。他对工作失去了信心，身体也每况愈下。由于一直处于感冒状态，在去费城看望妹妹的途中，感冒恶化成肺炎，导致泰勒于 1915 年 3 月 21 日去世，享年 59 岁。

泰勒管理体系在其创始人泰勒的一生中只取得了部分成功，这是由泰勒难相处的性格和该体系内在的缺陷所造成的。科学管理很少被全盘采用，泰勒在塔博尔制造公司（Tabor Manufacturing Company）全面采用该体系，这是科学管理体系活生生的例子，因其罕见和高效而闻名。此外，在泰勒的一生中，科学的精确性及道义的力量一并瓦解。泰勒坚持认为，任务加奖金制度提高了工人的道德品质，使他们变得清醒、对工作充满热情和节俭。生产和工人福利之间的关系被一群更具说服力的改革者推翻，这些人向工人提供住房补贴、储蓄计划和休闲活动，他们认为物质福利是提高生产效率的前提。

然而，大肆宣传劳工战胜泰勒管理体系并没有阻碍科学管理的传播。

泰勒主义在美国的内外都极具影响力，在许多人看来，它是美国工业成功不可分割的组成部分。此外，像莉莲・吉尔布雷斯这样的科学管理专家还开创了工业心理学和人事管理的新领域。科学管理也经久不衰。1880—1920 年，大规模工业的技术复杂性不断增加，促进了科学管理体系的发展。这将永远是工业美国的一个特征。

第十七章

亨利·福特与汽车的胜利

1908 年，亨利·福特（Henry Ford）推出了 T 型车（Model T），威廉·C. 杜兰特（William C. Durant）创立了通用汽车公司（General Motors），用技术史学家约翰·B. 雷（John B. Rae）的话来说，汽车"实际上已经有可能成为一种令人难以置信的大众消费品"。到 1927 年 T 型车停止生产时，汽车行业已成为美国产品价值领先的产业。在美国，每 4.5 个人就有一辆登记注册的汽车，55% 的美国家庭拥有汽车。总统委员会在 1933 年调查当代美国生活变化时对汽车作出了这样的结论："很可能从来没有一项重要的发明能以如此快的速度传播开来，并且迅速地产生了影响，就连民族文化也深受影响，从而改变了人们的思想和语言习惯。"

一位观察美国生活的法国神父 R. L. 布鲁克伯格（Father R. L. Bruckberger），在他的《美国形象》（*Image of America*）一书中总结道：福特在 T 型车、传送带式流水线和 5 美元 8 小时工作制方面的创新产生了很大的影响。汽车使美国人的生活方式成为可能，并逐渐成为美国人生活方式的象征。

讽刺的是，"汽车生于欧洲，却长在美国"。进入 20 世纪后不久，欧洲在开发汽油动力汽车方面领先美国大约 10 年。早在 1887 年，德国固定燃气发动机制造商卡尔·本茨（Karl Benz）就率先使汽车进入商业可行性阶段。1891 年，法国工程师兼企业家埃米尔·康斯坦·勒瓦索（Emile Constant Levassor）对现代汽车的机械结构进行了创新。1895 年，勒瓦索驾驶他的汽车以当时令人难以置信的每小时 24 千米的速度跑完巴黎－波尔多－巴黎（Paris-Bordeaux-Paris）的赛程，赛程长达 1170 千米，途中最长的停车时间只有 22 分钟。这表明，用汽车取代马不是痴心妄想，由此在美国汽车行业引发了一阵热潮，美国报纸对勒瓦索的成就进行了大量报道。尽管到 19 世纪 90 年代中期，一些美国发明家已经成功地制造出试验性汽车，但以欧洲的标准来看，这些汽车还很原始，因此没有大量出售。相比之下，到 1895 年，几家法国和德国汽车制造商开始发行汽车目录，汽车在巴黎的大街上已经很常见了。

查尔斯·E. 杜利亚和 J. 弗兰克·杜利亚（Charles E. and J. Frank Duryea）是马萨诸塞州斯普林菲尔德（Springfield）的两名自行车修理工，据说他们在 1893 年成功地制造出美国第一辆汽油动力汽车，并于 1896 年开始美国汽车的商业化生产。包括福特在内的其他早期的试验者很快也参与到竞争中来。1899 年，约 30 家美国汽车制造商生产了约 2500 辆汽车，这一年《美国制造业普查》（*United States Census of Manufactures*）为汽车行业单独汇编了统计数据。尽管当时汽车是按货到付款的模式进行销售，而且在性能上还有很多有待改善的地方，但美国对汽车的需求还是远远超过了供应。早期的汽车制造商在一个前所未有的卖方市场中销售昂贵的汽车产品。因此，到 1910 年，汽车制造业在美国工业产品价值的排名从第 150 位跃升至第 21 位，而且从所有可衡量的标准来看，汽车制造业对国民经济的贡献都超过了马车和运输行业。到 1910 年，美国已登记注册的汽车达 45.85 万辆，由此使美国成为世界上最具汽车文化的国家。

与欧洲不同，汽车文化在美国发展如此迅速，是受多种因素的影响。首先，标准化商品的批量生产在美国的工业史中很早就形成了。美国拥有丰富的自然资源，加上长期的劳动力短缺，所以出现了低成本的原材料和工业过程的机械化，这就需要使产品标准化。此外，州与州之间没有关税壁垒，从而可以大范围地销售汽车。最重要的是，与欧洲国家相比，美国的人均收入更高，收入分配更公平。比如，值得注意的是，英国最重要的汽车制造商莫里斯汽车（Morris Motors）直到1934年才安装了第一条生产流水线，而那是在福特创新发展出流水线20年之后。英国的收入分配方式将汽车需求维持在一个很低的水平，使汽车变得不值得投资。由于欧洲和美国之间的这些差异，所以欧洲小规模个性化的汽车生产模式不可能具备美国汽车行业的特点。

汽车一问世，美国人就热情地接受了它。在19—20世纪之交后不久，由于成本低、性能可靠的汽车不断发展，所以常能听到这样的预言："无马时代"即将到来。甚至在1908年推出T型车之前，大多数美国人就预见拥有自己的汽车将成为现实。自行车让美国人意识到个人长途公路运输的可能性。19世纪90年代，自行车运动高潮时期也正逢长达数十年的农业动乱也达到高潮，此农业动乱将铁路公司滥用权为作为首要斗争对象。农民和城市消费者都开始将更便宜的公路交通视为一种选择。美洲大陆的大部地区还未通铁路或公路，大多数美国人仍然生活在与外界隔绝的农场或彼此联系不紧密的乡村。他们不仅想更容易地去到市场，而且想更好地获得只有大都市才能提供的社会和文化便利设施，尤其是更好的医疗和教育资源。在城市，人们认为干净整洁的汽车可以解决健康问题，这些健康问题源于无处不在的粪便堆，以及拉货运车的马因过度劳累而死在路上造成的交通拥堵。城市中产阶级被灌输了杰斐逊式的"农业神话"思想，他们逃离城市，驾车前往郊区的房子。公共交通轨道系统的建设成本不断攀升，市政当局为了建设足够的轨道系统，倍感压力，幸而从汽车的广泛普及中找到了解决办法。无数的早期事例使人们相信汽车比马车更经济、可靠、安全。或许最重要的是，汽车为信仰个人主义的流动人群提供了极大

的流动性，使人们在居住、商业经营地点和追求休闲活动方面可以自由
选择。

在众多早期汽车制造商中，福特是迄今为止成功的一位，致力于为这
个发展中的大市场制造成本低、性能可靠的汽车。福特于 1863 年出生在密
歇根州的一个农场，父母都是中产阶级，但福特一生都很厌恶农场里单调
乏味的工作，这种厌恶很早就开始了。年轻时，他喜欢摆弄机械，在底特
律爱迪生照明公司（Edison Illuminating Company）担任工程师时，1896
年他制造出自己的第一辆试验性汽车。在两次进入汽车制造业的失败尝试
中，福特却作为赛车设计师和赛车手享誉全国。40 岁时，在新的赞助者的
支持下，福特于 1903 年 6 月 16 日在密歇根州的底特律成立了福特汽车公
司（Ford Motor Company），生产价格适中的汽车。福特汽车公司成立之
初，实际资本只有 2.8 万美元，12 名工人和一个只有 76 米 ×15 米的装配
厂。由于福特和几乎所有其他早期汽车制造商一样，将零部件生产工作外
包给许多独立供应商，所以基本不需要太多资金。一旦汽车的设计确定下
来，早期的汽车制造商就仅仅只是组装主要零部件，并向经销商供应成品
汽车。由于汽车制造业的门槛不高——资本要求低加上高利润回报——到
1908 年福特推出他的 T 型车时，大约有 515 家独立公司进入了汽车制造业，
竞争十分激烈。在优胜劣汰的市场规律下，那些犯了技术错误和未能适应
需求变化的公司都被淘汰。福特大多数早期的竞争对手都失败了。但为何
福特却取得了如此辉煌的成功？

福特并不是第一家尝试批量生产成本低且性能可靠的汽车制造商。这
一殊荣属于兰塞姆·E. 奥尔兹（Ransom E. Olds），他在 1901 年开始批量
生产售价在 650 美元的弯挡板奥尔兹莫比尔汽车（Oldsmobile），而福特当
时还在生产赛车。但奥尔兹和托马斯·B. 杰弗瑞（Thomas B. Jeffery）都
曾试图大规模生产很快就过时的汽车。杰弗瑞和奥尔兹一样，在 1902 年
开始批量生产售价在 750—825 美元的兰布勒汽车（Ramblers）。受轻型

四轮游览马车的影响，弯挡板奥尔兹莫比尔汽车的设计有先天的机械缺陷，因此很快就被大多数制造商抛弃。1908 年典型的汽油动力汽车与 1900 年的无马马车几乎没有相似之处。大量的技术改进意味着 1908 年的汽油动力汽车已经是性能相当可靠的家庭型汽车了。然而，在 T 型车推出之前，下列问题一直存在：在不牺牲产品质量的前提下，通过削减制造成本或降低单位汽车的利润，以普通家庭负担得起的价格供应汽油动力汽车。

福特汽车公司成立时，汽车工业由特许汽车制造商协会（Association of Licensed Automobile Manufacturers，ALAM）掌控，协会成员由精挑细选的汽油动力汽车制造商组成。1895 年，纽约专利律师乔治·B. 塞尔登（George B. Selden）获得了一项汽油动力汽车的专利，该协会试图通过控制这项专利来垄断美国的汽车制造业。特许汽车制造商协会内的公司（其汽车产量在 1908 年以前占该行业总产量的 80%）主要通过为有限的市场生产高价汽车来维持较高的单位汽车利润。协会试图设定生产配额，并阻止新的汽车制造商进入该领域。福特申请塞尔登专利下的汽油动力汽车生产许可时，曾遭到拒绝，理由是他没有展现出自己的能力。当福特坚持生产汽车时，该协会便立即以侵犯塞尔登专利为由起诉福特。1911 年，福特最终在诉讼中胜出，而特许汽车制造商协会也随之解体。同时，福特把这起诉讼变成了巧妙的公关行动：他将自己作为汽车发明家先驱和苦苦挣扎的小商人形象，与该协会作为一群强大、寄生式的垄断者形象进行了对比。

像许多其他没有特许汽车制造商协会许可的汽车制造商一样，福特越来越专注于批量生产轻型、低价汽车。在 1906 年以任何一个价位出售的汽车中，福特售价 600 美元的 N 型车在设计和制造上都更具优势。《摩托车与汽车贸易杂志》（*Cycle and Automobile Trade Journal*）称，N 型车是"第一款由汽油发动机驱动的低成本汽车，这种发动机的汽缸能够在每一个轴转动时给轴一个转动冲量，同时，这款车制造精良，产量充足"。

受到 N 型车成功的鼓舞，福特决心制造一款更好的低价汽车。1908 年

亨利·福特站在他于 1896 年制造的第一辆汽车旁边，他的儿子埃德塞尔（Edsel）在检查第 1000 万辆福特汽车，即福特于 1908 年推出的 T 型车

资料来源：福特汽车公司

10 月 1 日，4 缸、20 马力的 T 型车，包括售价 825 美元的小型汽车和售价 850 美元的房车，首次向经销商供应。福特关于 T 型车的广告宣传非常准确："2000 美元以下的车不会比它更好，2000 美元以上的车除了更多的装饰物，也不会比它更好。"由于福特汽车公司始终致力于将 T 型车作为一个单一的静态模型，以不断下降的价格进行大批量生产，该公司在海兰帕克（Highland Park）的新工厂创新发展了批量生产技术，使汽车价格得以在 1916 年 8 月 1 日起有所下降，小型轿车的价格降到了 345 美元，房车则降到了 360 美元。T 型车的产量从 1910 年的 32053 辆增加到 1916 年的 734811 辆，在第一次世界大战爆发时，福特汽车占据了美国新车市场大约一半的份额。

T 型车是美国量产汽油动力汽车的原型。与典型的欧洲家用车相比，美国家用车价格低得多，轻得多，马力重量比更高，发动机气缸直径更大，冲程更短。除了美国制造商越来越重视为大众市场生产汽车外，美国汽车的这些特点还源于较低的汽油价格以及没有像欧洲一样征收马力税（horsepower taxes）。为了发动机有更大的灵活性，需要牺牲燃油的经济性，从而制造出能够更轻松地驶过陡坡和条件恶劣的道路的汽车，这类汽车更容易驾驶，因为它们不需要频繁换挡。美国汽车是为普通司机而不是专业司机设计的，且比典型的欧洲汽车更耐磨损，更容易修理。然而，由于车身高出路面很多，美国汽车显得很笨拙，也不太关注其安装、表面处理、内部装饰等细节。对美国消费者而言，汽车能在经过坑洼不平、车辙遍布的道路时，底盘不被凸起的路面刮蹭，远比汽车款式更重要。

为了满足消费者对 T 型车的巨大需求，福特于 1910 年 1 月 1 日在海兰帕克开设了一家占地约 4000 平方米的工厂，该工厂拥有无与伦比的生产配置用于汽车批量生产。公司的策略是尽可能快地报废机器，使其被更好的机型替代。到 1912 年，工具部门不断设计专门的新机床，以提高产量。到 1914 年，大约安装了 15000 台机床。1912 年，由于对时间和动作的研究，工厂安装了连续运转的传送带，将材料运送到流水线上。到 1913 年夏天，磁电机、发动机和变速器都在流水线上进行装配。当子流水线的零部件汇聚到总流水线时，工厂安装了底盘流水线，使底盘组装时间从 1913 年 10 月的 12 小时 30 分钟，到 12 月 30 日减少至 2 小时 30 分钟。流水线最初由绳索和锚机牵引运转，但在 1914 年 1 月 14 日，工厂安装了连续运转的流水线。1922 年，福特夸赞道："厂里的每件物品都在移动，物品可能在吊钩或头顶上方的流水线上移动，使零件按顺序进行组装；物品可能在移动的平台上移动，也可能在重力作用下移动，但关键是，除了材料需要运输外，其他物品都不需要搬运或运输。"

批量生产技术大大降低了单位汽车生产成本，福特售卖给消费者的 T 型车价格也随之下降，到 1927 年，双门小轿车的价格低至 290 美元。批量生产技术很快就应用到许多其他产品的制造中，显著提高了美国普通家庭的生活水平，使美国经济从生产导向型的稀缺经济转变为消费导向型的富

1913 年福特海兰帕克工厂的磁电机组装作业，是流水装配线的实际应用之一，磁电机从一个工人被传送到另一个工人，生产时间减少了大约一半

资料来源：福特汽车公司

裕经济。福特比同时代的人更早认识到：批量生产需要大规模消费，工人必须有能力购买机器生产出来的产品。于是，在 1914 年，福特为他的工人开创了 5 美元 8 小时工作制，因此，工人在更短的工作时间内，工资却翻了一倍多。批量生产还创造了一个新的半熟练工人阶级，他们既不需要大量的培训，也不需要太多的体力。因此，移民、北方城市的黑人移民、妇女、身体残疾和可教育但智力迟钝的人也能找到有报酬的工作，这对他们而言是新的就业机会。由于福特通过批量生产逐步降低了 T 型车的价格，导致其他制造商无法与其竞争，所以价格中等的汽车制造商在 1916 年开始赊销汽车，到 1926 年，分期付款销售占所有新车销售的三分之二左右。到20 世纪 20 年代中期，在汽车工业的带动下，用信用卡购买昂贵物品已成为美国人生活的一部分。最后，大型的专业化工厂和复杂的机器使批量生产所需的巨额资本支出超出了小型汽车制造商的承受范围。到 20 世纪 20年代末，汽车制造业不可避免地从许多小公司之间的激烈竞争的行业转变

在海兰帕克工厂，车身下降是组装 T 型车的最后一步。最终，福特加快了组装过程，这样每十秒钟就能完成一辆 T 型车

资料来源：福特汽车公司

为寡头垄断行业，福特、通用汽车和克莱斯勒（Chrysler）的产量占了该行业总产量的 80% 左右。

到 20 世纪 20 年代中期，汽车制造业在美国工业中的产品价值排名第一、出口价值排名第三。汽车工业是石油工业的命脉，是钢铁工业的主要客户之一，也是许多其他工业产品的最大消费者，比如平板玻璃、橡胶和油漆。受汽车制造业新需求的影响，这些辅助工业的技术进行了彻底变革，特别是钢铁和石油工业。20 世纪 20 年代，建设街道和高速公路是政府的第二大支出项目。汽车使郊区房地产和建筑业繁荣发展（汽车的影响一直持续到现在，汽车使大多数美国家庭可以入住独栋房屋），汽车也使许多新的小企业兴起，如服务站和旅游住宿。随着新增人口的流动，商业地点和居住模式变得更加分散，周日开车到乡下或每年开车去遥远的国家公园度假变得司空见惯。有了 T 型车，农民可以去城里购物，但这也同时影响了十字路口杂货店和邮购商店的生意。农村生活因为校车而发生了根本改变，统一分级的学校因为有了校车，取代了只有一间教室的学校；农场工人的劳作条件也发生了根本改变，以福特森（Fordson）牌拖拉机为例，小型农场拖拉机减少了对农场工人的需求，而且在大大提高农业生产率的同时，减轻了大部分繁重的农场劳动。（社会发展需要大型农场来有效利用拖拉机和其他机械化设备，所以小型家庭农场最终被淘汰。）第一次世界大战期间发展起来的长途货车运输，打开了太平洋海岸和西南地区的商业开发，并将区域经济更紧密地结合在一起，形成了国民经济。著名历史学家托马斯·C. 科克伦（Thomas C. Cochran）注意到汽车在 20 世纪 20 年代的美国社会和经济变革中所起的核心作用，他总结道："没人能或可能准确地估计出，为了改造社会以适应汽车发展所投入的巨大的资本规模，总的资本投资可能是 20 世纪 20 年代经济繁荣的主要原因，因此也可能是美国商业受到颂扬的主要原因。"

到 20 世纪 20 年代末，汽车在美国取得了胜利。汽车工业重塑了美国社会及其经济，在当时收入分配允许的条件下，全美汽车拥有量得到了增长。1927 年 T 型车不再继续生产时，更换新车的需求第一次超过首次购车和一人购买多辆车的需求总和。1929 年，也就是汽车驱动经济繁荣的最后一年，美国已登记注册的 2670 万辆汽车，行驶了大约 3100 亿千米。20 世纪 30 年代经济大萧条期间，尽管汽车销量急剧下滑，但美国的汽车年行驶里程仍在不断增加。事实证明，驾驶汽车能让美国人的生活看起来没有那么不景气。然而，第二次世界大战使客车的生产被迫停止，汽车的使用量也因定量供应汽油和轮胎而大大减少。因此，汽车行业在 1929 年开创的 530 万辆产量纪录，直到 1949 年才得以恢复。

随着汽车在美国取得胜利，T 型车的时代也结束了。T 型车满足了基本的交通需求，但随着农村道路状况大幅改善，消费者开始更加注重汽车的舒适度和时尚感。第一辆车是实用 T 型车的车主倾向于购买空间更大、动力更强、设计更时尚的汽车。福特汽车未能跟上这种需求变化，但它的竞争对手通用汽车和克莱斯勒汽车不仅在产品设计上超过了他，到 20 世纪 20 年代中期，这两家公司的汽车生产流水线效率也赶上了福特。在过时落伍后的很长一段时间内，T 型车除外观做了稍微的调整，并做了一些基础改进如增加自动启动器和封闭的车身外，基本保持不变。到了 1927 年，更昂贵、性能更好的二手车可以以一辆过时 T 型车的价格买到，两者的价格差距不大。而一辆每年改版、装备更好的新雪佛兰（Chevrolet）汽车只需多花 200 美元。1927 年，雪佛兰汽车的销量首次超过了福特汽车。到 1936 年，福特汽车公司在客车市场上的占有率已跌至第 3 位，为 22.44%，而通用汽车为 43.12%，克莱斯勒为 25.03%。福特汽车公司一直在走下坡路，直到 1945 年年事已高的创始人将公司的领导权交给他的孙子亨利·福特二世（Henry Ford II）。

20 世纪 20 年代，福特是美国资本主义成就的最重要代表，他不仅是美国普通民众的偶像，也是全世界的偶像。福特每天会收到数千封普通人的来信，因为福特的成就给这些人留下了深刻印象。在福特的一生中，关于他的文章（大部分是吹捧奉承的）比美国历史上任何一位人物都要多。甚至在亚洲偏远村庄的农民都知道福特的 T 型车。在当时的苏联，福特这位世界领先的工业资本家，因其对批量生产和福特森拖拉机做出的贡献，被誉为仅次于列宁的经济改革者。

事实上，正如雷诺·M. 维克（Reynold M. Wik）、约翰·肯尼斯·加尔布雷斯（John Kenneth Galbraith）等人所指出的那样，T 型车的成功是福特汽车公司整个杰出的创业团队集体努力的结果，它不是福特个人才华的产物。与广为人知的神话相反，福特并没有发明批量生产模式，批量生产模式的构成要素来自美国制造业传统的不断发展，同时，许多福特员工贡献了重要的想法，使批量生产模式得以在福特海兰帕克工厂实施，进而完善。然而，1914 年后，福特汽车公司的公关政策变成宣传福特本人，而不是宣传公司，并淡化其他人对批量生产的 T 型车所取得的成功做出的贡献。因此，福特成功的奥秘很大程度上变成神话。不幸的是，福特也自欺欺人地相信了这些神话，并从中受到"鼓舞"。

到福特于 1947 年 4 月 7 日去世时，他的名声已蒙上污点，因为他曾在《迪尔伯恩独立报》（*Dearborn Independent*）上公然发表反犹太的文章（他在 1927 年为此公开道歉），也因为在 20 世纪 30 年代，福特工厂的工作条件恶化，加上他还反对工人成立工会。福特在 1919 年买下了小股东手中持有的股份，从那以后，他的工业帝国越来越倾向于独断专行、独裁专政。越来越多的福特前高管称这种现象为"普鲁士化"①，《纽约时报》（*New York Times*）在 1928 年甚至称福特为"工业法西斯"。福特拒绝配合富兰克林・德拉诺・罗斯福总统（President Franklin Delano Roosevelt）使国家从"大萧条"中复苏的计划。福特于 1938 年和 1940 年两次中风，使他不断衰退的智力受到严重损害。

尽管如此，对于全世界成千上万的人来说，福特仍然是他们心中的英雄，他们选择无视福特的缺点，始终把他视为大量私人汽车和批量生产模式的开创者。即使大多数美国总统的名字被遗忘，福特可能仍是世界历史上的重要人物。

---

① 普鲁士有时也是德国近代精神和文化的代名词，同时也是德国专制主义与军国主义的来源。

第十八章

A. C. 吉尔伯特、玩具和少年工程师

1961 年 A. C. 吉尔伯特（A.C.Gilbert）去世时，《纽约时报》（*New York Times*）上有关他的讣告中写道："他融合了弗兰克·梅里韦尔（Frank Merriwell）、西奥多·罗斯福（Theodore Roosevelt）、彼得·潘（Peter Pan）和霍雷肖·阿尔杰（Horatio Alger）等英雄身上为人所熟知的特质。"在吉尔伯特漫长的职业生涯中，他一直坚定地恪守鼓励男孩（而不是女孩）探索并享受科学和工程的理念，这非常符合当时对不同性别职业的传统期待。不同于传统的是，这种理念一直将科技进步与美国孩子天生倾向于学习科学和技术的观念相联系，而这将给国家未来带来安全和繁荣。到吉尔伯特去世时，他已获得大约 150 项专利，其中大部分是玩具及其组件，其中最著名的是建筑套装"安装工"（Erector）。有了这些专利，加上战略性地收购了其他公司，吉尔伯特创建了一家制造公司，这家公司塑造了 20 世纪上半叶的玩具行业。

阿尔弗雷德·卡尔顿·吉尔伯特（Alfred Carlton Gilbert）于 1884 年 2 月 15 日出生在俄勒冈州（Oregon）的塞勒姆（Salem）。他的父亲是一位银行家，吉尔伯特家庭条件优越，自小在舒适的环境中长大。他很

小就被竞技体育所吸引，据说在7岁时就在一场三轮车比赛中获胜。在吉尔伯特生命的大部分时间里，他发现体育竞赛是消磨时间的好方式，同时也能激励人们去追求卓越。他回忆自己在爱达荷州（Idaho）莫斯科镇（Moscow）生活的那几年里，他在家里的谷仓里建了一个健身房，并配备了各种设备，其中最重要的是，早期他通过代理售卖《青年伴侣》（*Youth's Companion*）杂志而换来的一个拳击袋。拳击练就了他的英勇无畏，他在十几岁时就离家出走，加入了一个吟游歌手巡回表演，他在其中被宣传为"世界拳击冠军男孩！"不过，这只是一个短暂的职业经历，因为他父亲很快就赶了过来，把他带回家。在爱达荷州莫斯科生活期间，他还帮助其他男孩组织了莫斯科运动俱乐部（Moscow Athletic Club），并一起举办田径运动会。在附近的爱达荷大学（University of Idaho），他第一次看到了撑竿跳比赛，由此一生都热爱这项运动。

当吉尔伯特的哥哥哈罗德（Harold）搬到俄勒冈州的福里斯特格罗夫（Forest Grove）就读太平洋大学（Pacific University）时，他也同去并就读于该校的预科学校图亚拉廷学院（Tualatin Academy）。他在学业上表现很好，但似乎也花了大量时间和精力在他所谓的"愚蠢的事情"和体育运动上。在连续做了40次引体向上后，他打破了当时"引体向上世界纪录"。更重要的是，他被允许参加大学田径队的比赛，那儿是他第一次从事职业教练工作的地方。之后，他决定成为一名体育老师，并在纽约肖托夸（Chautauqua）的体育学校（School of Physical Education）学习了两个暑期课程。他遇到的许多导师都是医生，其中有几位曾就读于耶鲁大学（Yale University）。从太平洋大学毕业后，他去了东部的耶鲁大学求学，获得医学学位，在那里他也因体育方面的才能而为人熟知。

吉尔伯特发现学医很难，需要花很多时间，但他还是腾出时间集中精力练习撑竿跳，在体育事业上取得了成功。在太平洋大学期间，他就创造了该项目的新纪录；在耶鲁大学期间，他参加了1908年的伦敦奥运会

（London Olympics），先是在奥运会选拔赛中创新当时的世界纪录，之后又在奥运会上赢得了一枚金牌。他的成功，部分原因在于他进行了两项技术创新：一是使用竹竿，二是撑竿跳时，利用地上的洞，而不是利用竿上的金属尖，将自己弹射到空中。在太平洋大学和耶鲁大学期间，他参加了多项体育运动。在他的自传中，附录里列出了"A. C.吉尔伯特一生中的辉煌时刻"，排在最前面的便是1901—1909年他在12次体育竞赛中取得的成功，第13项则是他于1913年推出的玩具建筑套装"安装工"。

也是在耶鲁大学期间，吉尔伯特开始表演魔术。除了拳击袋，他利用杂志的销售收入给自己买了一套魔术装备和一本魔术指导书。在耶鲁大学时，他经常为朋友们表演魔术，偶尔也会在孩子们的派对上表演魔术来赚钱。后来，他开始在从波士顿到纽约的各个俱乐部里演出，演出费用也水涨船高。1908年奥运会结束后，他回到康涅狄格州（Connecticut）的纽黑文（New Haven），和一位朋友开始制作盒装魔术，并通过邮购目录出售。他设计了盒装魔术的一部分，他的朋友约翰·皮特里（John Petrie）设计了余下部分。他们把自己的公司叫作迈斯托制造公司（Mysto Manufacturing Company），公司生产了三款不同的魔术套装，里面有卡片、硬币、戒指和"消失器"，每款分别售价25美分、50美分和1美元。尽管吉尔伯特毕业时获得了医学学位，但他把全部精力都放在了创建自己的制造公司上。父亲借给他5000美元，以便购置一套制造设备。1909年，他和皮特里建造了两层高的木制工厂。1910年，他们在纽约开了自己的魔术商店，接着又在费城和芝加哥开了分店。

有一次吉尔伯特因为销售到西海岸出差，他发现在走访的许多商店里，他主要是和玩具买家打交道。他后来写道，那次出差给他留下了这样的印象："好玩具并不多，而且大多数都是德国制造的。"在去纽约的商店时，他从火车的窗户往外看到，由于铁路从蒸汽式变成了电力式，所以有立着的大梁用来连接电线。吉尔伯特觉得立大梁的工作很有趣，并且认为大多数

关于建筑套装玩具"安装工"套装的一则广告

资料来源:《家长杂志》第 8 期（1933 年 12 月）

男孩也是同样的感受，所以他把这一切应用到他越来越感兴趣的玩具行业。他回忆道：1911 年的秋天，我"突然"就想到了"安装工"套装的想法。

　　玩具套装"安装工"的来历如此奇妙，与 10 年前由发明家弗兰克·霍恩比（Frank Hornby）推出的英国建筑玩具非常相似。霍恩比说，当他从伦敦乘火车旅行时，看到窗外有一台起重机在一个货场起重。他想他也可以用金属条做一个起重机模型。霍恩比回忆道：他进一步意识到，如果不辞辛苦地为起重机制作许多零件的话，那么最好将零件标准化，这样就可以用这些零件来制造其他机器。他为自己的建筑工具套装申请了专利，名称为"简易机械"（Mechanics Made Easy），后来更名为"麦卡诺"（Meccano）。"麦卡诺"在美国也有出售，多年来一直是"安装工"玩具套装最强劲的竞争对手。

一旦有了灵感，吉尔伯特就从纸板上裁剪零件的图案，然后让工厂里的工人根据图案用钢铁做出一套零件，再用螺母和螺栓把零件固定在一起。吉尔伯特发现，当用螺栓连接长条时，为了增加长条的刚性，必须在每个长条的边缘设计一个凹槽。他认为这是"安装工"之所以成功的最重要的一个因素。他还在"安装工"中增加了棒、滑轮，最后还增加了电动机，以辅助玩具的实际转动和运行。吉尔伯特对这款玩具的潜力充满信心，但令他惊讶的是，同事们对这款玩具没有什么兴趣。他最终意识到，他们只对魔术感兴趣，所以在父亲的帮助下，他买下了他们的全部股份。

在 1911 年年底前，吉尔伯特在纽黑文收购了一家马车厂，在那里他开始组装机械设备，生产"安装工"套装。和霍恩比一样，他也面临批量生产一系列相同零件的问题，所以需要专门的机器，其中许多机器都是在工厂设计或改进的。其中一个工厂有 6 米高，半个街区大，用于给数百万套"安装工"的零件镀锌。当公司开始专注于为"安装工"和其他产品生产小型电动机时，公司创造了自己专用的电动机，并且采用了一种新的方法：将漆包绝缘线替代了用于缠绕电枢的长达数千米的电线。这一项发明是吉尔伯特的工人约翰·兰茨（John Lanz）发明的，他对公司开发的专门机器和工艺感到非常自豪（而且总是分享功劳）。兰茨曾写道：这种专业机器是这一行吸引我的地方。

魔术生意不断发展时，吉尔伯特却将精力主要放在推出"安装工"上。在 1913 年的纽约玩具博览会上，他首次展示了这款玩具。正如他描述的那样："除了不同尺寸的梁，不同的角度和板材，它还有轮子、轴、齿轮。最重要的是，它有一个电动机。""安装工"在纽约取得的成功在芝加哥玩具博览会上再次上演，所以公司不得不扩大生产，以满足许多新订单的需求。吉尔伯特花了大量时间设计可以制作"安装工"的模型，他对这些模型进行测试，确保模型确实奏效，然后将模型添加到每一套的说明书中。他认为男孩们有了这套设备，会进行自己的设计创造，但可能在刚开始时需要说明书的帮助。

　　和霍恩比一样，吉尔伯特决定为"安装工"扩大广告宣传范围，因此在全国发行的杂志上刊登了大量广告。1913 年这些广告开始出现时，大多数广告的标题是"嗨，男孩们！一起拼装玩具吧。"（Hello, Boys! Make Lots of Toys.）他还创办了一份名为《安装工技巧》（*Erector Tips*）的小型报纸，这份报纸是推广竞赛的重要工具，对于顾客制作的最佳新模型，它会给予现金奖励。到 1933 年，奖品也变得更丰富：二等奖是一辆新的雪佛兰（Chevrolet），一等奖是参观巴拿马运河（Panama Canal）、博尔德大坝（Boulder Dam）、帝国大厦（Empire State Building）或美国任何其他工程项目。吉尔伯特还开播了一档周日晚间的广播节目《工程刺激》（*Engineering Thrills*），该节目的特色在于讲述真正的工程师在挖掘巴拿马运河、建造桥梁和摩天大楼时，所经历的惊险万分的冒险故事。

　　古尔伯特强调玩具的服务对象是男孩，是有意为之，并且并不为此怀有歉意。他一直坚持认为，有了"安装工"，男孩们才是在做真正的工程，这是一项专业的活动，且这类活动现在绝大多数是由男性主导。此外，"安装工"不仅给使用者带来了技术知识，还发展了其性格和技能。在 1920 年出版的商品目录导言中，他写道：

　　　　我认为每个男孩都应该接受领导力训练。双目有神，充满活力的男孩，他们学习、做事，并且敢于做大多数男孩无法做到的事，只有这样，他们才能找到通向真正伟大的道路。……我的玩具是给精力旺盛的男孩子们准备的，这样的男孩喜欢做有趣的事，同时也想做一些真正的大工程。

　　在 1933 年的一则广告中，一个男孩在玩他的"安装工"玩具，里面穿插有广告信息，开头是大家熟悉的"嗨，男孩们！"，接着是一张吉尔伯特的脸部图片，然后是一行文字：当你用"安装工"进行建造时，你就像一位真正的工程师那样在建造。吉尔伯特总说，许多科学家和工程师都是从摆弄"安装工"或他的化学玩具套装开始对这方面感兴趣的。

多年来，吉尔伯特一直在给他的产品线增加新玩具，比如 1920 年推出的一款机关枪玩具。他热情洋溢地说道："如果真有一款能让精力旺盛的男孩用上，并且真正充满活力的玩具，那这款机关枪就是。也就是说，你可以用这把机关枪进行任何更真实的运动，没有什么比这个更真实的了。这可是真正好玩的玩具。"另一个战时衍生品是护士套装玩具，这是吉尔伯特为女孩们制作的少数玩具之一。在介绍玩具拖拉机时，他说："每个头脑清醒的男孩都知道拖拉机创造了多少奇迹，都知道它对西部广阔的农业区域提供了多大的帮助。男孩们，你们会想知道这些最新的机器是如何工作的。"1938 年，吉尔伯特买下了美国飞行公司（American Flyer Corporation）的全部股份，在进行了多次改进之后，他重新推出了电动火车系统，该系统成了公司的主要产品。最终，他开发的"美国飞行火车"（American Flyer trains）和"HO 比例模型"（scale-model HO）玩具与其他玩具一起在纽约麦迪逊广场（Madison Square）的吉尔伯特科学大厅（Gilbert Hall of Science）展出。1950 年，他首次推出电视节目《男孩铁路俱乐部》（*Boys' Railroad Club*）。

1915 年，吉尔伯特开始研究他构思的一整套教育类玩具，其中必不可少的是化学玩具。5 年后，该公司推出了一系列新的玩具套装，覆盖了科学和工程活动的不同领域。1920 年在吉尔伯特男孩工程的商品目录上，在封面上列出了这些套装的名称："土木工程""气象局""液气压工程""光实验""无线电工程""电气工程""建筑工程""化学工程""信号工程"和"木工"。

该公司最后推出的这类套装中，其中一个是 1950 年推出的"原子能实验室"（Atomic Energy Laboratory）玩具。吉尔伯特表示政府曾给予支持，并在该套装开发过程中与麻省理工学院（MIT）密切合作。他曾写道："这是我们生产过的最具科学性的玩具。但这套仪器售价高昂，每套达到50美元，除了一些放射性物质外，里面还装有盖格－密勒计数器、云室、闪烁镜（一种观察单个核衰变的设备）和测量不同材料放射性的验电器"。这款玩具被嘲笑为"世界上最危险的玩具"。事实证明它在市场上并不成功，

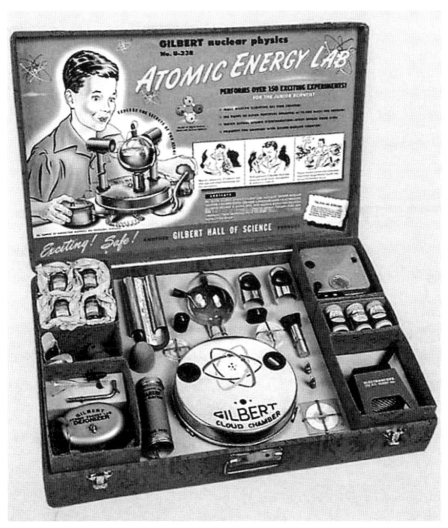

关于吉尔伯特"原子能实验室"玩具的一则广告

资料来源：维基共享

部分原因在于它售价高，也因为对男孩们来说太复杂了。

由于 90% 的玩具都在圣诞节销售，所以吉尔伯特公司很难让工厂和员工全年都忙个不停。但由于公司为玩具生产了大量的小型电动机，所以针对上述问题，其中一个解决方案就是将业务扩展到同样需要用电动机驱动的小型家用电器市场。1918 年，吉尔伯特为一款电风扇申请了专利，他表示这款电风扇的新颖之处在于叶片周围的保护装置。1933 年，他获得了电钻的专利。他说："电钻是一种相对轻便的便携式电动工具，可以在操作者手中使用，使用效率很高，结构相对简单，所以制造成本也很低。"1928 年，他获得了"手持振动器"的专利，他曾表示"理发师在进行面部按摩时，经常使用手持振动器，医生和其他人也可用振动器治疗各种疾病，或者用于其他目的。这是我们最重要的新产品，因为它是一系列重要的电动电器的开端，这些电器轻巧、美观，可以供女性在家中使用。它将成为家电领域稳定的畅销产品之一。"

在活跃于商业的那些年，吉尔伯特是玩具行业的领导者。1916 年，他成为美国玩具制造商协会（Toy Manufacturers of the U.S.A.）的 46 名创始人之一，该协会就是后来的玩具行业协会（Toy Industry Association），吉尔伯特是该协会的第一任会长。第一次世界大战期间，即使当时是在战争期间，国家对很多重要物资都进行了限制，他带领由行业领袖组成的代表团前往华盛顿特区游说，希望可以继续生产玩具。因此他得了一个外号"拯救了圣诞节的人"，同时这也是 2002 年的电视影片的片名，影片由杰森·亚历山大（Jason Alexander）主演吉尔伯特。到 20 世纪 30 年代中期，该公司已售出 3000 多万套"安装工"，是纽黑文最大的雇主，有5000 多名工人。吉尔伯特是 1985 年玩具行业名人堂（Toy Industry Hall of Fame）的首批七位入选者之一。他于 1954 年从公司总裁的职位上退下来，7 年后于 1961 年去世。1954 年后，他的儿子小 A. C. 吉尔伯特一直经营这家公司，直到 1962 年公司被出售，公司于 1966 年停止生产，于 1967

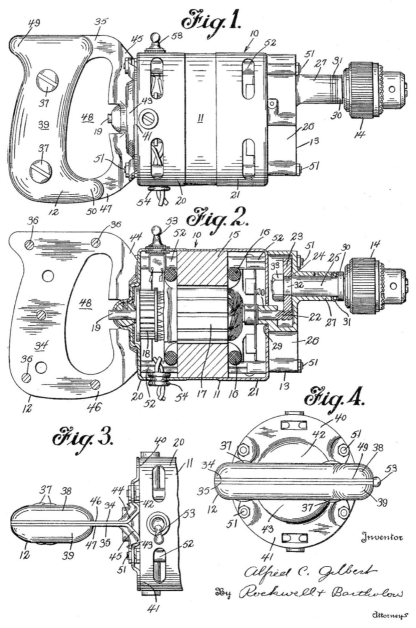

A.C. 吉尔伯特获得了"电钻或类似工具"的专利

年宣布破产。讽刺的是，麦卡诺公司（Mecanno Company）购买了"安装工"套装的版权，并继续生产该套装。吉尔伯特公司的命运和其他成功的公司一样。公司都是由一个强大的、富有超凡魅力的人物创建和主导。正如历史学家加里·克罗斯（Gary Cross）所写："吉尔伯特公司的核心是他自己高调的个性"。吉尔伯特去世了，他的公司也跟着没了。

吉尔伯特在广告中的宣传语："嗨，男孩们！"是发自内心的，这是一种性别偏见，源于他对男性气概的执着追求，就像他曾经所写："我的内心一直是个男孩"。在整个玩具行业，同样的性别偏见也很盛行。当时和现在一样，针对男孩的玩具比针对女孩的玩具种类更多、更生动、也更复杂。男孩们被鼓励去调查、去实验、去创新——这些玩具的设计，旨在使每个男孩发挥最大的潜力。但女孩们却没有受到类似的鼓励，她们得到的是洋娃娃、小型家用工具和家用电器，这些只会使女孩子们为将来做好类似于母亲们所做的一成不变的家务活打下基础，而无益于她们在充满科学和技术变化的现代世界中取得成功。拉韦尔玩具公司（LaVelle Toy Company）的产品就是最好的例子，该公司是吉尔伯特在 20 世纪 20 年代成立的分公司，但完全独立于吉尔伯特公司，在吉尔伯特的自传《住在天堂的人》（*The Man Who Lives in Paradise*）中就完全没有提及该公司。在短暂的存续期间，拉韦尔玩具公司谨慎地将其产品限制在当时对性别的期待范围内，如小洗衣女工套装、女帽套装和护士套装，并且最终只是简单地将产品宣传为"小女孩们的快乐"。

丽贝卡·安妮恩（Rebecca Onion）研究了 20 世纪美国科学与童年之间存在的紧密文化纽带，她指出，虽然孩子们被认为是小科学家——他们充满好奇、有实验精神，渴望了解自然界的规则和组成——但这种观点很大程度上只限于针对男孩。这与科学和工程崇尚男性的价值观以及崇尚男性从业者的文化认同是一致的。同时，这种价值观和文化认同还塑造了玩具世界，如同它塑造了男孩的世界一样。

　　吉尔伯特并没有发明"男孩工程师"这个说法，但他却巧妙地利用了这个表达，为公司带来好处。然而，特别是在第二次世界大战以后，政府、技术学校、专业组织和其他机构都在努力吸引更多的女孩进入科学领域，尤其是工程领域。但是，在过去的半个世纪里，女性在这方面的参与度几乎没有什么改变，而男性处于垄断地位的壁垒却依然牢固。就像吉尔伯特和同行业的人有意让男孩为技术职业生涯做好准备一样，最近也有一些玩具制造商试图吸引女孩学习科学、技术、工程和数学等科目。但这样的尝试必须克服长期存在的传统文化阻力，才有可能成功。

第十九章

彼得·劳里茨·詹森和声音的放大

在不到 200 年的时间里，一系列技术革新，包括高速印刷机和排版机、电报、电话、留声机、收音机、电视、数字计算机和地球轨道卫星，使人类的通讯方式发生了巨大改变。在这一发展进程中，至关重要的是有关电的知识的发展，在 19 世纪的最后 25 年，电的知识开始大量应用于实际。随着科学家和工程师探索交流电和电磁波的特性，了解到原子基本结构中有电子的存在，技术变革的步伐在 20 世纪早期就开始加快了，而令人兴奋的无线电新技术是其中的重点。在众多的发明中，扬声器是一个全新的、不为人知的通信设备发明。

在现代社会，随处都可听到由电子放大的声音，有时音量过大，达到了对环境有害的程度，但很难想象一个没有电子放大声音的世界会是什么样的。但是，直到 1915 年，丹麦移民彼得·劳里茨·詹森（Peter Laurits Jensen）和他的美国同事埃德温·S. 普里德姆（Edwin S. Pridham）才在加州纳帕（Napa）郊区的一间小平房里发明了现代扬声器。正如许多其他发明一样，扬声器的诞生也是偶然的。詹森和普里德姆一直在研究一款已经改进的电话听筒，但始终无法将其成本和尺寸降低到可以进行商业开发的程度，在詹森妻子一位亲戚的建议下，他们将自己的发明变成了扬声器，扬声器在历史上第一次以电子的方式放大声音，并且远远超过了之前的音量限制。

因此，扬声器的发明是"意外发现"的经典例子，即无意或间接地发现新事物。但是不仅如此，20世纪初，随着科学和工程方面知识的不断积累，无线电技术也发展迅速，所以，扬声器的出现还说明了技术在发展过程中存在复杂的反馈改进过程。扬声器技术代表着历史学家休·G. J. 艾特肯（Hugh G. J. Aitken）所谓的共振与火花的转变，即从早期的无线电传输和接收技术到连续波技术的转变，后者在19—20世纪之交后开启了全新的可能性，奠定了我们今天所知道的无线电的基础。

詹森之所以能在扬声器的发展中发挥作用，是因为他年轻时在丹麦受雇于连续波技术的先驱者之一——瓦尔德马尔·波尔森（Valdemar Poulsen）。某些企业家获得了在美国使用波尔森专利的权利，为了帮助这些企业家安装连续波设备，詹森来到美国，开启了他非凡的职业生涯，其职业生涯展示了在知识和活动超越国界的科学、技术和商业社区中，技术从世界的一个地方"转移"到另一个地方的过程。随着时间的推移，詹森这位年轻的移民将会为现代音频技术奠定基础，同时成功地在经济和国际上获得认可。马格纳沃克斯（Magnavox）收音机和留声机以及詹森扬声器（Jensen speakers）等产品所收获的口碑，证明了詹森的工作有效且重要。

然而，詹森的职业生涯不只是致力于技术创新。他敏感而又善于思考，由于所处的生活环境，作为一名异乡人他不得不在这块与他出生的国家有很大差异的土地上寻找一种新的个人认同感，并开始热爱这片土地。在一位工程师同事的影响下，他深入了解了美国的历史和传统，这位工程师后来成为他最好的朋友。詹森努力把自己塑造成一个新的形象，结果却在深刻反省时，认识到自己将一直属于两个国家，并将永远被打上两个国家的烙印。他和普通的工程师不同，普通的工程师对自身的情感或文化成长环境缺乏兴趣。但詹森显然既注重物质，也注重精神追求。

从詹森的出身和背景来看，没人会想到他会成为发明家，会对电子技术的发展做出重大贡献。1886年5月16日，他出生在丹麦东部群岛法尔斯特岛（island of Falster）的斯塔贝考宾（Stubbekobing）附近。他似乎注定要继承父亲洛德·奥勒·詹森（Lods Ole Jensen）的事业，父亲是一名领航员，曾在法尔斯特岛和邻近的罗兰岛（island of Lolland）之间的水域中指挥船只航行。正如彼得后来在自传中所述，他很早就开始熟悉波罗的海（Baltic Sea）：它有时看上去平静无害，但却常常让人葬身在它的狂风巨浪中。7岁时，他开始帮助父亲驾驶一艘小型领航船，在湍急的格伦森海峡（Groensund Strait）上航行，一艘更大的帆船紧随其后，船头会溅起阵阵浪花，有时还会差点撞上在这条危险航道上航行的小护航船。其他时候，詹森会钓鲱鱼，或者帮助母亲汉辛·彼得森·詹森（Hansine Petersen

Jensen）挖土豆、给甜菜除草，或者在家周围的一小块农田里照料牲畜。父母对他的教育是严厉的，因为虽然他确信母亲是爱他的，但他后来却想不起来母亲在什么场合对他表达过父母会对儿女表达的那种亲密。

詹森之所以能够摆脱这种危险而单调的生活，是因为他在附近的摩斯比（Moseby）村上小学时就表现得较为早熟，他的成绩在班里名列前茅。在他13岁时，一位高级教师突然来拜访他的父母。詹森后来写道："从来没有哪个孩子从这位老师所在

彼得·劳里茨·詹森

的学校毕业后去上中学，并最终从州立大学毕业。老师后来建议我继续求学。"经过一番争论，父母同意了他的想法。于是，詹森离开家前往诺雷阿尔斯列夫（Norre Alslev）的一所寄宿学校上中学。3年后，詹森通过了哥本哈根大学（University of Copenhagen）的入学考试。但是，他没有被大学录取，因为波罗的海有史以来最严重的一场风暴夺去了他父亲的生命，使他不得不回家照顾母亲。詹森找了一份工作，工作内容是把柴捆从林地运到锯木厂，但他掌握的德语和英语知识引起了管理者的注意，后来对方建议他应该更好地利用所受的教育，同时力劝詹森的母亲送他去哥本哈根寻找发展机会。詹森的母亲听从了劝告并给了他一封信，让他交给住在哥本哈根的一位名人——莱姆维格·福格（Lemvig Fog），福格一家曾在某个暑假寄宿在詹森家。

福格是一位工程师，也是一名企业家，在巴西发财后回到丹麦。因为福格曾向波尔森提供资金支持，他建议詹森从事技术方面的职业，并帮助他在波尔森的实验室里找到一份机械学徒的工作。在这里，詹森接受了与美国同行相当的培训，即历史学家蒙特·卡尔弗特（Monte Calvert）称之为美国工程教育的"店铺文化"方法。尽管越来越多的人倾向于在技术学院或大学工程系学习，但在当时，这仍然是一条通往职业生涯的可行之路。当詹森知道福格和波尔森都是工程师，但都没有大学毕业时，他决定追随他们的脚步。

当詹森进入波尔森的实验室时，波尔森已经是一位具有国际影响力的发明家了。在1900年的巴黎世界博览会上（Paris Universal Exhibition of 1900），波尔森因一种被称为录音电话机的设备而获得大奖，它是磁带录音机的前身。在詹森开始为波尔森工作后不久，波尔森的知名度有了进一步提高，因为他通过使电弧在含有碳氢化合物蒸气的空气中（而不是在纯空气中）燃烧，成功地放大了电弧发射机产生的电磁波。波尔森电弧是连续波技术发展的重大进步，但它是一个过于繁琐的设备，它可以进行锐调谐，但需要频繁的校准才能有效地运行。詹森可以熟练地维持该设备的有效运行，所以被波尔森委以重任。

1905 年，波尔森在哥本哈根附近的灵比（Lyngby）建立了一个无线电站，由于詹森自学了摩尔斯电码（Morse code），并且擅长发送和接收无线电信息，所以他也参与了该无线电站的建设。他们试图利用波尔森电弧的发射能力，但却因其有限的射程范围和布冉利金属屑检波器（Branly coherer）的缺陷而受到限制。布冉利金属屑检波器是一个玻璃管，管中两个电极之间的金属屑会被由火花式发电机产生的阻尼波激发，这样就形成了无线电早期的标准信号探测器。在皇家技术学院（Royal Technical College）P. O. 佩德森教授（P. O. Pedersen）的帮助下，波尔森开发了一种名为旋转断续器的新设备。旋转断续器使用了一个振动簧片以及两根金丝作为断续器，而电话电路可使无线电信号通过一对耳机接收，或者在高速版本中，将其记录在摄影磁带上，以便随后扫描。通过采用晶体探测器，使这种设备可以用来传输人们说的话，这是用火花技术无法实现的壮举。在参与这个项目时，詹森采纳了在发射机的接地电路中放置一个麦克风的想法，并将晶体探测器连接到接地的旋转断续器上，以作为接收器，这些尝试取得了成功。1909 年，詹森在丹麦海军做过一段时间的无线电操作员，在那之前，他使用该新系统，从灵比向少数听众（包括在海上的船舶上的无线电操作员）传送录制好的音乐。

虽然波尔森的系统比美国雷金纳德·费森登（Reginald Fessenden）开发的交替连续波系统更便宜，也更容易从一个频率切换到另一个频率，但直到波尔森系统吸引了一群以西里尔·F. 埃尔韦尔（Cyril F. Elwell）为代表的美国投资者的注意，波尔森系统才开始投入试验性使用。埃尔韦尔是澳大利亚人，移民到加州，并在斯坦福大学（Stanford University）获得了电气工程学位。埃尔韦尔对无线电产生兴趣，是因为他测试了由弗朗西斯·J. 麦卡锡（Francis J. McCarthy）开发的一套无线电话系统，但没有成功。麦卡锡是一位年轻的发明家，他的工作引起了旧金山商人们的注意。埃尔韦尔认为波尔森系统是费森登与通用电气（General Electric）合作开发的系统的潜在对手，所以，他于1908年前往哥本哈根，尽管波尔森及其同事针对在美国开发丹麦技术而提出的苛刻条款多少让他有所担忧，但在丹麦进行的技术考察还是给他留下了深刻印象。1909年埃尔韦尔回到美国，在加州帕洛阿尔托（Palo Alto）一群投资者的支持下，他说服波尔森财团修改其要求，并加入一家之后名为波尔森无线电话和电报公司（Poulsen Wireless Telephone and Telegraph Company，PWTTC）的加州企业。

波尔森想要詹森去美国监督安装他们的设备，詹森接受了这个安排，并认为这是个千载难逢的机会。1909年12月9日，他和之前住在芝加哥的机械师卡尔·阿尔伯图斯（Carl Albertus）一起离开丹麦，经过12天的航行，他们到了纽约市，然后乘火车横跨大陆来到旧金山。詹森对美国和丹麦之间的差异感到惊讶，在美国，他发现了一个最奇特的由好坏两个极端构成的混合体，而在丹麦，一切都干净、有序，没有极端。他后来回忆："加州那种亚热带的灿烂阳光给我留下了最深刻的印象。我以前从未见过棕榈树和热带果树，当我们的火车驶下萨克拉门托山谷（Sacramento Valley）时，天气格外晴朗。日落时分，从奥克兰穿越海湾进入旧金山，会让人觉得仿佛来到世界的尽头，然后发现这尽头是最辉煌的。"设备很快从丹麦运送过来，在圣华金山谷（San Joaquin Valley）建立了两个无线电站，一个在萨克拉门托，另一个在80千米外的斯托克顿（Stockton）。

在萨克拉门托无线电站的建设过程中，詹森遇到了普里德姆。普里德姆是土生土长的伊利诺伊州（Illinois）人，1908年毕业于斯坦福大学，获得电气工程学位，他是通过清理1906年旧金山地震后的残砖碎瓦完成的学业，对无线电非常着迷，毕业后不久就在波尔森无线电话和电报公司找到了一份工作。普里德姆符合詹森心中真正的美国人形象。他帮助詹森提高英语水平，还成功地教授他美国的知识和传统，以至于研究美国历史成了詹森的爱好。詹森后来写道："在接下来的 15 年里，他从未停止过努力把我从一个外国人变成一个真正的美国人。"

詹森和普里德姆成了形影不离的朋友后，很快又搬到了旧金山，在那里的海滩上建起了第三个无线电站，电站有两根高高的桅杆，成了当地居民的地标。詹森后来惊讶地发现，他和普里德姆竟对无线电广播的商业潜力浑然不知，尽管已经有业余的无线电操作员用晶体检波收音机收听从新无线电站到萨克拉门托和斯托克顿的广播。同波尔森无线电话和电报公司的赞助人一样，他们对无线电（radio）的市场潜力也知之甚少，主要将其视为电报的潜在竞争对手以及船与船和船与岸的一种通信手段。美国无线电行业由美国马可尼无线电报公司（Marconi Wireless Telegraph Company of America）主导，其特点是几乎完全使用火花技术以摩尔斯电码传送信息。尽管费森登、约翰·S. 斯通（John S. Stone）和李·德·弗雷斯特（Lee de Forest）等发明家利用连续波技术开发了重要的新设备用于传输、调谐和接收信号，但他们缺乏与马可尼的产品有效竞争的策略，同时公众也低估了他们的工作价值。特别是德·弗雷斯特开发的版本，是关于如何将"无线"（wireless）用于新闻、广告和音乐的传播，他还发明了一种被称为三极管的三元素管，三极管与费森登开发的强大的交流发电机一起，早晚会将火花技术淘汰，尽管目前只有业余无线电操作者的活动能够预示广播的未来，且无线电的使用仅限于为数不多的商业机构和政府机构，其实主要是美国海军。

随着波尔森的美国联合公司在洛杉矶和其他地方建设了新的无线电站，波尔森无线电话和电报公司也进行了重组，变成了两家新公司：波尔森无线公司（Poulsen Wireless Corporation）及其运营子公司联邦电报公司（Federal Telegraph Company，FTC）。考虑到工作已经完成，詹森决定回到丹麦。但就在他要离开时，约翰·C. 科伯恩（John C. Coburn）找到了他。科伯恩擅长推销，一直在积极地售卖波尔森无线电话和电报公司的股票。科伯恩已把他在该公司的投资脱手，获得了可观的利润，现在他是旧金山一群商人的代表，这些商人没能买到联邦电报公司的股票，所以参与了一个宏大的计划：购买在美国以外的其他地方使用波尔森专利的权利，希望之后获得除美国以外的专利使用权。科伯恩认为，詹森的影响力将有助于向波尔森推销这个计划，所以他承诺让詹森担任之后成立公司的总工程师，并承诺给詹森大量股票。

尽管对这个计划成功的概率心存疑虑，但詹森还是同意代表该计划的推动者们前往哥本哈根，但是要求必须让普里德姆参加。从联邦电报公司辞职后，他们途经英格兰回哥本哈根，希望获得在爱尔兰和加拿大建设无线电站的许可，结果发现波尔森已经将他自己在英国的专利权授予了一个英国财团。他们到达哥本哈根后，波尔森客气地接待了他们，并称呼詹森为"先生"，以感谢詹森在美国的工作使自己的地位也有所提高。但是波尔森拒绝参与旧金山财团提出的计划。

这次，也许是受普里德姆的影响，詹森决定返回美国，成为美国公民。在拜访了詹森的母亲之后，他们经由伦敦返回，从那里乘卢西塔尼亚号（Lusitania）客轮前往纽约。当船通过纽约湾海峡（Narrows）时，詹森凝视着自由女神像，一种新的、强烈的情感向他袭来。詹森后来公开表示："我知道我将永远属于这个国家"。

回到加州后，詹森和普里德姆经科伯恩介绍认识了理查德·奥康纳（Richard O'connor）。奥康纳是旧金山的一家肥皂和蜡烛制造商，在地方和州政界有着强大的关系。詹森的印象中他是最理想的那种政治家类型，奥康纳是海勒姆·约翰逊（Hiram Johnson）的坚定支持者。1910年，海勒姆·约翰逊以深化改革的名义当选加州州长。奥康纳和他的商业伙伴曾参与购买波尔森专利在各地使用权的计划，虽然计划失败了，而最近前往哥本哈根的任务也失败了，但他们仍然渴望投资无线电。在他们的支持下，一家名为商业无线与开发公司（Commercial Wireless and Development Company，CWDC）的企业得以成立，奥康纳担任总裁和财务主管。作为公司的工程师，詹森和普里德姆负责无线电方面的研究和实验，并为他们之后发明的东西申请专利。1911 年 2 月 22 日，詹森和普里德姆搬到了位于旧金山西北约 44 千米处的纳帕，选择这个社区是因为它相对偏僻。詹森和普里德姆获得了一间小平房和一块相当大的土地，在组装了一些设备后，便开始工作。很快，詹森便认识了一位来自加州的女孩薇薇安·史蒂夫，并和她结婚。到 1914 年，他们有了女儿珍（Jean）和儿子卡尔（Karl），然后又分别于 1917 年和 1925 年迎来两个孩子，帕特丽夏（Patricia）和玛丽安（Marian）。

詹森和普里德姆在纳帕实验室所从事的项目，集中体现了随着连续波技术的迅猛发展，在关键行业之间发生的技术转移过程，这些行业包括电报、电话和无线电。阿尔伯图斯签约成为机械师后加入了他们二人，詹森和普里德姆对波尔森设计的用于记录从旋转断续器中发出的高速传输的摩尔斯信号的摄影设备产生了兴趣。1908 年，波尔森曾试图将该设备的专利使用权卖给埃尔韦尔和他美国的赞助者们，但是他们对此不感兴趣。旋转断续器里的细导线在磁极之间来回移动，对信号的反应如此之快，令詹森和普里德姆感到震惊，他们认为旋转断续器对声波的反应可能也一样快，这为电话听筒的设计奠定了基础。他们用更重一些的金属丝代替了细的那根金属丝，然后用一根火柴棍把金属丝连接到一个膜片上，并把它集成到一个带有扬声器话筒的电话电路中。在测试该新设备时，他们很欣慰地听到电话听筒清晰而有力地再现了人的话语。

詹森和普里德姆仔细查阅了他们所掌握的科学技术文献后，得出了错误的结论，认为自己无意中发现了一种新的声音再现方法，所以申请了一项他们称之为"电动力学原理"的专利，然后通过在更强的电磁铁之间悬挂一圈铜线来改进自己的新发明，并用各种膜片和音箱做实验。由于认为自己发明的电话性能优于当时使用的任何电话，所以当专利申请被否决时，他们感到很挫败。事实上，德国、英国和美国的许多科学家和发明家早已发现他们自认为是原创的原理。由于该原理还没有投入商业使用，所以他们之后确实成功获得了一项专利，但只能用于保护他们自己的特定设备。尽管如此，与现有的电话听筒相比，他们的听筒仍然过于笨重和昂贵。虽然他们曾前往纽约与美国电话电报公司（American Telephone and Telegraph Company，AT&T）西部电气实验室（Western Electric Laboratories）的官员进行了交谈，但对方还是没有兴趣购买听筒的专利使用权。

詹森和普里德姆大失所望，在回加州的路上，他们决定结束合作关系。在对他们的工作投资了大约 3 万美元后，公司的大多数赞助者也准备退出，但奥康纳毫不动摇地支持他们，所以公司在岌岌可危的状态下存活了下来。在这个关键时刻，薇薇安·詹森的叔叔雷·加尔布雷思（Ray Galbreath）参观了纳帕实验室，给他们建议了一种新方法。加尔布雷思提到了在旧金山棒球比赛中使用扩音器进行广播的一位当地名人，他提出或许可以将听筒用作一种新的广播方式。加尔布雷思表示："如果你可以让听筒发出的声音更大一些，然后再把听筒做成喇叭那样的形状，就像佛霍恩·墨菲（Foghorn Murphy）的那样，然后在球场四周放上足够多的这种设备，我们也许可以更清晰地听到广播内容，或许也不再需要佛霍恩·墨菲了。"这与詹森和普里德姆所设想的利润丰厚的电话市场相去甚远，但加尔布雷思提出的这种设备也有可能用于火车站以播报火车出发和到达信息。由于不知道还能做什么，他们决定继续合作。

詹森和普里德姆从一台老式爱迪生牌留声机中拆下一个鹅颈喇叭，设计了一个配件将它与信号接收机连接起来。他们把 1910 年去欧洲旅行时获得的 6 个功能强大的麦克风合在一起，临时拼凑了一个改进的信号发射机，并且在原来的电路上加了一个变压器和 12 伏的蓄电池。他们不知道，他们已经创造了一个潜在输出功率接近 25 瓦的音响系统，比当时的任何音响系统的功率都要大几千倍。詹森后来回忆：连接这些部件会产生震耳欲聋的可怕的嘈杂声，但他们把这种声音称为反馈噪声现象（啸叫），这种现象是可以改进的，只要发射机和接收机相距足够远。他们在平房顶上接上电线，把喇叭和听筒固定到烟囱上，指向西北方向开阔的乡村。当普里德姆通过屋内的麦克风说话时，那声音对于詹森来说"不像是来自地球的声音，如果我闭上眼睛，很容易就能想象有一个超自然的巨人正在烟囱那里大喊大叫。"

詹森在开阔的田野上狂奔，阿尔伯图斯奋力追赶，但没能跟上。詹森发现，只要专心听，就能听清 1.6 千米外的普里德姆在说什么。当詹森返回发射机的位置，普里德姆就骑着自行车来到刚才詹森所在的位置，他也听到了詹森在屋内说的话，于是他们激动地给旧金山的奥康纳打电话。奥康纳不敢轻信这个消息，坚持要他们再重复做几次实验。他们反复验证了这个消息的真实性，奥康纳这才满意了。于是第二天，奥康纳在一名律师的陪同下，带着一群股东来到了纳帕。随后的成功演示让人确信资金不再是问题。在为他们的发明选择名字时，詹森和普里德姆考虑了"Stentor"和"Telemegaphone"等备选词，但最终选定了"Magnavox"（马格纳沃克斯），在拉丁语中该词意思是"伟大的声音"。后来，他们的发明被普遍称为扬声器。实际上詹森曾考虑过用这个名字，但最终否决了，因为他认为这个名字不够吸引人。

此时，詹森和普里德姆已经经历了技术史学家后来称之为"发明"的阶段，在这个阶段，新的原理或设备以初步的形式出现。现在，他们进入了一个后来被学者们称为"发展"的阶段，这个阶段会对新技术进行改进，使其为最终的"创新"阶段即商业应用做好准备。1915 年，詹森和普里德姆不断改进扬声器，虽然只是外观上的一些改变，但却赋予了它独特的形状，形成了扬声器之后的特点。其他人进行的改变则更有实质性，比如为了加强传输，用新的美国制造的麦克风按钮取代以前由欧洲制造的产品。在这个过程中，他们创造了电子留声机的原型，将扬声器放置在一个机柜中，在顶部安装一个转盘和麦克风，并设计了一个音量控制装置，可以通过操纵一个旋钮来调节音量。他们很快就获得了一项专利，唯一可以与之相提并论的设备是防盗报警器，它是一个盒子，里面有一个听筒，通过发出哨声来充当防盗报警器。

在工作过程中，詹森和普里德姆偶尔会在房顶上为纳帕镇的人们广播录制好的音乐。一天晚上，一位当地居民惊讶地听到从 1.2 千米外传来的某种不同寻常的声音，结果发现是著名的女低音和女中音欧内斯廷·舒曼 – 海克（Ernestine Schumann-Heink）演唱的圣诞音乐。最终，扬声器的声音在方圆 11 千米内都能听到。

由于担心过早曝光他们的系统会引起他人进行复制，所以詹森和普里德姆没有在 1915 年旧金山巴拿马太平洋世界博览会（Panama Pacific World's Exposition）上展出该系统。但是，正式的公开展示显然不可能无限期推迟，所以 1915 年 12 月 10 日，在金门公园（Golden Gate Park）体育场一群受邀嘉宾面前，他们公开演示了该系统。当天的条件并不理想，测试进行时，风以每小时 32 千米的速度吹着，天上下着毛毛雨，操场上还有一些学生在踢足球。尽管如此，记者埃德加·格里森独家新闻（Edgar "Scoop" Gleason）还是在第二天的《旧金山公报》（*San Francisco Bulletin*）上发表了一篇满是赞美之词的文章，里面描写了 1.6 千米外传来悠扬的小提琴独奏，歌剧女高音路易莎·泰特拉齐尼（Luisa Tetrazzini）的歌声在整个体育场回荡，还有钢琴独奏仿佛是由罗德斯巨像（Colossus of Rhodes）奏响的威斯敏斯特教堂（Westminster Abbey）的钟声。尽管扬声器放置在距离听众相当远的位置，听众仍然听不到身边足球比赛的声音，反而是夏威夷弦乐四重奏的音乐回响时，让人感觉仿佛是独眼巨人的竖琴在弹奏。

两周后的平安夜，该系统进行了更精心的演示，约有 10 万人聚集在旧金山新市政厅的广场前，聆听该系统播放的录制音乐，音乐的声音很大，仿佛是从巨人口中发出。这个环节是一年一度的节日庆祝活动的一部分，由《旧金山公报》主办。詹森和普里德姆仍然认为应尽可能对扬声器保密，所以演示时，他们是在阳台上操作，同时用一面美国国旗将扬声器遮挡起来。

1915 年 12 月 30 日，扬声器的第一次室内演示在旧金山的新市政礼堂进行。这座礼堂有 1.2 万个座位，是巴拿马太平洋博览会公司（Panama Pacific Exposition Company）最近赠予旧金山市的。约翰逊州长的一篇演讲

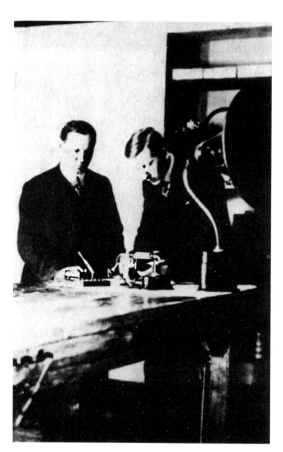

1915 年，埃德温·S. 普里德姆（左）和詹森在加州纳帕实验室

将从 3.2 千米外位于格林街的官邸传送到市政厅，为此还安排了特殊的线路。詹森守在礼堂，普里德姆则在官邸里守着信号发射设备，开幕演讲开始时，詹森出现了紧张的情绪，但这是可以理解的。詹森感到非常痛苦，因为设计这栋建筑的建筑师，并没有考虑会在里面使用扬声器，所以礼堂内的不同方位，演讲的声音有时听不见，有时又过于大声。演讲结束后，詹森试图驱散聚集在扬声器前的唱诗班时，引起了小小的混乱，而州长的声音就是从扬声器这里传出的。尽管存在这些问

题,而且唱诗班站在了扬声器前,但是约翰逊的演讲在礼堂内比在现场听得更清晰,因此他的演讲还是收获了热烈的掌声。第二天,报纸也进行了热烈的报道。

这些演示虽然很成功,但同时也暴露出仍然存在的困难,尤其是需要一种用电放大微弱信号的方法,比如放大来自约翰逊州长官邸的那种微弱信号,同时使用该方法来提高扬声器的音量。这一问题最终通过使用德·弗雷斯特的三极管得到了解决。1915 年,美国电话电报公司在巴黎、弗吉尼亚和檀香山之间的无线电传输中使用了三极管,取得了惊人的效果。三极管的使用权究竟是如何获得的尚不清楚,这可能是与德·弗雷斯特私下达成的协议。德·弗雷斯特将三极管的专利权卖给了美国电话电报公司,但保留了向业余爱好者出售三极管的权利,而德·弗雷斯特对业余爱好者的定义相当宽泛。

尽管跨越了这一技术障碍,他们仍然面临其他问题。旧金山的演示活动并没有立即带来市场机会,这让詹森和普里德姆怀疑,公众演说家把扬声器看作是对他们表演能力的威胁。由于詹森与普里德姆和他们的资金赞助者考虑到公共广播系统的潜在用户明显缺乏兴趣,所以他们决定改装扬声器以用于电子放大留声机,这可能会有更好的市场吸引力。但这需要额外的资金和对留声机行业熟悉,而这些都是詹森和普里德姆以及他们的赞助者所没有的。尽管没能让哥伦比亚和维克托两家留声机公司(Columbia and Victor Phonograph Companies)对他们的设备产生兴趣,但他们偶然遇见了乔治·库克·斯威特(George Cook Sweet),对方使他们认识了弗兰克·M.斯蒂尔斯(Frank M. Steers),斯蒂尔斯是旧金山索诺拉留声机公司(Sonora Phonograph Corporation)的总裁,而与斯蒂尔斯的相识至关重要。斯威特是海军军官,曾参观过他们的纳帕实验室,对其设备的声音放大效果印象深刻。1916 年年末,詹森和普里德姆卖掉了纳帕实验室,搬到了旧金山。1917 年 8 月 3 日,商业无线与开发公司与索诺拉公司合并,更名为马格纳沃克斯公司（Magnavox Company）。虽然奥康纳仍是新公司的董事，但斯蒂尔斯成了首席执行官，而詹森和普里德姆则共同担任总工程师。

此时，美国已加入第一次世界大战，所以前面提到的扬声器应用于留声机的策略不得不推迟，并导致马格纳沃克斯公司仅进行军事用途方面的生产。但这却为扬声器开辟了新的前景。在与美国海军合作的过程中，双方试图通过扬声器来使地面站和在空中飞行的飞机之间进行通讯，但没能成功。更成功的一个尝试是詹森和普里德姆将麦克风的外壳和送话口拆除，将其膜片暴露于空气中，开发了一种抗噪发射器，使人的声音在飞机引擎的轰鸣声中也能听到。在飞机飞行过程中，机组人员可以使用头盔里面内嵌于橡胶内的耳机进行通讯。该系统在接下来的战争期间广泛使用，比如1919年美国海军从纽芬兰（Newfoundland）到里斯本（Lisbon）的首次跨大西洋飞行中使用的柯蒂斯 NC-4 飞艇（Curtiss NC-4 flying boats），里面便使用了该系统。詹森和普里德姆还开发了一款用于海军舰艇的公共广播系统，尤其适合在充满噪音的机舱或在暴风雨期间使用。

1918 年恢复和平后，马格纳沃克斯公司一直忙于制造供船上人员使用的防水电话，几乎没有开发扬声器的内在潜力。然而，当伍德罗·威尔逊（Woodrow Wilson）总统在全国范围内推动美国批准《凡尔赛条约》（*Treaty of Versailles*）并加入国际联盟而来到加州时，情况突然发生了改变。由于威尔逊的健康状况每况愈下，所以他的医生禁止他在户外讲话，看来威尔逊是无法如期在圣地亚哥发表演讲了。但为了不让演讲取消，一群市民联系了马格纳沃克斯公司，希望它能在市政体育场安装一个扬声器系统，这样威尔逊就可以在一个用玻璃封闭的展台内演讲了。马格纳沃克斯公司同意了市民的要求，并做了适当的准备。1919 年 8 月 19 日，由于詹森在东部出差，无法参加这一活动，所以由普里德姆负责该活动，事后看来，普里德姆在这个过程中经历了短暂的痛苦。当威尔逊的车队在前往体育场的路上参加游行时，普里德姆播放录制好的音乐来娱乐 5 万名观众，但正当总统的汽车进入人们的视野时，扬声器系统失灵了，普里德姆吓坏了。当扬声器开始冒烟时，普里德姆绝望地从插座上取下最近的一根管子，换上一根新的。幸运的是，新换的管子起作用了。不知什么缘故，反正普里德姆就是直接找到了问题的根源在于短路。第二天，《芝加哥论坛报》（*Chicago Tribune*）等报纸对此次活动进行了报道：人们通过两个马格纳沃克斯公司的扬声器，清晰地听到威尔逊以正常的语调讲话，仿佛他是在一个小宴会厅里讲话那样轻松。

几乎在一夜之间，扬声器就迅速得到了全美国乃至全球的关注和认可。1920 年，民主党和共和党的全国代表大会使用了扬声器，两位总统候选人詹姆斯·M. 考克斯（James M. Cox）和沃伦·G. 哈丁（Warren G. Harding）在竞选活动中也广泛使用了扬声器。1921 年 3 月 4 日，哈丁在华盛顿特区的就职典礼上使用了扬声器。突然之间，扬声器的市场似乎变得无限大，这迫使马格纳沃克斯公司重新审视公司的未来。公司领导人担心，他们无法用手中的资金满足日益增长的需求，同时还面临着与美国电话电报公司竞争所带来的不可避免的后果，后者和通用电气公司在真空电子管技术方面占据着主导地位。由于马格纳沃克斯公司地处西海岸，该地理位置使其难以在关键的东部市场与其他公司竞争。因此，马格纳沃克斯公司将大部分公共广播系统的市场拱手让给了美国电话电报公司。马格纳沃克斯公司重新回到 1917 年制定的策略，从 1922 年开始，公司主要致力于蓬勃发展的无线电和留声机行业，生产一系列改进过的喇叭扬声器、听筒和真空电子管。

现在詹森出名了，经济状况也很稳定，所以在 1922 年，他前往欧洲，研究那里的扬声器技术的发展情况，并在英国开发马格纳沃克斯公司的产品新市场，然后又到丹麦，他的母亲仍生活在那里。那个夏天，他待在伦敦，在那里举办了该市有史以来的第一次扬声器演示，为乔治·卡朋特（George Carpenter）和泰德·"小子"·刘易斯（Ted "Kid" Lewis）

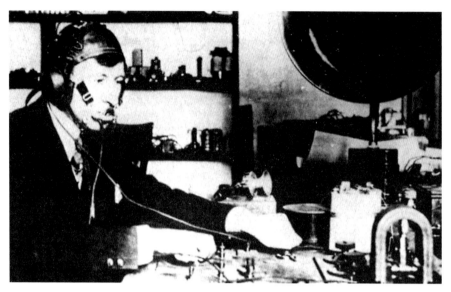

1917 年，詹森在他的实验室里。他戴的降噪麦克风（noise-neutralizing microphone）是他和普里德姆发明的，并获得专利

之间的一场职业拳击赛进行广播，这为他的赞助商《每日邮报》（*Daily Mail*）带来了独家新闻。他还第一次见到了无线电之父古列尔莫·马可尼（Guglielmo Marconi），并与他聊起了波尔森和早期的无线通讯。在丹麦，詹森向聚集在哥本哈根市政厅广场的人群演示了他的扬声器系统，他放大了与一名斯德哥尔摩记者通过长途电话对话的声音，使整个人群都能听到。这在当时引起了轰动。

最后，詹森回到了法尔斯特岛，在那里与母亲见面时，他用力拥抱并亲吻母亲的额头，母亲被这出人意料的亲吻吓了一跳。他后来解释："我在美国学会了如何表达我的情感。"母亲说道："我听说你现在很有名，希望你的名气能长久一些！"回家的那段时间，詹森有时会在岛上漫步，追忆过去的时光。从俯瞰波罗的海的悬崖上凝视着格伦森海峡，他被对祖国的强烈的爱所征服。这使他意识到，尽管他努力摆脱丹麦人的一切痕迹，努力成为接纳他的那个国家的一个更好的公民，但实际上他已经成为一个比之前更优秀的美国人和更优秀的丹麦人。

　　回到美国后，詹森最终因政策问题与马格纳沃克斯公司的其他高管分道扬镳。尽管普里德姆留在了公司，但詹森还是在1925年离开了。1927年，他创立了詹森无线电制造公司（Jensen Radio Manufacturing Company），公司总部最初设在加利福尼亚州的奥克兰，但很快又搬到了芝加哥。在那里，在工程师休·诺尔斯（Hugh Knowles）的帮助下，詹森努力消除声音再现过程中出现的失真情况，进而提高声音的保真度。在职业生涯的新阶段，詹森与妻子的婚姻却以离婚收场。1929年，他和马尔威娜·欧普力哥（Malvena Opliger）结婚，并与其育有一个孩子。1943年，由于与资金赞助者发生争执，詹森再次从自己创立的公司辞职，随后成立了詹森工业公司（Jensen Industries），生产留声机唱针。詹森还在第二次世界大战期间担任美国战争生产委员会（U.S. War Production Board）无线电和雷达部门的首席顾问。

　　詹森年老时，收获了许多荣誉，其中最重要的可能是1956年由丹麦国王授予的爵士头衔。他还获得了美国无线电工程师学会（American Institute of Radio Engineers）和音频工程学会（Audio Engineering Society）颁发的奖项。詹森兴趣广泛，学过哲学，拉过小提琴，喜欢轻歌剧，还热衷于各种体育运动，尤其是网球。但是詹森抽烟成瘾，于1961年10月26日在伊利诺伊州的西斯普林斯（Western Springs）死于肺癌。他与普里德姆的深厚友谊多年来一直没变。普里德姆则于1963年去世。

　　《音频工程学会杂志》（*Journal of the Audio Engineering Society*）上的一篇讣告恰如其分地概括了詹森的职业生涯：在早期无线电工程领域，出现了许多杰出的人物，而彼得·詹森无疑是最有创造力和生产力的一位。他的发明、实验和音响系统是现今高保真行业的前身。从更高的角度来看，詹森的职业生涯提供了一个教科书式的案例，它说明了一项重要的创新是如何通过诸多的技术努力产生的。在本案例中，随着19世纪末20世纪初无线电的出现，在经历了发明和发展的典型阶段后，全球通用的工程活动模式衍生出一种产品，该产品通过商业开发，可以成为日常生活的重要部分。詹森的一生，见证了许多发明的出现，包括电话、留声机、电影、广播和电视，这些发明改变了人类的交流方式，而扬声器尤为重要，因为它强化了这些发明所产生的影响。从人的角度来看，可以通过研究詹森这位丹麦裔美国人的一生来了解众多移民发明家所走过的道路，这些发明家包括亚历山大·格雷厄姆·贝尔（Alexander Graham Bell）、迈克尔·普平（Michael Pupin）、尼古拉·特斯拉（Nikola Tesla）、查尔斯·P.斯坦梅茨（Charles P. Steinmetz）和弗拉基米尔·兹沃里金（Vladimir Zworykin），他们见证了美国确实是充满机遇的，并为技术变革进程做出了贡献，这些技术变革在20世纪后期仍继续发展。

文献注记

詹森的生平可以参考他的自传：*En verdenskendt Dansker*，Jensen, hottalerens opfinder: En selvbiografi（Copenhagen: C. Erichsen, 1948），该书后来又以英文出版，书名为《伟大的声音》（*The Great Voice*）（Richardson, TX: Havilah Press, 1975）。我对这两个版本都做了大量研究，我要感谢奥本大学（Auburn University）前教授奥立·克罗（Ole Krogh），感谢他在丹麦原版的研究中提供的帮助。关于詹森生平的补充资料可在《丹麦标准传记词典》（*Standard Danish biographical dictionaries*）中找到，包括 *Dansk Biografisk Leksikon*（1937）和 *Kraks blaa bog*（1949, 1961）两个版本。关于詹森职业生涯的简要介绍，请参考《美国传记词典》[*Dictionary of American Biography*, ed. John A. Garraty（New York: Charles Scribner's Sons, 1981），supplement 7（1961—1965）.] 中 W. 大卫·刘易斯（W. David Lewis）的《彼得·劳里茨·詹森》。

詹森整个职业生涯中有关无线电背景的权威分析，请参考：Hugh G. J. Aitken, Syntony and Spark: *The Origins of Radio*（Princeton, NJ: Princeton University Press, 1976）；Hugh G. J. Aitken, *The Continuous Wave*: *Technology and American*

Radio，1900-1932（Princeton, NJ：Princeton University Press, 1985）。我非常感谢艾特肯在本章不断修改过程中提供的帮助和建议，也要感谢美国国家历史博物馆（National Museum of American History）的伯纳德·芬恩（Bernard Finn）和埃利奥特·西沃维奇（Elliot Sivowitch），国会图书馆（Library of Congress）的斯堪的纳维亚部门（the Scandinavian section），以及奥本大学拉尔夫·布朗·德拉翁图书馆（Ralph Brown Draughon Library）的博伊德·切尔德里斯（Boyd Childress）在我研究詹森职业生涯的各个阶段给予的帮助。有关技术变革的发明－发展－创新模式，请参考：Peter F. Drucker, "*Technological Trends in the Twentieth Century*," in Technology in Western Civilization, ed. Melvin Kranzberg and Carroll W. Pursell（New York：Oxford University Press, 1967）；Devendra Sahal, Patterns of Techno- logical Innovation（Reading, MA：Addison-Wesley, 1981）；John M. Staudenmaier, Technology's Storytellers：Reweaving the Human Fabric（Cambridge, MA：MIT Press, 1985）。其补充资料请参考：a series of articles by Thomas P. Hughes, Lynwood Bryant, Thomas M. Smith, Richard G. Hewlett, and Charles Susskind in a special section on "The Development Phase of Tech- nological Change" in Technology and Culture 17（July 1976）。有关詹森从波尔森那里学会适应店铺文化模式的内容，请参考：Monte A. Calvert, The Mechanical Engineer in America, 1830-1910：*Professional Cultures in Conflict*（Baltimore：Johns Hopkins Press, 1967）。有关在詹森生活时期，美国广播行业发展的内容，强烈推荐参考：Erik Barnouw, *A History of Broadcasting in the United States*, 3 vols.（New York：Oxford University Press, 1966-1970）；Susan J. Douglas, *Inventing American Broadcasting*, 1899-1922（Baltimore：Johns Hopkins University Press, 1987）。

有关詹森职业生涯的其他观点，请参考：Glenn D. Kittler, *Forgotten Man of Sound*,（Coronet, May 1954）；Jane Morgan, *Electronics in the West：The First Fifty Years*（Palo Alto, CA：National Press Books, 1967）；Lillian C. White, *Pioneer and Patriot：George Cook Sweet, Commander, U.S.N.*（Delray Beach, FL：Southern Publishing Company, 1963）；Robert Lozier, *Twenty Years of the Magnavox Story：1911-1931*, an undated reprint from the Bulletin of the Antique Wireless Association supplied to me by Aitken。詹森的讣告刊登在 1961 年 1 月的《音频工程学会杂志》。

——W. 大卫·刘易斯（W. David Lewis）

第二十章

查尔斯·A. 林德伯格的飞行
和美国理想 ①

　　1927年5月20日星期五上午7点52分，查尔斯·A.林德伯格（Charles A. Lindbergh）驾驶一架银翼单翼飞机（silver-winged monoplane）从美国飞往法国，这次飞行使林德伯格成为独自飞越大西洋的第一人。"圣路易斯精神"号（Spirit of St. Louis）飞机第33次飞行日志上记录着：从纽约长岛罗斯福机场（Roosevelt Field）飞往法国巴黎布尔歇机场（Le Bourget Aerodrome），历时33小时30分钟。因此，从日志里很容易就能了解到林德伯格所取得的成就。但林德伯格此次飞行的意义隐含在日志的下一句话里：顶礼膜拜的人们对飞机做出了疯狂的举动。

　　当林德伯格驾驶飞机降落在布尔歇时，他应该说：好吧，我们做到了。一位当代作家则向他提问：做了什么呢？但林德伯格不知道自己做了什么，他认为自己只是从纽约飞到了巴黎。实际上，他真正做的是更伟大的事情，他激发了人类的想象力！从林德伯格驾驶飞机起飞的那一刻起，人们就意

---

① 本文最初的标题是《林德伯格飞行的意义》（*The Meaning of Lindbergh's Flight*），并由《美国季刊》（*American Quarterly*）于1958年春季刊中转载。

识到，此次飞行不仅仅实现了从纽约到巴黎在空间上的飞越，还包括其他意义。约翰·厄斯金（John Erskine）写道：林德伯格成了一个隐喻。但这个隐喻到底代表什么却很难说清楚。《纽约时报》评论道：对于人们给予林德伯格机长的热情和赞誉，至今还没有一个完整且令人满意的解释。回顾有关林德伯格的庆祝活动，可以看到美国人民曾试图理解林德伯格的飞行，以领会它的意义，或许也想通过这样做来领会个人经历的意义。此次飞行是英勇而孤独的个人取得的成就吗？还是说此次飞行代表了机器的胜利抑或是工业社会的成功？这些问题是林德伯格此次飞行的核心意义所在，而对于将林德伯格视为英雄的人们而言，这些问题也是他们关注的意义所在。

当然，不管此次飞行有何重要意义，飞行本身就吸引了人们的关注。林德伯格的故事具有成为伟大戏剧作品的所有要素。自 1919 年以来，一直有一项 2.5 万美元的常设奖金，用于奖励第一位驾驶重于空气的飞机，在美国和法国之间从任一方向飞越大西洋的飞行员。1927 年春,《纽约时报》报道将举行一场 "史上最壮观的比赛——跨越公海约 5800 千米到达巴黎"。比赛由经验丰富的飞行员主导。欧洲方面有法国队的王牌飞行员，查理·农杰索（Charles Eugène Jules Marie Nungesser）和弗朗索瓦·科利（François Coli），而美国方面，则由海军中校理查德·E. 伯德（Commander Richard E. Byrd）带领一群参赛人员，驾驶一架大型三轴福克单翼飞机（trimotored Fokker monoplane）。除了已经飞越过北极（North Pole）的伯德以外，还有指挥官诺埃尔·戴维斯（Commander Noel Davis），他驾驶过一架以 "美国退伍军人协会"（American Legion）命名的飞机，该协会曾为他的飞行提供 10 万美元的资金支持，克拉伦斯·钱伯林（Clarence Chamberlin）曾驾驶 "贝兰卡" 三驱动飞机（Bellanca trimotored plane）在空中飞行超过 51 个小时，创造了世界纪录，还有曾来到美国驾驶西科斯基飞机（Sikorsky aircraft）的法国战时王牌飞行员雷纳·冯克机长（Captain René Fonck）。

而这位鲜为人知的英雄当时是在西海岸监督建造一架单引擎飞机，飞机造价仅为1万美元。

　　林德伯格得到命运的垂青。本来不太可能把他的飞机造好，并及时向东飞到纽约，从而与装备更好、更有名的对手竞争。然而，一连串发生在对手身上的不幸事件很快就为林德伯格扫清了障碍。4月16日，伯德的"美国"号（America）飞机在试飞中坠毁，机组成员弗洛伊德·贝内特（Floyd Bennett）的腿被压断，伯德的手和手腕也受了伤。4月24日，钱伯林驾驶"贝兰卡"号时，飞机发生失控现象，虽然不是很严重，但也足以让他推迟飞行计划。之后在4月26日，"美国退伍军人协会"号飞机在最后一次试飞中坠毁，戴维斯和副驾驶均丧生。在10天的时间里，这些事故让林德伯格的所有美国竞争对手都止步不前。5月8日，农杰索和科利驾驶他们的"白鸟"号（White Bird）飞机从布尔歇出发。全世界都在等待，而林德伯格还在西海岸，他决定尝试飞越太平洋。但农杰索和科利再也没有出现过。报纸上到处是谣言，到处都有报道说"白鸟"号在纽芬兰、波士顿和大西洋上空出现过。但很快，人们就发现农杰索和科利失败了，他们不知丧命何处。除林德伯格外，参加飞越大西洋比赛的每一驾飞机都遭遇了不幸。

　　现在赛场已清理干净，林德伯格也加入了比赛。他分两段行程飞越大陆，只在圣路易斯（Saint Louis）着陆。他的第一段飞行创造了一项新的飞行距离记录，但所有的目光都集中在飞越大西洋上，所以第一段飞行几乎没有引起注意。奇怪的是，林德伯格第一次出现在纽约报纸头条是在5月13日星期五，这时伯德和钱伯林再次做好准备，但由于天气条件不适合飞行，所有飞机都只能停在地面上。在经过一个星期的焦急等待后，5月19日晚上，林德伯格在前往纽约观看百老汇音乐剧《里约丽塔》（*Rio Rita*）的路上，收到了海上天气变坏的气象报告，他匆匆赶回罗斯福机场，把飞机拖到一条湿漉漉的跑道上，在机械师徒手费力地加满飞机燃油后，风向改变了，命运使出了最后一招：泥泞的跑道和逆风。无论存在何种因素，无论命运如何，林德伯格果断做出了自己的选择。《先驱论坛报》(*Herald Tribune*)赞扬了林德伯格的选择，其报道称：林德伯格仅凭顽强的意志就驾驶这架超负荷的飞机飞向了天空。

故事情节的发展就像林德伯格飞行的弧线一样清晰。这个故事本应以"圣路易斯精神"号在布尔歇机场着陆而结束，那里是林德伯格想要结束飞行的地方。在飞行结束后立即写成的《我们》(*We*)和26年后写成的《圣路易斯精神号》(*The Spirit of St. Louis*)中，林德伯格选择在布尔歇机场结束飞行。但事实证明，此次飞行只是林德伯格将要扮演的角色的开始。

林德伯格对自己的未来想的很简单，所以在飞行途中，他只带着介绍信。但大众异常兴奋的反应，先是法国人，然后是他自己的同胞，这些并不是他周密计划的一部分。在《我们》一书中，在林德伯格叙述了此次飞行后，出版商写道：林德伯格讲述了他在巴黎、伦敦、布鲁塞尔、华盛顿、纽约和圣路易斯受到人们的欢迎，然后发现自己遇到了一个比飞越大西洋

被誉为"孤鹰"(lone eagle)的查尔斯·A.林德伯格，站在他的单翼飞机"圣路易斯精神"号旁

1927 年 5 月 20 日至 21 日，林德伯格单人直飞结束后，群众聚集在布尔歇机场的"圣路易斯精神"号飞机前

资料来源：合众国际社（UPI）

更棘手的问题。另一位作者则用第三人称的口吻进行叙述：林德伯格的故事之所以不同，是因为在巴黎的那个黑夜，当他的飞机停在布尔歇机场时，他仍选择继续前进。林德伯格奇迹开始于他飞越大西洋，但从整体上看，林德伯格奇迹又几乎和这次飞行完全无关，就好像他从来没有飞过一样。

　　林德伯格的个人生活随着飞往巴黎的飞行而结束。这个故事不再属于他个人，它属于公众。《美国评论报》（*American Review of Reviews*）表示：大众发出的一致欢呼，既是个人行为，同时也具有象征意义。从飞行成功的那一刻起，就有了两个林德伯格：个人的林德伯格和公众的林德伯格，后者是林德伯格时代想象力的产物，存在于一个不情愿的人身上。林德伯格职业生涯的不幸在于，他永远无法接受分配给他的角色。他一直认为可以把两种生活分开，但从他在布尔歇着陆的那一刻起，他就变成了《新共和周刊》（*New Republic*）所说的：他是我们的……，他再也不能做他自己，他是美国的化身，他就是美国本身。迈伦·T.赫里克大使（Ambassador

Myron T. Herrick）向法国人介绍林德伯格时说道：这位来自西部的年轻人带给你们的是美国精神，这比任何东西都要好。随后他致电卡尔文·柯立芝总统（President Calvin Coolidge）：就算我们走遍全美，也找不到比年轻的林德伯格更能代表我国人民的精神和崇高目标的人了。这就是林德伯格的命运：成为一个典范。《北美评论》（*North American Review*）的一位作者认为，林德伯格代表了占主导地位的美国性格，代表了最好的美国形象。还有《美国杂志》（*American Magazine*）上的一位狂热女性，她一开始就说林德伯格是一种象征……，是我们心中的梦想，这位女性还总结道：美国大众对林德伯格的反应如此强烈，是因为拥有个人梦想的那种兴奋感，可以在林德伯格身上找到。大众对林德伯格如此着迷，以至于之后的许多文章都试图发现"真正的"林德伯格，即公众面具背后神秘而又沉默的那个林德伯格。然而，作为公众的林德伯格，其特征也同样难以辨别，他是一个象征性的存在，代表了在他那个时代的想象中，对梦想的所有渴望和埋藏在心底的欲望。

林德伯格的飞行恰逢长达 10 年之久的社会和政治腐败以及道德沦丧结束之际。对战争真实目的的嘲讽取代了第一次世界大战中顽固的理想主义。法律和禁酒令之间的巨大差异，违背了道德可以立法的天真信念。对于一个曾相信绝对道德的国家，相对主义哲学已变成令人不安的理论。报纸一致认为林德伯格的主要价值在于由他产生的精神价值和道德价值。他的故事被认为与几个月来浸淫在人们想象和思考中的肮脏内容形成鲜明对比。或者就像另一个人说的那样，人们有充分的理由向林德伯格致敬，给他荣誉，在这个肮脏的世界里，他的存在就是一种鼓励。

在认为自己已经放弃对未来憧憬时，林德伯格让美国人民了解到他们想成为怎样的人。人们之所以感受到 20 世纪 20 年代的肮脏，与林德伯格的辉煌成就有很大关系，尤其是当人们想到类似林德伯格的飞行在国家历史中并不是没有先例。林德伯格驾驶飞机征服了大西洋。1919 年以前，英国的飞艇曾两次飞越大西洋。1919 年 5 月 8 日，三架海军水上飞机从纽约的洛克威（Rockaway）出发，还有一架由 5 名机组人员驾驶的 NC-4，抵达了英国的普利茅斯（Plymouth）。一个月后，英国人约翰·阿尔科克机长（Captain John Alcock）和美国人阿瑟·W. 布朗（Arthur W. Browne）驾驶第一架重于空气的大型平地机（land plane）飞越大西洋，从纽芬兰直飞爱尔兰，赢得了两倍于林德伯格的奖金：由《伦敦每日邮报》（*London Daily Mail*）提供的 5 万美元奖金。但阿尔科克和布朗的不幸在于，飞机降落在松软荒凉的爱尔兰泥炭沼泽，不是降落在伦敦或巴黎的数千人面前，而这些人会为飞行员欢呼雀跃。或者，他们应该在 1927 年飞行。

公众的赞扬和编辑们生动形象的文章混杂在一起，使人意识到，对林德伯格飞行作出的反应是一种大型仪式，在这种仪式中，美国赞扬的是自己而不是林德伯格。林德伯格的飞行是公众复兴行动的契机，在这一行动中，国家暂时重新致力于某种东西，而这种东西人们能强烈地感受到它的缺失。人们一遍又一遍地说林德伯格教会了美国人抬起头看向天空。海伍德·布劳恩（Heywood Broun）在《纽约世界》（*New York World*）他的专栏中写道：这个高大的年轻人成长起来了，让我们看到了人类精神的潜力。布劳恩认为，这次飞行证明，尽管

1927 年 6 月 14 日，纽约以庆祝胜利的彩带游行欢迎林德伯格

资料来源：合众国际社

我们渺小又脆弱，但我们至少是健康的。林德伯格的飞行充分证实了这个观点，但是，人们对复兴深切而普遍的需求，被林德伯格的飞行带到了公众情感的表面，这是这次飞行的意义所在。当林德伯格出现在美国首都时，《华盛顿邮报》（*Washington Post*）评论道：他得到了人民发自内心的疯狂赞扬。在纽约，有40万人看到了林德伯格，一名记者写道：当林德伯格经过时，密集而喧闹的人群让出一条道来，人们的情绪紧张又激动。《文学文摘》（*Literary Digest*）认为，了解人们为何会对林德伯格致以英雄崇拜，可为我们这个时代和美国人民的心理进行研究提供有趣的线索。

杂志《国家》（*The Nation*）曾这样报道林德伯格：

> 这位年轻的洛秦瓦那（Lochinvar）① 突然从西部出现，手无寸铁，孤身一人飞行，他的出现既充满诗意，又充满英雄气概。类似的事迹，古希腊人会把它写进神话，中世纪苏格兰人会把它写进边境歌谣。但我们在林德伯格的这一事迹中所看到的是一种真实的、英勇的、完全公开的经历，它以诗歌的形式通过隐喻而存在。

杂志《国家》很快又补充了自己的说法，指出记者与诗人相差甚远，认为事实与赞扬之间的差异或许并不是诗歌，而是"巨大的魔力"。但《国家杂志》可能会坚持自己的看法，即林德伯格的飞行对公众的意义多少是有些诗意的。对林德伯格的广泛宣传恰好与他的诗意相吻合。威廉·巴特勒·叶芝（William Butler Yeats）说过，诗歌包含着对立，林德伯格也是如此。林德伯格的意义不是只有一个，他意味着许多。美国在林德伯格这个公众人物身上所设想的自身形象充满了矛盾。简言之，就是充满了戏剧性。

---

① 洛秦瓦那（Lochinvar），是沃尔特·斯科特爵士的作品《玛米恩》（*Marmion*）中刻画的一位年轻勇士。

林德伯格独自一人完成了飞行任务，这增加了故事的戏剧性。他是一只"孤鹰"，而对这一事实的全面探索，需要深入探究其成功所产生的情感意义。不仅杂志《国家》发现沃尔特·斯科特爵士（Sir Walter Scott）对洛秦瓦那的描写适用于林德伯格：他手无寸铁地骑行，而且他是独自一人。报纸和杂志上也充斥着业余诗人的诗歌，这证明了一位作打油诗的诗人的调侃是正确的：

> 去征服危险 / 潜藏在天空中的危险 / 你会得到无聊的诗歌 /
> 就在你的眼前。

仅《纽约时报》就收到了 200 多首诗，在试图总结这些泛滥成灾的诗歌时，该报纸评论道：他独自飞行的事实给人留下了最深刻的印象。另一首最受欢迎的赞歌是拉迪亚德·吉卜林（Rudyard Kipling）的"成功者"（The Winners），其中反复出现的一句是：独自飞行的人，飞得最快。其他征服了大西洋的人，以及像伯德和钱伯林这类与林德伯格同期出现，试图征服大西洋的人，都不是独自飞行，他们也几乎不是赤手空拳地飞行。除了林德伯格，其他所有飞越大西洋的参赛者都有无数的支持和最好的飞机，而且他们都是团队合作，飞机上至少有一位副驾驶来共同承担长时间的飞行任务。因此，《纽约太阳报》（New York Sun）的一位作者在一首名为《飞行傻瓜》（the Flying Fool）（林德伯格不喜欢"飞行傻瓜"这个绰号）的诗中赞扬了林德伯格的飞行：他没有帝王般的飞机 / 没有无尽的数据，没有伙伴，没有有钱的朋友 / 没有董事会，没有议会，没有冷酷的董事—— / 他独自计划……当运气来临时就靠运气。

仔细一想，飞机长途飞行是非常先进和有组织的技术所取得的成就，但却成了赞扬孤独无助的飞行员的赞美诗，这一定让人感到诧异。但国家地理学会（National Geographic Society）在给林德伯格颁发奖章时，在颁奖赠言中写道：勇气，当它单独出现时，会激发人的想象力。该学会还把林德伯格比作鲁滨逊·克鲁索（Robinson Crusoe）和我们西部的开拓者。但是林德伯格和克鲁索，一个是戴着头盔，穿着毛皮衬里的飞行服，另一个却穿着野山羊皮，所以很难将二者相提并论，即使克鲁索确实有一笔相当可观的资本投资，比如一艘库存充足的沉船，但他仍然没有一台价值1万美元的机器。

在他关于这次飞行的几乎每一句评论和每一部他写的著作中，林德伯格都抵制把这次飞行当作个人成就的倾向。他从来不说"我"，而总说"我们"。人们都认识他的那架飞机，但尽管如此，人们仍然倾向于利用这次飞行来赞扬自给自足的个人，因此，在众多的赞扬者中，俄亥俄州的一家报纸将林德伯格描述为自食其力、自力更生、有胆有识的年轻人，是历史上伟大的先驱之一。这里采用的策略很简单，就是让林德伯格成为"先驱"，从而将他与历史悠久且非常重要的美国个人主义传统联系起来。西奥多·罗斯福上校（Colonel Theodore Roosevelt）自己就是一位著名的自力更生倡导者，他在位于牡蛎湾（Oyster Bay）的家中对记者说：林德伯格机长是勇敢的年轻人的代表，而丹尼尔·布恩（Daniel Boone）、大卫·克罗克特（David Crocket）等人单枪匹马地造就了美国，林德伯格身上具有和他们一样的特质。在《展望》（Outlook）杂志上，林德伯格着重强调评论了自己的飞机和科学仪器的重要性，在其下面有这样一段话：查尔斯·林德伯格继承了所有我们认为的美国最好的东西。他身上具有开拓者的特质，首先是在大西洋海岸，然后是在我们广阔的西部，作为一个民族，我们必须培养他身上的那种品质。正是在这种认知下，人们认为林德伯格来自西部并独自飞行是非常关键的。

另一个常见的比喻试图把林德伯格的功绩喻为开拓了新领域。说空中是新领域是对美国历史意义的一种解释，这种解释源自美国过往的经历。但飞机开拓的新领域很难与过去西部的拓荒者们所开拓的领域相提并论。

使林德伯格的飞行成为可能的机器代表着当时进入了复杂工业时代，而不是回到美国过去自给自足的简单生活状态。但难的是用现代生活的实例来赞扬过去的美德，用工业社会城市的极端发展成果来强调新领域在美国生活中的重要性。

在林德伯格的飞行结束后一个多月，约瑟夫·K.哈特（Joseph K. Hart）在《调查》（*Survey*）杂志上引用了沃尔特·惠特曼（Walt Whitman）的诗，为一篇关于林德伯格的文章命名，文章题为《啊，开拓者》（*O Pioneer*）。有一所学校曾授予林德伯格荣誉校友的称号，但哈特不认可这种做法，因为几乎没有证据表明林德伯格在学校受过教育，他认为必须从别处寻找答案来佐证这一做法。哈特研究了林德伯格年轻时的经历：林德伯格所做的一切都是他自己做的，他比大多数孩子更喜欢独处。当然，林德伯格是与大自然独处，这是明尼苏达州农场里唯一能去的地方。在那里，他与森林、田野、动物和机器为伴，养成了大胆、踏实且简单的性格。"机器"这个词让人感到不舒服，因为它闯入了哈特田园诗般的自然风光里，也暴露出哈特很难将自然环境与他希望坚持的事实联系起来，即林德伯格一生都在修理摩托车和飞机等各种机器。但除了机器这个词，哈特还继续不加批判地怀旧，认为一个在只有森林和河流的孤独陪伴中长大的男孩，独自飞越大西洋是有可能的。如果说林德伯格头脑清醒、单纯朴实，身上没有城市的那套生活方式，那是因为他有一种天生的纯朴，就像费尼莫尔·库珀（Fenimore Cooper）在他的《皮革袜故事集》（*Leatherstocking Tales*）中所描写的开拓者英雄那样。哈特也拒绝接受这样的观点，即任何一个经过所有正规训练的学生都可以做林德伯格所做的事情。哈特认为：我们应该承认，林德伯格这个大胆的年轻人身上还有那种开拓性的冲动存在，因为他从来没有完全屈服于这个世界的压迫及其精心制定的制度。

只有那些理性的人才会发现异样，即哈特竟然用飞机的工业成就来否定工业化世界的城市化和制度化。哈特处理的不是理性问题，而是由林德伯格的"孤独"所引发的感性问题。哈特意识到，人们希望林德伯格是一个天才，因为这样就可以使他独立于一般的生存法则之外。这样，人们就可以和他一起庆祝他的胜利，然后回到制度所规定的常规生活，因为99%的人必须甘愿被这个世界针对生活的常规任务所形成的常规方式塑造。正是"必须"一词，体现了对林德伯格现象的这种解读的无奈。世界已经从拓荒者所处的开放社会变成了一个联系紧密、相互依存、以机器为导向的现代文明世界。对于一个相信经历的意义存在于无拘无束的新生活中的民族而言，高度集成化的工业社会制度就像耻辱一样长期存在。比如托马斯·杰斐逊就将美国的美德与自然联系在一起，并将城市视为公众身上的"巨大伤痛"，哈特总结道：

> 当然，从这个世界，尤其是这个大城市林立的世界，对这个中西部男孩的表现做出的反应中，我们可以解读到禁锢在城市钢筋水泥和常规工作中的人们，怀念年轻人那种更自由的世界，怀念拓荒者所处的开阔天地，想在没有城市的地方与大自然和干净的风暴再次搏斗。

美国的力量源自简单，这一观点使对林德伯格的刻意赞扬成为可能，对社会现实颇具讽刺意味。为了让公众对林德伯格的反应达到应有的程度，这个世界必须发展成具备现代大众传媒的复杂世界。但这不仅仅是一种讽刺。最终，人们放在林德伯格飞行上的情感涉及美国历史的整个社会理念。通过指出林德伯格独自飞行的事实，并称他为开拓新领域的先驱，公众想表达这样的认知，即美国力量的源泉存在于过去某个地方，而林德伯格在某种程度上意味着，美国必须及时回顾过去，重新发现一些丢失的美德。人们怀念过去，因为人们认为美国在衰落——美国进入了城市化、制度化的生活方式，使得99%的人越来越无法独自取得成就，所以被认为是一种衰落。而由于林德伯格的祖先是挪威人（Norse），人们自然就称他为维京人（Viking），并将这种怀旧情感延伸到过去，那时所有的边界都是开放的。他成了征服另一个新大陆的哥伦布，以及独自骑行的洛秦瓦那。但总存在一个残酷且不能抹去的事实：林德伯格的成就，是机器战胜大自然阻碍的胜利。如果对林德伯格飞行的唯一回应是回到过去，那么我们就会陷入一种大众文化神经症，即美国无法接受现实，无法接受它所生活的这个世界的现实。但另一方面，公众赞扬机器以及由机器发展出的高度组织化的社会。对林德伯格作出的回应表明，美国人民对于自身经历自相矛盾的解读深感左右为难。通过称呼林德伯格为开拓者，人们可以从美国历史中解读出回到过去拓荒时代的必要性。但人们也可以从迈向工业未来的角度解读美国历史，可以通过强调林德伯格飞行中所涉及的机器来做到这一点。

林德伯格乘坐美国军舰"孟菲斯"号（Memphis）从欧洲返回。他似乎曾考虑过继续飞行，也许是驾驶飞机环游世界，但不那么想冒险的想法占了上风，所以他选择了乘坐军舰这种更可靠的出行方式。但《新共和周刊》对美国这位充满传奇色彩的英雄乘坐军舰回国表示不满。周刊认为：如果他是坐大邮轮回来的，那就是另一回事了，因为任何人第一次乘坐远洋邮轮出行，都是一次伟大的冒险，它的新奇之处在于，许多不同身份的人都要在大海上航行一周左右，其间只能待在自己狭小紧凑的空间里，但是乘坐孟菲斯号回国，乘坐一艘灰色军舰，军舰上的人都是同一类人，这艘军舰与海洋环境的关系就像和福特工厂的关系一样紧密，那还不如把林德伯格装进气动管，在大西洋对岸开枪打死他呢。有意思的是，《新共和周刊》不认可军舰单调刻板的生活方式，认为最适合军舰的形象是福特的流水生产线。人们对这种机械化的社会制度的反抗，可能进而形成了林德伯格的怀旧形象，人们把他看作是过去留下的痕迹，那时个人还可能有传奇的经历，生活充满了新奇，社会是多样而不是统一的。但福特的流水生产线所代表的是一个致力于全面机械化的社会，正是这样的社会支撑了林德伯格颇具传奇色彩的成功。《星期日纽约时报》（*Sunday New York Times*）上刊登了一篇长文，题为《林德伯格是美国天才的象征》（*Lindbergh Symbolizes the Genius of America*），文章告诉了读者一个非常显而易见的事实：如果没有飞机，林德伯格根本不可能飞起来。事实上，林德伯格是 20 世纪的伊卡洛斯（Icarus）[①]，他没有发明自己的翅膀，他是无所不能的代达罗斯（Daedalus）[②] 的儿子，是代达罗斯的智慧创造了现代世界。关键在于，现代美国是现代工业的产物。林德伯格将他的飞机视为机械智慧的崇高体现……，但在崇高这方面……，林德伯格也不例外。他所说的圣路易斯精神是真正的美国精神。在亨利·福特和查尔斯·林德伯格身上都能看到机械天才的影子，他们就存在于这个国家的这种氛围中。

　　林德伯格在关于"圣路易斯精神"号飞机的庆祝活动中走在前面，他不仅含蓄地在说"我们"时提到了他的飞机，而且还直接表达了自己对飞机的看法。在巴黎，他对记者说：你们这些家伙没有对"圣路易斯精神"号这台了不起的飞机进行充分的报道。当林德伯格回到华盛顿特区，柯立芝总统把卓越飞行十字勋章（Distinguished Flying Cross）戴在他身上时，两个都非常沉默的人就这样见面了。但在简短的评论中，柯立芝总统还是找到机会表达了自己愉悦的心情，并幽默地说道，林德伯格应该给他的飞机同等的荣誉。总统接着说道：我们感到自豪的是，这位沉默的伙伴代表了美国的天才们及其勤奋的工作。据我了解，有 100 多家独立的公司为其建造提供了材料、零部件或服务。

　　这次飞行并不是勇敢的个人孤注一掷的英雄壮举，而是对于一项精心

---

① 伊卡洛斯（Icarus），是希腊神话中代达罗斯的儿子，伊卡洛斯与父亲代达罗斯使用蜡和羽毛造的翼逃离克里特岛时，他因飞得太高，双翼上的蜡遭太阳融化，最后跌落水中丧生。

② 代达罗斯（Daedalus），希腊神话人物，伊卡洛斯的父亲，伟大的艺术家，建筑师和雕刻家，最著名的作品是为克里特岛国王米诺斯建造的一座迷宫，因此外语中用他的名字指代迷宫。

设计且相互关联的技术通力合作的结果。柯立芝总统演讲后的第二天，林德伯格在华盛顿的另一个庆祝活动上说道，这个荣誉不应该只属于飞行员，它还属于美国的科学和天才们，是他们多年来一直致力于研究和发展航空技术。林德伯格还说道，与飞行有关的一些工作应该得到适当的关注，但到目前为止这些工作还没得到应有的重视。正是这些工作而不是飞行员个人，使这次飞行成为可能，它是 20 年航空研究的巅峰时刻，它集合了美国航空所有可用且最好的东西。林德伯格总结道，这次飞行代表了美国的工业的成就。

公众对"圣路易斯精神"号飞机的崇拜体现在对林德伯格的反应中，他们积极反驳了在庆祝这次飞行的活动中将飞行视为英雄个人行为的各种观点。这次飞行之所以成功是因为航空组织及技术研究的存在，而不是个人的独立和具有传奇色彩的个人胆量。一家杂志称赞这次飞行是机械工程的胜利……，并认为我们不能忘记，这个时代是由工程师而不是勇敢的飞行员造就的，是工程师长久而耐心地一直在持续改进飞机的构造。《独立报》（Independent）的一位作者认为，林德伯格的飞行给我们带来的启示是，美国的优秀人才和物质需要为普通的社会服务结合起来。机器意味着有组织，也就是将福特流水生产线上的活动合理化，机器意味着有计划，如果它还意味着失去自发的个人行为，那就表示社会的物质水平得到了提高。林德伯格的意思不是回到过去拓荒时代的那种自由生活，而是进入机器开始在公众心目中占据首位的时代，即机器和组织化使大规模运作成为可能的时代。一位持该观点的诗人写道："我整天都在感受牵引力／来自钢铁的奇迹。"机器不是使人类臣服的恶魔，而是通往新天堂的工具，机器中隐含的历史方向是面向未来，而不是回到过去。历史的意义是进步，而不是退步，美国不应该对未来的社会进步失去信心。《商业杂志》（Magazine of Business）上刊登了一位哈佛大学（Harvard University）教授埃德温·F.盖伊（Edwin F. Gay）的一篇演讲，里面详细阐述了上述观点：我们通常认为社会进步是理所当然的，但社会进步理论是伟大的革命性思想之一，它对我们的现代世界产生了深远的影响。但教授认为这个观点可能会成为老生常谈或被批评的对象，教授也知道为何会出现这种情况：美国在第一次世界大战之后疲惫不堪，幻想也破灭了，从逻辑上讲，满足本应与如此乐观的上述信条一起出现，但美国当时正失去信心，因此，林德伯格填补了一种情感需求，即使这种需求本也不应该存在，林德伯格的出现就像一个美好的愿景，让人们重新燃起希望，在人们看来，信仰进步的崇高理想几乎成了空洞的字眼，但现在林德伯格就在这里，就像从未出现在这个世界上的英雄一样，我们对社会进步的信念在他身上得到了象征性的证明。

　　从纽约到巴黎的飞行是一次长途飞行，从林德伯格的成就到他那个时代人们的想象，强加于其取得的成就之上所产生的重担，后者是一个更漫长的过程，但正是在这更漫长的过程中，人们才能找到林德伯格的全部意义。林德伯格最终扮演了双重角色，他的飞行让人们有机会将自己的情感投射到他的行为当中，同时人们的情感最终发展成对自身经历意义的两种观点。一种观点认为，美国代表着从历史进程中短暂逃脱，进入一个以自给自足的个人为中心的新开放世界。另一种观点认为，美国代表着历史演变的一个阶段，它的出现源于社会的发展。对于一些人而言，美国的意义在于过去，但对另一些人而言，美国的意义在于未来；对于一些人而言，他们的美国理想是摆脱制度、社会形式和对自由个人的限制，但对另一些人而言，他们的美国理想是使现代社会成为可能的复杂且完善的制度，是接受机械化的制度，是在个人只是社会一部分的情况下去取得个人成就。这两种观点虽然相互矛盾，但都可能存在，而且在公众对林德伯格飞行作出的反应中都有所体现。

　　《星期日新闻》报道了林德伯格已经抵达巴黎，且在这一期的头版刊登了林德伯格的故事。《纽约时报》的杂志版则刊登了英国哲学家伯特兰·罗素（Bertrand Russell）的文章。当然，为了报道林德伯格的新闻，杂志是提前编辑好的，巧合的是，罗素的文章正好是关于林德伯格。罗素为美国的崛起而欢呼，他认为，在20世纪的美国新生活中，对于机械化社会的展望将比在旧大陆中占据更加彻底的主导地位。罗素认为有些人可能不愿意接受机械化，他写道：我们是否喜欢这种机械化社会，并不重要，但为什么人们的这种不喜欢显而易见呢？因为一个基于机器建立的社会，意味着个人价值和独立性的减少，大的公司越来越趋向于形成集合体。在工业化世界里，社会对个人的干预程度也会更高。罗素意识到，虽然机械技术所涉及的共同努力使人类整体变得更强大，但同时也使个体变得更顺从。但他也不知道该如何避免这种情况。

　　人们不是哲学家，他们也不明白如何避免机械化社会和自由个人之间的矛盾。但他们也没有准备好接受哲学家对这个问题的看法。在林德伯格这个案例中，人们既赞扬自给自足的个人，也赞扬机器。对于上述两者，美国民众仍在赞扬。我们珍视美国信条中的个人主义，同时我们也崇拜日益强化集体化行为的机器。我们是否能同时拥有个人自由和有组织的社会力量，是一个仍然困扰我们的问题。同时，我们仍需解决1927年在庆祝林德伯格飞行的活动中出现的分歧。

第二十一章

巴斯特·基顿和查理·卓别林：无声电影对技术的回应

任何关于电影和现代技术的讨论肯定都会关注查理·卓别林（Charlie Chaplin）和他在电影《摩登时代》(*Modern Times*)，(1936年)中作为一名工厂工人所遇到的问题。但美国电影对技术作出的回应早在卓别林刻画陷入困境的工厂工人之前就开始了，并且只有当我们考虑到电影本身的机械性质以及在电影《摩登时代》出现之前就存在的电影喜剧传统，我们才能完全理解这一点。

《摩登时代》和其他电影一样，无论是喜剧的还是悲剧的，无声的还是有声的，真人的还是动画的，都必须与19世纪文化的一个重要发展联系起来，即艺术机械化。从19世纪40年代摄影技术的出现开始，技术就对传统的艺术实践和形式构成了威胁，但同时也带来了新技术和全新的艺术形式。

19世纪70年代留声机出现时，关于摄影的艺术地位和照片作为画家或雕塑家灵感来源所发挥作用的争论仍未平息。虽然留声机并没有像照相机那样立即引起人们对新的艺术形式的质疑，但留声机和摄影技术可以共同证明艺术作品无论多么隐晦或崇高，都可以通过机器进行复制。照相机和留声机的出现表明，艺术作品可以由机器大量复制，并向大众广泛传播。

19世纪的最后几十年里，随着电影的出现，艺术机械化运动达到了高潮。在电影中，机械化文明找到了自然的艺术表现形式。电影本质上是一种机械化、工业化和商业化的艺术形式，该艺术形式在早期电影中表现为"罐装"剧或千篇一律的戏剧。除此之外，电影是一种现代工业产品，是一群艺术家、企业家和技术人员共同努力的结果。不同行业之间可进行类比，如电影制作者制作电影的方式与汽车生产线采用的方式相似。在电影发展出来之前，没有任何一种艺术形式的充分展现会如此依赖于机械和商业领域。

在好莱坞电影行业制造的电影世界中，谁是其第一批制造者和消费者？早期的电影大亨大多是白手起家的移民企业家，他们创立了电影行业，并继续在20世纪的大部分时间里主导着电影行业。起初，他们是为工人提供娱乐，这些工人可以花5—10美分买一张电影票，但却无法花上1—2美元在正规的剧院或歌剧院观看演出。

技术、电影创作以及早期的观众这三者是紧密关联的，这种关联也在电影呈现的真实故事和图像中占了很大比重。阿诺德·豪泽尔（Arnold Hauser）在他的《艺术社会史》（*Social History of Art*）一书中表示，由于电影是建立在技术之上，所以电影最擅长的就是呈现运动、速度和节奏。无声电影制作者们在乡村和城市景观中寻找快速移动的物体，于是发现了大量的蒸汽机动车、摩托车、轮船、飞机、有轨电车和汽车。早在明确的机器美学出现之前，电影制作者们就已发挥了工业文明的推动作用。他们把机器提升到电影题材的中心位置，并且在一些重要的电影中，设法使机器成为影片的焦点。

几乎所有早期的打闹喜剧，尤其是马克·塞内特（Mack Sennett）的作品，都包含了繁忙的追逐场景，里面包括汽车、火车头、有轨电车等。一些早期的电影制作者痴迷于在银幕上对速度的刻画，所以他们制作的电影只是情节夸张、动作滑稽或对长时间追逐进行机械的修饰。但无论他们的电影制作目标是喜剧还是悲剧，无声电影的制作者都专注于移动物体重要的艺术形式，因此发展出一种以速度和刺激为主的电影类型，该类电影至今仍是现代电影艺术的重要组成部分。

*   *   *

上述关于早期的技术背景以及电影艺术、观众和电影内容之间联系的讨论，是对将要详细介绍的两位主要电影人物巴斯特·基顿（Buster Keaton）和卓别林所处时代的背景介绍，他们在自己的喜剧作品中呈现了机器和工业社会之间的关系。

基顿一生都在发明、设计和制造机械设备。这些机械设备有些是他电影里的道具，有些是作为恶作剧而制作的，比如一个墙壁倒塌的屋外厕所，还有一些是鲁布·戈德堡（Rube Goldberg）风格的或荒谬或奇特的机械设备。基顿奇特的机械设备表明他对机械的理解是欣赏机械运动本身（即他制作的小玩意能用），也表明基顿能用机械设备对社会进行温和且无声的讽刺，因为其讽刺的社会为了完成简单或不必要的工作，在技术上花费了大量精力。

1924—1926年，基顿发行了两部电影，内容围绕一些重要的技术展开。在电影《航海家》（*The Navigator*），（1924年）中，他把一艘大型客轮变成了威胁他在银幕上创造的滑稽人物的宿敌。一位养尊处优、懦弱无能的年轻百万富翁和妻子在一艘名为"航海家"的客轮上孤独地漂流着，客轮长达150米。没有了船员、燃料和电力，客轮变成了一只怪物，它就是一只"机械鲸鱼"，将乔纳－基顿（Jonah-Keaton）和他的妻子困在里面。客轮上有充足的食物。客轮上的现代炊具也很多，但其容量是以加仑而不是量杯来衡量。夜里，漆黑的船就像闹鬼的房子一样恐怖。但聪明的基顿接受了设备带来的挑战，在客轮上创造了一个宜人的环境，尤其是在厨房，他的一套巧妙发明使这对夫妇能够得到他们需要的食物。

　　基顿的传记作者鲁迪·布莱斯（Rudi Blesh）曾说过，《航海家》不是关于被机器阻碍的浪漫故事，而是建立在基顿与机器决斗基础之上的不确定的爱情故事。在《航海家》中，机器的敌意是毫无疑问的，但基顿成功应对技术对个人的挑战也是毋庸置疑的。小人物总能想方设法战胜机器大怪物。

　　电影《将军号》（*The General*），（1926年）中呈现了基顿的另一个关注重点，即继续寻找方法解决人们在生活中遇到的由机器给个人带来的问题。该电影根据真实故事改编，以美国内战时期为背景。1862年，勇于冒险的北方入侵者企图潜入南方领土，破坏乔治亚州和田纳西州之间的铁路运输，但以失败而告终。之后，北方入侵者计划抢占火车头"将军"号，方便他们向北行进烧毁桥梁并切断通信线路。

　　由于"将军"号是南方的火车头，所以基顿认为有必要从南方的角度

巴斯特·基顿的汽车在他四周解体时，他仍毫不畏惧地坐在那里
资料来源：电影剧照档案/纽约现代艺术博物馆

来讲述这个故事，以唤起人们对火车头和工程师的同情。基顿最擅长的就是将整个故事电影化和喜剧化，这不仅是因为他在电影中表达了对南方的同情，还因为他把影片中的英雄塑造成一个平民，并将其与电影中的机器紧密联系在一起。这一安排要求人与机器的关系需要更加和谐。"将军"号不同于不受船上人员控制的"航海家"。

基顿爱"将军"号，也爱女友安妮贝尔·李（Annebelle Lee），但两者的个人行为和集体行为可能会让基顿感到沮丧。两者的行为都不是出于恶意，也不是完全有意为之。女孩有点心不在焉，而机器在女孩的控制下，往往与基顿最想达到的目的背道而驰。当女孩与机器配合操作时，就会出现其他机械故障。基顿有能力处理这些故障，但也只是在紧急时刻才会处理。

我们在这里讨论的不是机器对人的敌意，而是机器和人的需求并没有恰当地结合在一起，它们彼此有点不相适应，所以需要一个基顿，用智慧和创造力而不是一流的技术知识来纠正它们。基顿的电影很好地总结了这一切：如果人们想战胜技术，那么他们必须保持警惕，即使对其喜爱的机器也是如此。

*　　*　　*

基顿在有声电影方面没有取得过艺术上的成功，其最好的电影作品呈现了他对历史背景的偏爱，即南北战争和 19 世纪的机器：蒸汽机。基顿主要关心的不是 20 世纪美国的社会、经济和技术问题。而卓别林在无声电影和有声电影方面都取得了成功，他制作的《摩登时代》可能是评价 20 世纪技术最有名的电影。

一位年轻记者在采访卓别林时，碰巧给他描述了工业城市底特律的工作条件，这促使卓别林想拍摄一部电影，关于机器在现代社会中的角色。这位记者告诉卓别林，年轻健康的农村男孩被城市吸引，于是到城里的流水生产线工作生产汽车。经过四五年的时间，这些年轻人的精神状态就会变差，工厂的工作节奏使他们的健康状况变糟。这位记者所观察到的情况，使卓别林更加想要表达自己对当时的生活方式的看法，即生活变得标准化且受到局限，人类活的越来越像机器。

卓别林并不像基顿那样对机器有深入了解，但他确实渴望进入并确实进入了知识分子圈和社交圈，在这些圈子里，技术可能是抽象讨论的主题。无声电影让卓别林成了国际知名人物，使他有机会接触到当时最伟大的思想。在贫穷的童年及关心社会的知识分子的影响下，像马克斯·伊士曼（Max Eastman）和 H. G. 威尔斯（H. G. Wells），大富翁卓别林变成了一个客厅里的社会主义者，喜欢激进地讨论社会、经济和政治问题。

除了在电影《摩登时代》中可以找到的观点外，卓别林对劳动和机器的态度是什么呢？答案肯定令人困惑和不满，因为答案来自卓别林偶尔对经济学和政治哲学领域的探索。卓别林解决所有经济问题的标准方法就是减少劳动时间、多印钞票以及控制价格。在美国经济大萧条（American Depression）时期，卓别林对阿尔伯特·爱因斯坦（Albert Einstein）也说了这些方法。当爱因斯坦回应道："你不是喜剧演员，你是一位经济学家"时，卓别林非常高兴。在与爱因斯坦的谈话中，卓别林还声称，技术性失业，即新机器取代了人类的工作，是 20 世纪 30 年代美国经济问题的核心。但当卓别林与圣雄甘地（Mahatma Gandhi）会面时，卓别林明确表达了对印度独立运动的同情，但对这位印度领导人"厌恶机器"的态度表示困惑。甘地耐心地向卓别林解释：印度只有首先减少对英国的技术依赖，才能获得政治独立。所有的谈话内容没有任何深刻或新颖的观点。卓别林只不过是以一种天真而肤浅的方式来转述他那个时代一些自由派的陈词滥调而已。

正如卓别林在电影前言中所描述的那样，《摩登时代》是一个关于工业和个人奋斗的故事——人类为追求幸福而奋斗的故事。影片开头是一群羊挤在羊圈里，大概是在去屠宰场的路上。突然，场景切换到一个相似的画面：一群工人在上班的路上互相推挤。电影中采用的这种羊／工人的蒙太奇手法隐含的尖锐的社会批评并没有贯穿整部电影，取而代之的是一种更温和的讽刺口吻，显然电影制作者是想取悦观众，而不是对其说教。

工厂内部场景在《摩登时代》中的镜头不到三分之一，但这些镜头却包含了某些最尖锐的社会批评和最滑稽的喜剧情景。看过这部电影的人都记得，卓别林徒劳地试图适应快速移动的传送带，在这个过程中他简直是疯了，在工厂里跑来跑去，用扳手拧紧真实的和想象中的螺母，还向其他工厂人员喷油。

电影中另一个受欢迎的场景是新发明的自动投喂机被引进到流水生产线上，这样工人就不必在吃饭时中断自己的工作。但自动投喂机出了故障，把汤、肉、玉米棒和餐巾扔向卓别林，卓别林被绑在这个装置上，无法逃脱。在所有的电影中，没有比这一场景更能说明人类在机器面前的极度无助，而机器的存在本应只是为了满足人类最基本的需求。

《摩登时代》的大部分场景设定在工厂之外的不同机构和营业场所，这

在《摩登时代》中，查理·卓别林被困在机器的巨大齿轮中，卓别林通过该场景将大规模生产的非人性化进行了拟人化的处理
资料来源：电影剧照档案／纽约现代艺术博物馆

些机构和场所坐落在工业城市。电影通过这种设定，使我们不仅了解了流水生产线，还了解了工人的社会及家庭生活。电影在新的背景设定下继续展开，但画面残酷且令人沮丧。卓别林离开工厂到医院休养，之后就进了监狱。工厂工人罢工，带来了暴力、死亡和失业。所有这些都影响着卓别林的生活。卓别林使用到的机械交通工具只是救护车和监狱警车，而不是美国工人梦寐以求的汽车。影片中有一段田园诗般的插曲，是卓别林和一位年轻女孩，女孩是他的朋友并且卓别林在保护女孩。他们在废弃的水边棚屋里做家务，嘲笑中产阶级的体面和自命不凡。但寻找女孩的青少年管理部门的介入结束了他们的幸福。在电影结尾，卓别林和女孩沿着一条孤独的路走向日落。工业社会的一切都让他们感到冷漠和疲惫，他们唯一的希望只有逃离，于是他们将生产线上令人发狂的工作、失业、罢工、贫穷和社会不公留在身后。对这些问题，卓别林没有想好解决方案。

当时的影评人倾向于根据他们对卓别林和社会主义先入为主的观念来对《摩登时代》作出评价。《共产主义新大众》（*Communist New Masses*）的一位作者称赞《摩登时代》是美国第一部敢于挑战工业文明优越性的电影，这种文明是由那些坐在宽大的超控台前的人建立起来的，他们按下按钮就要求饱受折磨的员工提高速度。而另一些更保守的人则松了一口气，因为他们发现这部电影非驴非马，不伦不类，它传递的社会信息也无伤大雅，而且影片的喜剧程度很高，虽然有时笑点会分布不均衡。多年来，影评界倾向于强调《摩登时代》的衍生性，即卓别林借鉴了他早期电影中的许多喜剧片段和人物。

毫无疑问，《摩登时代》在艺术和意识形态方面都有不足，但它仍是有史以来为广大观众制作的一部优秀电影，即在当时的社会背景下谈及技术问题。它没有为那些希望推翻资本主义的人提供激进的社会思想，但它确实精准地反映了许多人的情绪，这些人认为自己是过度机械化的世界里无助的受害者。最后，在精彩的喜剧场景下，隐藏着一个真正令人不安的事实：人类无法掌控机器。基顿用来控制机器的巧妙方法在卓别林的《摩登时代》中根本无法施展。唯一的解决办法就是抛开所有事情，和朋友一起走下去。但当翻过下一座山，我们知道卓别林很可能会发现另一座工厂、另一座工业城市，以及由技术产生的社会影响所带来的另一系列问题在等着他。

银幕上的卓别林可能会在绝望中决定离开机器，到别处寻找幸福。但作为电影导演的卓别林必须决定如何在《摩登时代》中处理声音技术的问题。当时有声电影已有将近 10 年的历史，它已使无声电影黯然失色。在《纽约时报》1931 年的一篇文章中，卓别林认为，有声电影永远不能完全取代以世界通用的哑剧为基础的无声电影。他在拍摄《城市之光》（*City Lights*）（1931 年）时没有对电影进行对口型配音，然后在 5 年后发行了《摩登时代》，这是好莱坞制作的最后一部完整未删节的无声电影。

《摩登时代》没有对白，但有配乐，影片大部分是在无声的情况下拍摄的。影片中有三处场景，原本是要通过哑剧的形式呈现，但却加入了人讲话的声音：首先是工厂高管利用闭路电视与工厂员工交谈；其次是自动投喂机的发明者播放留声机唱片，赞扬该设备的优点；然后是收音机在监狱现场播放新闻简报。卓别林把人的声音限制在三种能够传送和再现声音的技术设备上，以强调有声电影的技术特征，而有声电影已取代无声电影。卓别林似乎想表达有声电影不过是技术的又一产物，而电影艺术的真正价值在于演员的哑剧表演。

即使是哑剧大师卓别林，也不得不屈服于当时大多数人所认同且不可避免的电影技术的进步。在《摩登时代》接近尾声的时候，卓别林演唱了一首歌，歌词有意含糊不清，且穿插了大量哑剧表演。尽管如此，观众还是第一次从电影院的扩音器里听到了卓别林的声音。从那之后，就再也没有回头之路，也不再是日暮西山。如果卓别林要再拍一部电影的话，那一定是一部有声电影。所以 4 年后出现的《大独裁者》（*The Great Dictator*）

就是这样的一部影片。

*　　*　　*

虽然导演愿意在电影中加入他们遇见过的任何事物，但技术并不是由导演偶然带入无声电影之中的。机器在使艺术机械化的过程中产生了电影，而电影特别适合工业社会的需求和发展，机器深深地影响了电影的内容和表演风格，给无声电影带来了声音，改变了电影未来的发展方向。同样，这两位伟大的无声电影喜剧演员基顿和卓别林利用电影探索技术、人类和社会的本质也并非偶然。他们采用电影这种机械艺术形式，试图理解他们所生活的不断变化的机器时代。讽刺的是，电影作为与机器密切相关的艺术交流媒介并没有产生赞美技术的电影杰作，反而对机器及其孕育的文明持怀疑和批评态度。

第二十二章

莫里斯·L. 库克和美国能源

　　1882 年 9 月 4 日的曼哈顿下城区珍珠街，第一个中央发电站通过电线输送电流。发电站所属公司的客户们就是托马斯·A. 爱迪生刚刚发明的约 400 个碳丝灯泡的使用者。该公司创始人兼董事爱迪生坚信，电力的相关市场很快就会出现，不仅有照明市场，还会有许多其他市场。很快，随着交流电传输技术的发展，中央发电站的服务范围也随之扩大，在 30—40 年的时间里，电灯取代了煤气灯，满载乘客的电车穿梭在不断发展的城市内部和城市之间，同时，在快速工业化的美国，发动机取代了工厂里的传送带。尽管燃煤电厂的发电量最大，但由于受到水力发电潜力的吸引，电力公司也力图在本国的河流上觅到颇有前景的发电站位置。工程师建造了更大的工厂和更长的输电线路，银行家、企业家和投机者形成了复杂的组织，以不断扩大业务版图。在资本主义经济中，电力服务当然是以盈利为目的，虽然一些城市建立了自己的市政电力系统，但私有制公司仍占主导地位。这些公司拥有独家经营权，其供应的电力后来被视为生活必需品。

　　在 19 世纪后期，企业垄断的确已经在经济的许多方面取代了企业之间的竞争，以至于在对技术奇迹和物质产品大量涌现感到欢欣鼓舞的同时，也出现了要求民众控制大型联合企业或"托拉斯"的社会政治运动。激进的平民党在 19 世纪 90 年代败下阵来，但在 20 世纪初，无数的美国人开始不安地意识到，对物质资源和人力资源的草率开发会导致浪费、混乱和社会不公。尽管社会党获得了追随者，但被称为进步党的温和改革派主导了政治舞台。进步党从来就不是一个团结凝聚的实体，进步运动由不同的个人和团体来进行，关注各种社会和经济弊端并提出相应的补救措施。但他们都有一个共同的信念，即"人民"应该重新获得对事务及政府的控制，地方、州或联邦政府应该为"公共利益"采取行动。

许多进步人士主要关注如何充分发挥电力技术的潜力，从而使每个人都受益。在这些改革者中，来自费城的莫里斯·L.库克（Morris L. Cooke）发挥了重要作用。库克是一位机械工程师，同时也是科学管理创始人弗雷德里克·W. 泰勒（Frederick W. Taylor）的拥护者。科学体系管理运用系统的方法来检验和组织企业的生产、销售和行政工作，并将其视作人类创造财富、实现和谐社会和精神文明的富足神追求。由于库克既拥有财富，又有公众责任感，所以无论是作为普通公民还是任命为官员，他都花了大量时间试图将规划和理性的原则应用于公共事务。他认为，工程师在社会中具有鼓舞人心的作用：通过将科学应用于人类需求，从而解放人类。就像他的朋友经济学家和社会评论家索尔斯坦·凡布伦（Thorstein Veblen）一样，库克坚定地将自己的职业与以利润为导向的企业区分开来，并反对"企业无论大小，都在做工程"的这种观点。

对电力进步派而言，技术进步是社会为掌控物质世界而共同努力的结果，但该成果却被少数人攫取。进步派抨击企业试图控制水力发电厂的行为，指责它们对消费者收费过高，并控诉它们这样做是为了最大可能地追求利润。这些企业从市场榨取利润，但却忽视为农村居民提供服务。进步派是技术狂热分子，他们认为所有人都应该能免费使用电力，并与库克一起展望由电气工程师查尔斯·斯坦梅茨（Charles Steinmetz）所预测的时代：在那个时代电力将会非常便宜以至于无须支付电表上的费用。但对如何有效地加快那一天的到来，他们之间存在分歧。所有人都认为政府必须采取行动，有的人要求所有电力系统实行公有制，但有的人认为由公共委员会进行监管就够了，还有人建议将某些设施实行公有制，尤其是在水电行业，以此作为衡量私营行业表现的标准。库克基本上是持最后一种观点。虽然经常批评监管委员会，他还是拒绝投身于完全公有制的事业，但他也热心地支持了政府的几个大型电力项目。

至1917年4月美国加入第一次世界大战时，进步派在提出电力问题进行讨论方面取得了进展，电力问题经常是与资源保护运动结合在一起进行讨论。在某些特定的案例中，进步派取得胜利，比如，作为费城公共工程主管的库克曾迫使当地公用事业公司稍微降低了价格，但战后进步派发现改革的浪潮已经消退，保守的商业利益集团再次牢牢控制了政府，并为政治讨论定下了基调。由于美国政府对企业日益垄断的现象持支持态度，所以蓬勃发展的电力行业正迅速进入推动者手中。这些推动者将地方单位纳入控股公司的金字塔中，而控股公司常常从运营公司榨取利润。电力进步派贾德森·金（Judson King）哀叹道：现在电力联合在政治上比铁路更有影响力。

由于技术进步，到1920年，工程师们已经能够将高压电流传输320千米或更远的距离。许多人认为，巨大的超级发电站和长距离输电线路可以将广阔的地区连接成连续不断的电力网络。但数百万人仍然无法获得廉价的电力。当城市居民抱怨因家用照明、烤面包机、吸尘器和洗衣机产生的电费时，普通农村居民却根本无电可用。农村家庭仍然用煤油灯照亮房屋和谷仓，做家务也是靠体力①。

虽然政治形势令人沮丧，但电力进步派仍坚持自己目标，并进行顽强斗争。西雅图市政系统负责人J. D. 罗斯（J. D. Ross）阻止了私营公司的

---

① 3%的农场拥有自己的发电厂。

发展，而贾德森·金则继承了改革事业，认为自己可以"帮助构建正义阶梯上的一两步新台阶"，所以他在华盛顿为全国人民政府联盟（National Popular Government League）游说。内布拉斯加州（Nebraska）参议员乔治·W. 诺里斯（George W. Norris）领导了一项运动，要求联邦政府在一座尚未完工的战时发电厂开发水力发电，这座发电厂位于田纳西河流域（Tennessee River）亚拉巴马州马斯尔肖尔斯（Muscle Shoals）。其他进步派（或自由派）政治家，如纽约的富兰克林·D. 罗斯福（Franklin D. Roosevelt）和环保主义者、美国前首席林务官吉福德·平肖（Gifford Pinchot），也致力于让州或联邦政府控制公用事业公司，并致力于推广廉价电力的普遍供应。

由于在经济、社会地位和职业上都有保障，所以50多岁的库克身体健康、精力充沛。在之后的生活中，他告诫一位年轻朋友：我建议你永远要有20个为之奋斗的目标，因为其中19个会失败，但有1个会成功。多年来，库克一直与公用事业公司在专业工程学会中的影响力进行持久战，在此期间，他自己的美国机械工程师学会（American Society of Mechanical Engineers）理事会曾正式谴责过他。20世纪20年代早期，他领导了一场由自由派工程师发起的反抗，反抗取得了暂时的成功，但持续时间很短。学会显然不允许有组织地讨论电费问题，这使库克认为"工程界在显而易见的事实面前保持沉默，几乎使自己成为阴谋的一方，这对这片土地上的妇女尤其不利"。他把自己的办公室变成了信息交流和鼓舞士气的地方，供参与电费问题讨论的积极活动人士使用，他还亲自发起了对电力输送至家庭用电消费者的传输成本研究，即从当地发电站到电力实际使用的地方所产生的传输成本研究，该研究有资金赞助。但这对电力公司而言是敏感问题，因为电力公司辩称由于电力传输成本高，所以他们定的家庭用电价格是合理的。

1922年，平肖赢得了宾夕法尼亚州州长选举，于是他请库克就公用事业问题给他提出建议。库克提议并亲自领导了大型电力调查委员会（Giant Power Survey Board），他不仅授权研究该州的水和燃料资源，而且还就发电和电力输送提出相关政策，他的这些努力将为美国、工业、铁路、农场和家庭供应充足而廉价的电力。在 1925 年发布的《大型电力》（*Giant Power*）报告中，该委员会提出了控制电力公司、利用宾夕法尼亚州的煤炭资源以及充分使用最新技术的计划。该委员会还提议州政府对电力行业进行重组，并在宾夕法尼亚州西部沥青矿区建设矿口发电厂，即煤矿旁的发电厂，使电力从这里通过长长的输电线路输送至全州各个工业场所和农村家庭。平肖告诉立法机构，矿口发电厂这个项目可以让大部分辛勤劳作的人从日常生活中解脱出来。同时，他还警告，大型垄断组织可能很快就会控制人类历史上最丰富的物质资源，人们必须迅速采取行动，因为要么是我们控制电力，要么就是电力所有者控制我们。但平肖的请求被置若罔闻，该项目从未进入讨论阶段。

　　罗斯福于 1929 年成为纽约州州长，随后他便向库克寻求建议。罗斯福的前任艾尔·史密斯（Al Smith）曾将纽约州的水力发电厂控制在公众手中，所以罗斯福在任时，呼吁利用水力发电厂这一前任留下的巨大财富。罗斯福任命库克为新成立的纽约州电力局局长，负责规划电力的大量供应分配，他们（错误地）认为圣劳伦斯－五大湖项目（Saint Lawrence－Great Lakes Project）很快就会供应所需的电力。在库克的建议下，纽约州电力局研究了电力传输成本。但由于电力行业只提供了粗略的信息，所以面对匮乏的数据，库克提醒员工，他们的目的不是得出无懈可击的结论，而是找出可以采取行动的理由。库克表示："我们可以一劳永逸地改变目前的家庭用电价格体系，我们的主要工作是使全州人民认识到廉价而充足的电力意味着什么。"1933 年年初，该电力局召开了一次关于家庭用电价格的会议。电力局专家指出，小额电费账单将鼓励人们增加用电消费，而用电量的增加将降低单位电力的成本，在电力目前的平均使用情况下，电价很可能从普遍的每千瓦时 7 美分降至 3—4 美分。这些数字虽然还只是在讨论中，但也足以给一些业内发言人留下深刻印象。

考虑到当时的情况，电力进步派的努力在 20 世纪 20 年代取得了显著进展。廉价能源如此令人向往，即使支持者没有统一的组织，该领域的改革者也得到了广泛的支持。进步派两次获得国会对于马斯尔肖尔斯提案（Muscle Shoals proposal）的批准（虽然提案因为总统否决而未能付诸实践），进步派还发起了州和联邦调查，把电力问题发展成突出的政治问题始于 1929 年的大萧条（Great Depression）期间，控股公司帝国崩塌，大企业普遍名誉扫地，在罗斯福的领导下，民主党政府开启了被称为"新政"（New Deal）的自由改革时期。对电力进步派来说，这是一个令人兴奋的时期。保守派呼吁政府采取行动，知识分子和政府官员则主张实行经济和社会规划。新总统的政绩和他的一些任命，比如任命芝加哥进步派哈罗德·L. 伊克斯（Harold L. Ickes）为内政部长，表明"新政"可能会开启一个新的电力时代。

一开始，罗斯福采纳并扩大了诺里斯提案（Norris proposal）的适用范围，该提案是针对马斯尔肖尔斯提出的。罗斯福想针对整个田纳西流域进行规划，他想"把工业、农业、林业和防洪捆绑成一个统一的整体，使这个整体覆盖距离长达 1000 多千米的范围，从而使我们能够在未来的日子里为数百万尚未出生的人口提供更好的机会和更好的生活环境。"1933年 5 月，国会授权田纳西河流域管理局（TVA）开发田纳西河，并为整个田纳西河流域的居民用电承担相应的责任。随着胡佛或博尔德［Hoover or Boulder］大坝的修建，政府还建设了其他主要的水利项目，如博内维尔（Bonneville）和大古利（Grand Coulee），这些项目如今为太平洋西北部的广大地区供应电力。重整旗鼓的联邦电力委员会（Federal Power Commission）调查了电力资源及其成本，并得出了与纽约州电力局相似的结论。该结论造成的压力经常会扩散至地方一级，从而导致电价普遍降低。此外，国会在 1935 年通过了《公用事业控股公司法案》(*Public Utility Holding Company Act*)，使该行业的组织问题得以解决。该法案旨在对这些公司进行更有效的监管，并淘汰那些没有发挥有效服务功能的控股公司。

库克兴高采烈地参加了大多数上述活动，但他认为这些只是一个开始。他的许多同行拒绝与电力行业进行任何接触，但他比同行更有技术头脑。所以，他反而主张"电力汇集"，建立区域性输电网络，输送来自公共和私营公司的能源。此外，他深信国家政府应该制定出适用于长期政策的原则，以指导未来的能源发展。1934 年，总统任命库克为国家电力政策委员会(National Power Policy Committee)顾问委员，于是库克期待着能起草上面提到的那样一份声明。但库克感到很失望。因为尽管该委员会对《公用事业控股公司法案》负主要责任，但事实证明，委员会内部分歧太大，甚至无法在更广泛的事务上取得进展。

田纳西河上的甘特斯维尔大坝(Guntersville Dam)，由田纳西河流域管理局在 1935—1939 年建造，大坝建有一个防洪水库，大坝的装机发电能力(installed generating capacity)大约为 9.7 万千瓦

1933 年秋，库克被任命为密西西比河谷委员会（Mississippi Valley Committee）主席。尽管该委员会最初的职能是为大量公共工程项目申请联邦援助提供建议，但库克认为该委员会很有可能成为国家规划最终的主导。于是，该委员会起草了一份关于美国整个内陆流域的提案。委员们希望可以协调防洪、水土保持（库克已经成为这方面的热情宣传者）、水电和农村电气化，甚至还有土地使用和荒野保护之间的关系。之后，库克担任了大平原（Great Plains）干旱委员会主席，并在第二次世界大战后担任了水资源政策委员会主席。他坚信，所有计划都必须考虑各种相互关联作用的复杂性。到 20 世纪 30 年代末，库克发现了"生态学"这一科学领域，并呼吁实施全面保护，但是在新政实施一两年之后，政府本来就不浓厚的规划兴趣基本殆尽，田纳西河流域管理局也没有后续项目可以负责，该机构本身主要是电力供应商。由于库克关于区域和协调发展的建议，暗示了非常中央集权的国家，由此引发了反官僚主义的恐惧，并冒犯了许多特殊利益集团——敌对的政府机构、大公司、当地土地所有者和企业家。内陆流域规划的某些特性被单独采用，但是内陆流域规划的愿景从未实现。

库克在美国农村做出了最实在的贡献。在 20 世纪 20 年代，库克曾指责电力行业未能为农村提供服务。到 30 年代，他指出，在 10 年内，由中央发电站供电的农用比例从 1920 年的仅 1.6% 上升到 1930 年的 10.4%。从"新政"早期开始，他就向内政部长伊克斯和总统提出具体建议。其他人也在朝着同样的方向努力，其中当然包括参议员诺里斯，还有农业组织、田纳西河流域管理局及在田纳西河流域的先锋合作组织，该管理局为其供应电力。终于在 1935 年春天，总统拨出 1 亿美元成立了农村电气化管理局（Rural Electrification Administration，REA），并任命库克负责。

农村电气化管理局起步时局面一片混乱，计划把钱借出去以建设配电线路，但借给谁呢？私营公司愿意接受这笔资金，但不愿接受政府对电力价格体系的控制。在度过艰难的一年后，合作社作为一种切实可行的解决方案得以建立。在约翰·卡莫迪（John Carmody）的有力领导下，合作社迅速发展壮大。卡莫迪于1937年接替库克担任该管理局负责人。在农村电气化管理局的帮助下，农村居民在邻里之间联合以合适的利息向农村电气化管理局借款，与最近的电力供应商签约以获得电力（通常是这样操作），修建了供照明、抽水和挤奶使用的配电线路。该管理局还设计了许多改进措施来降低用电成本，同时坚持区域覆盖，以便在每个合作社区域内形成紧凑的客户群体。低电价将促进更多的电力消费。公用电力公司嘲笑这些农村居民为"新政下的山区电气化农民"，并试图通过法庭诉讼来阻止农村电气化管理局所采取的行动，在某些地区，这些公司还试图通过迅速为更富裕的居民搭建配电线路来阻止合作社的建立。电力公司的这一策略导致了"铁锹之战"的发生。然而随着农村电气化管理局的工作取得进展，电力公司也开始认真地拓展他们在农村的电力服务。到20世纪50年代中期，96%的农村居民都能用上电力。那些没有体验过这种便利生活的人最能理解电力带来的不同。

随着1935年农村电气化管理局的成立，安装电线的工人开始在农田里布线，农村开始使用电力

电力进步派在"新政"前五六年里影响最大。到 1939 年，以及战争的随后几年，经营军工业对能源的需求超过了对创新或长期政策的考虑。当农村电气化管理局停滞不前时，田纳西河流域管理局作为电力供应商却得到了极大发展。战后，自由党人提出成立密苏里河谷管理局（Missouri Valley Authority），但没有成功。库克曾担任总统的水资源政策委员会（Water Resources Policy Committee）主席（这是他的最后一个公共职位），但由该委员会提交的三卷本报告和对"美国未来十条河流"规划系统提出的建议，杜鲁门总统（President Harry Truman）均拒绝采取行动。改革就这样结束了，保守势力再次占据统治地位，且其统治几乎没有受到威胁。

从技术上讲，整个国家的能源设施得到了极大发展。尽管"新政"的创举，如大型水电项目和农村电气化管理局，因太受欢迎而无法废除，但电力公司也已恢复了他们的地位，在 20 世纪 50 年代，共和党政府称赞政府和电力行业的伙伴关系。高压输电网络覆盖了美国的主要地区，20 世纪 60 年代，由库克在 20 世纪 20 年代倡导的矿口发电厂将西南沙漠中的煤炭转化为电力输送至西海岸城市。随着核能的出现，库克的朋友，曾是联邦电力委员会成员的利兰·奥尔兹（Leland Olds）似乎清楚地认识到：低成本电力是取之不尽的资源。所以，他敦促公共电力系统调整电价，从而奖励已通电的家庭中用电量最多的家庭。许多美国人确实认为电的存在是理所当然的，因为电可以用来生产商品、做饭、照明、取暖或降暑。

20 世纪 60 年代，美国社会变革运动再次兴起，引发了一系列问题，其中就包括能源问题。在 20 世纪 70 年代，越来越多的批评人士在讨论当时的情况时，在某些方面与早期的进步派相呼应，但在另一些方面则与其相矛盾。20 世纪 20 年代和 30 年代的历史记载表明，消费者痛斥垄断公司和高电价。但这一次他们更有可能在力所能及的范围内找到更便宜的公共电力服务，也许是从田纳西河流域管理局或纽约州电力局获得。但许多挑剔的批评者与电力进步派截然不同，因为这些批评者反对无休止的扩张。他们宣称，能源不是取之不尽、用之不竭的，并指出露天采煤破坏了土地，矿口发电厂污染了沙漠的空气，他们坚称核电站会危及成千上万人的生命。因此，他们呼吁美国人转变用电习惯，让自己减少而不是增加对电力的消耗。事实上，他们要求重新考虑技术的目的和方向。

尽管在他们这一代，电力进步派渴望传播"大型电力"的真正好处，但却没有预见到其成功会带来的所有后果。他们还认为，一个创造了技术奇迹的社会，可以将这些成就用于增进人民和环境的福祉。尽管库克对电力开发充满热情，但他也坚持将土壤、河流和人类知识等资源整合到国家政策中。

第二十三章

恩里科·费米与核能发展

伟大的英国科学家欧内斯特·卢瑟福（Ernest Rutherford）在谈到早期粒子加速器发生的核反应引发大众的兴奋狂热时告诫大家：核反应的商业化几乎是不可能的，因为反应中释放的能量远远低于运行机器以发生核反应所需的能量。1933 年，他在接受《纽约先驱论坛报》（*New York Herald Tribune*）采访时曾警告道："任何人希望从原子裂变中获得能源，都是在痴心妄想。"

探索是何种因素将物质结合在一起

原子能这一概念起源于古代。古希腊人对元素的理解包括其他物质是由元素组合而成的观念。这就提出了一个问题：是什么把这些元素组合在一起？亚里士多德（Aristotle）的"四元素说"看起来可能过于简单，对它的一种解释是，土、水和气代表物质的固体、液体和气体状态，而火代表能量。因此，从历史的角度来看，我们可以认为亚里士多德的能量，是把德谟克利特（Democritus）的原子黏合在一起的黏合剂。

如果想在不远的过去，找到更多的事实来支撑，那么我们可以看看 19
世纪早期所做的实验，在这些实验里，物质可以被电化学实验分解。这从
逻辑上表明，能量可以使原子结合在一起，亦可分开。在 19 世纪后期，出
现了伟大的热力学定律、能量守恒定律以及气体动力学理论。这些理论阐
述了能量的不同表现形式，对能量进行量化，也解释了气体分子的运动能
量取决于分子的温度。

亨利·贝克勒尔（Henri Becquerel）在 1896 年发现了放射性，因此
研究原子或分子内部究竟发生了什么成为关键。贝克勒尔发现铀会发出强
辐射，而且似乎是持续不断地发出，那么，这些辐射能量是来自于粒子运
动，化学键断裂，还是有其他变化？

1903 年在法国巴黎，皮埃尔·居里（Pierre Curie）和阿尔伯特·拉
博德（Albert Laborde）发现某种镭样品的表面温度比周围环境更高，这
是非常奇怪的现象。居里说他不会待在含有 1 千克纯镭的室内，因为那无
疑会损害他的视力，烧光他身上所有的皮肤，甚至可能将他置于死地，媒
体广泛引用这一说法，这使大众对镭更加好奇。在大西洋对岸的蒙特利尔，
卢瑟福和弗雷德里克·索迪（Frederick Soddy）在 1902—1903 年成功地
解释了放射性现象。两人表示，铀、钍、镭和其他相关元素的原子会自发
地转化成其他原子。转化过程涉及某些粒子的射出：β 粒子和 α 粒子等。
α 粒子在几年后被确定为带电的氦原子。粒子以高速射出，质量相对较大
的 α 粒子具有较大的动能。居里和拉博德发现，正是在与邻近的原子和分
子的碰撞中发生的能量损失，提高了物质的温度。

如果说对能量释放的原理有所了解，那么对放射性衰变的原因就有待
探究。这种神秘感让评论界的作者们兴奋不已，并有望驱使人们在未来去
洞察原子的本质。但是大量热量的产生，是一个更具体的概念，它使放射
性现象在世界范围内引起人们的关注，尤其是对镭这种高能量物质的关注。
玛丽·居里（Marie Curie）成为"镭元素之母"（Our Lady of Radium），

有人为她写诗，甚至有人请求用她的名字给一匹赛马命名。为自行车生产提供照明的镭灯，被认为是指日可待的事，而生产供船只横渡大洋的豌豆大小的燃料，则被认为在不远的将来就能实现。因为放射性物质将提供巨大的能量。但这种看似无限的能量却与能量守恒定律严重不符。能量从何而来？威廉·克鲁克斯爵士（Sir William Crookes）认为，放射性元素有选择性地过滤掉快速移动的空气分子，并吸收它们多余的能量。居里夫妇则更倾向于认为是一种弥漫在空间中未被探测到的辐射，这种辐射只有在它刺激重金属元素时释放出 α、β 和 γ 射线时才能被感知。由朱利叶斯·埃尔斯特（Julius Elster）和汉斯·盖特尔（Hans Geitel）组成的德国研究团队以及卢瑟福和索迪则更愿意认为是原子本身拥有这种能量，当原子内部发生重排时释放出了这种能量。

但能量是否可以按需释放而不是按每种放射性元素的速率，即半衰期释放？某项研究试图改变这种衰变速率，即加快或减慢衰变速率，但事实表明，极端的温度和压力以及放射性元素的不同化学组合都无济于事。另一种方法是试图分裂原子，毫无疑问，这意味着某种能量变化。据报道，卢瑟福在剑桥大学卡文迪什实验室（Cavendish Laboratory）时的老师 J. J. 汤普森（J. J. Thompson）"非常渴望可以人工分裂原子，可能不久他就会用冷凿来进行尝试[①]。"但是没有人发现过由于 X 射线轰击而断裂的大块原子。还有一些方法则将原子置于强大的电场和磁场中，探测到了某些效应，我们现在知道这些效应是由原子外部电子引起的，但这些效应并没有彻底破坏原子本身。而汉斯·盖格（Hans Geiger）和欧内斯特·马斯登（Ernest Marsden）于 1910 年左右在卢瑟福的曼彻斯特实验室（Manchester laboratory）里所做的实验表明，可以有效利用 α 粒子（来自自然衰变的放射性元素）来了解粒子撞击的目标。

---

① 亨利·巴姆斯特德（Henry Bumstead）致卢瑟福的信，1905 年 9 月 30 日。

该想法使卢瑟福于 1911 年建成原子核模型，并最终促使他在 1919 年用 α 粒子轰击来分裂氮原子核，产生了氧原子和氢原子，进而又促进了"粒子加速器"概念的出现及加速器的发展。在 20 世纪 20 年代，卢瑟福（当时在剑桥）和詹姆斯・查德威克（James Chadwick）使用来自放射性元素的 α 粒子，成功地转化了元素周期表后半部分的许多元素。他们认识到想要进行更多的转化，则需要更多的粒子射束和更大的能量。约翰・科克罗夫特（John Cockcroft）和 E. T. S. 沃尔顿（E. T. S. Walton）是卢瑟福的学生，两人发明了一款高压机器，并于 1932 年通过该机器用质子去轰击锂靶，产生了两个氦核。卢瑟福在 1919 年的实验中，利用自然衰变的放射性元素产生的氦原子，小心谨慎地进行了原子核的转换（nuclear transformations）。而科克罗夫特和沃尔顿则用人工加速的氦原子做了同样的实验。他们也首次在该反应中论证了著名的爱因斯坦质能方程：$E=mc^2$。1932 年是非同寻常的一年，这一年里的另一件大事是查德威克发现了中子。中子的质量和质子差不多，但中子不带电。这意味着中子不受原子周围强电场的影响，比其他氦原子更容易击中靶核。

这就是为什么卢瑟福当时会给从原子或者更准确地说是从原子核中提取可用能量的想法泼冷水，他认为这只不过是镜花水月。一方面，在当时的粒子加速器中，最著名的是欧内斯特・劳伦斯（Ernest Lawrence）于 20 世纪 30 年代早期在加州大学伯克利分校（University of California at Berkeley）开发的粒子回旋加速器。粒子回旋加速器是一系列更大的加速器的原型，在加速器中，粒子以环形路径进行电磁加速。粒子回旋加速器和线性加速器都能将质子、电子和较重的粒子抛向目标。虽然其中一些反应释放出相当大的能量，但是输入的能量总是大于输出的能量。另一条发展路线是用中子诱发反应（中子不受电磁场影响而不能加速），但同样也不太可能产生净能量输出，因为中子产生和中子诱发反应的效率都太低。因此，卢瑟福基于当时已知知识的说法是完全正确的。爱因斯坦和罗伯特·米利根（Robert Millikan）也做出了同样的预测。但后来，由于发现了核裂变这一新的自然现象，上述观点也随之改变。

费米与核裂变反应的控制

1938 年年底，卢瑟福之前的学生，放射化学家奥托·哈恩（Otto Hahn）和他的同事弗里茨·施特拉斯曼（Fritz Strassman）在德国发现了原子裂变。裂变就是一个铀原子在被中子撞击时，破裂成两块大致相等的碎片。出于众多原因，科学界对这一发现非常感兴趣。首先，这一发现非常出人意料，因为物理学家和化学家此前几十年都未能找到比 α 粒子更大的原子碎片；第二，铀原子核裂变释放的能量是巨大的，大约为 2 亿电子伏，与最剧烈的化学反应中每个原子所释放的 1—2 电子伏相比，核裂变反应的重要性就不难理解了；第三，很有可能在裂变过程中，不仅会产生两块原子碎片，还会释放出额外的中子。如果这些额外中子的其中一个撞击另一个铀原子核，导致铀原子核裂变，然后释放出中子，其中的一个中子又撞击另一个铀原子核，以此类推，一个持续的链式反应是可能发生的。如果能够控制链式反应，那么我们就会有源源不断的能源。如果在裂变中释放的中子不止一个，并且其中大多数都成功地分裂了铀原子核，那么裂变数量就会呈几何级增长。事实上，裂变过程发生得非常快，也即能量释放得非常快，以至于我们就像拥有了一个炸弹一样。

这些事实被全世界的物理学家所承认，并且没有人比恩里科·费米（Enrico Fermi）受这些事实的影响更深。费米早年就被公认为意大利杰出的理论物理学家，他的同事们都指望他能恢复意大利在科学界自伽利略（Galileo）、路易吉·伽伐尼（Luigi Galvani）和亚历山德罗·沃尔塔（Alessandro Volta）时代以后就失去的荣耀地位。费米在 β 粒子衰变和创造"费米统计"方面取得重要成就后便成功地彻底转向实验物理学方面的研究，这一转变非同寻常。在 20 世纪 30 年代中期，费米广泛地研究了由中子引起的反应，发现与带电粒子不同，慢速运动的中子比高速运动的中子能更能有效地引起反应。

　　1938 年，费米借由给他颁诺贝尔奖的机会离开了贝尼托·墨索里尼（Benito Mussolini）统治下的意大利，来到美国定居。他先是在哥伦比亚大学工作，后又去到芝加哥大学。费米、里奥·西拉德（Leo Szilard）和其他人证明了诸如极纯的碳和重水一类的材料，可以减慢中子的速度，但又不吸收中子。由于几乎无法获得重水，后来就将许多的石墨砖垒成堆，也即

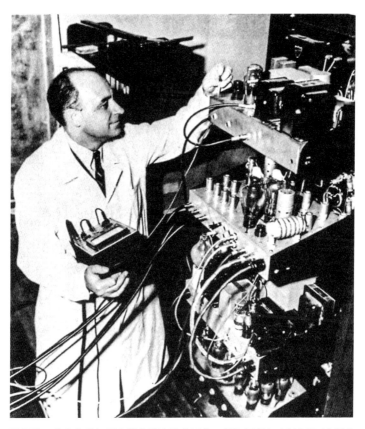

恩里科·费米在芝加哥大学物理实验室工作，他和同事在 1942 年 12 月 2 日实现了第一次可控的核能释放

反应堆。石墨层和铀块层相间堆砌。裂变发生在元素内部，释放的中子在穿过碳慢化剂时损失了大部分能量，然后再撞击其他铀原子核。1942年12月2日在芝加哥，费米和他的同事首次成功地控制了核能的释放，他们将吸收了许多中子的镉棒从反应堆中抽出，以使中子通量上升，然后调整镉棒数量以控制中子通量水平，最后重新插入镉棒以减缓或停止反应。

但是，这种基础的、具有应用科学性质的工作与世界大事有什么关联呢？当时，美国已加入第二次世界大战的同盟国阵营，和其他国家一样，美国非常担心阿道夫·希特勒（Adolf Hitler）正在制造原子弹。这种潜在危险促使科学家们向美国和英国政府提出发展核武器的建议，而"曼哈顿

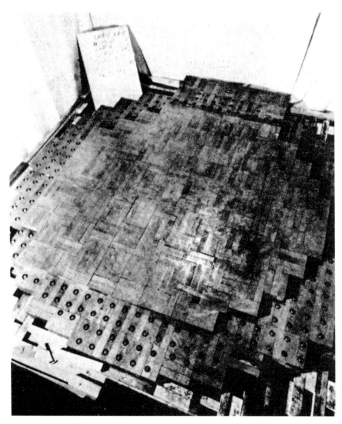

第一个自持式核反应堆，在这张照片中已部分完工，建在芝加哥大学的运动场看台下，用石墨砖和铀块相间堆砌而成

|第二十三章　恩里科·费米与核能发展|

计划"（Manhattan Project）就是其中最重要的成果。费米的成功说明了三件事。首先，链式反应是可能的，这意味着可能制造出原子弹（但这并不意味着没有任何障碍需要克服）。第二，由于铀的裂变部分是铀的同位素 U-235 实现的，而天然金属中只存在 0.7% 的铀的同位素 U-235，并且该同位素无法通过化学方法分离出来。因此地球上没有的全新元素可能会在反应堆中产生，并且这种新元素可以裂变。就是元素钚 Pu-239，而它可以通过用中子轰击原本被浪费掉的铀同位素 U-238 而获得，并且钚 Pu-239 可以通过化学方法分离出来。第三，反应堆也可以用来生产新能源。

美国反应堆的发展

第二次世界大战期间，华盛顿汉福德（Hanford）哥伦比亚河岸边的 5 座巨型反应堆实现了钚的生产。虽然反应堆没有利用其裂变所产生的热量，也不是后代人用于生产能源的反应堆的原型，但科学家却从中获得了许多宝贵的经验。这里的主要成就是尽量减少辐射对结构材料的影响，用铝装铀钢瓶以防止冷却水吸收辐射的技术，以及发现了避免关闭反应堆（因不可避免地产生了吸收中子的裂变碎片）的方法。汉福德反应堆产生的元素钚被制成原子弹，于 1945 年 7 月 16 日在新墨西哥州的阿拉莫戈多（Alamogordo）进行了核武器实验，并于 1945 年 8 月 9 日在日本长崎（Nagasaki）上空爆炸。

第二次世界大战后，反应堆的发展在很大程度上仍与可裂变材料的生产有关。决定美国未来技术方向的一个重要决定是使用浓缩铀作为反应堆燃料。汉福德反应堆使用的是天然铀的钢瓶，这意味着含量为 0.7% 的 U-235 提供了将部分 U-238 转化为钚的中子。但曼哈顿计划完善了物理分离 U-235 和 U-238 的方法，事实上，1945 年 8 月 6 日投在广岛（Hiroshima）的那颗原子弹就是由这种较轻的铀同位素 U-235 制造的。但

›259

是，如果不将铀矿浓缩成丰度 90% 以上的纯度，而是含量仅为 2%~3% 的 U-235，铀将是优良的反应堆燃料，可以产生更多中子，进而可以使用普通轻水而不是碳或重水作为慢化剂，重水吸收的中子量较少且成本更昂贵。

不管核反应堆扩散的话题多么有争议，美国运送到其他国家的反应堆模型都不太可能用来生产用于制造武器的元素钚，因为这些国家必须依赖美国提供下一批浓缩铀燃料，在这样的背景之下就可以看出美国使用浓缩铀作为反应堆燃料的意义所在。（但随着其他国家正在发展铀浓缩技术，这种情况也正在发生改变。一个国家当然可以满足于一个反应堆装料就能生产出核武器，而且不用担心未来的燃料供应。）

1947 年成立的美国原子能委员会（American Atomic Energy Commission，AEC）资助了各种关于反应堆设计的研究。但由于对核武器的担忧，使其无法实施强有力的、可民用的反应堆计划。但在某种程度上，更多是因为当时冷战的压力，而且由于海军上将海曼·瑞克弗（Admiral Hyman Rickover）的强势性格，核能的发展方向是用于船舶推进，而不是用于发电。传统的潜艇必须浮出水面或浮潜以获取电池充电循环所需的空气。但核动力潜艇根本不需要依靠空气，瑞克弗的许多同事认为可以一直深海巡航的核潜艇是海底战争的一场革命。但只有瑞克弗认为这项技术已经足够成熟，可以在 20 世纪 50 年代早期开始建造核潜艇，而不是继续慢悠悠地进行无数设计研究。他的坚持使"诺第留斯"号（Nautilus）和"海狼"号（Seawolf）分别于 1954 年和 1955 年下水，这两艘核潜艇分别由西屋（Westinghouse）的压水堆以及通用电气（General Electric）的钠冷电站提供动力。美国之后又建造了 70 多艘核潜艇（目前美国没有建造其他类型的核潜艇），而其他国家也建造了很多的核潜艇。

核动力潜艇的优势显而易见，因为对潜艇而言，避免被发现是最重要的问题。但对于水面舰艇来说，经济因素同样重要，所以美国海军只建造了少数几艘核动力航空母舰、巡洋舰和护卫舰。1962 年，核动力商船萨凡纳（Savannah）进行了处女航，随之而来的是人们对低成本航运新时代到来的广泛预测。但由于担心辐射泄漏和工会纠纷，国外港口不欢迎该船进入，这降低了它的使用价值，以至于几年之内，这艘船就被封存了。苏联的核动力破冰船"列宁"号（Lenin）在其北极地区运行良好，西德（West Germany）使用"奥托·哈恩"号（Otto Hahn）作为矿石运输船，而日本商船"陆奥"号（Mutsu）一直受到辐射泄漏的可能性的影响，所以愤怒的渔民封锁了港口，不让其驶入，因此它的未来充满了不确定性。20 世纪60 年代初，美国人试图用核反应堆为飞机提供动力，但没人能设想出一个具有可操作性的计划。

在早期进行潜艇核反应堆研究的同时，美国原子能委员会开始激发核反应堆在中央电站发电方面的应用研究。但由于核反应堆受政府安全规定所限，所以那些获准在 1952 年和 1953 年参观该项目的工程师和高管们对其持不确定的态度。一方面，核能很可能在价格上与化石燃料工厂竞争。另一方面，政府禁止私人拥有核反应堆也阻碍了核能的发展应用。

1953 年，德怀特·艾森豪威尔（Dwight Eisenhower）总统的新一届政府决定将（会采取保障措施）分享民用核信息和核材料作为外交政策的一个重要方面。但总统的"原子能为和平服务"的演讲（Atoms for Peace）[①] 自然在国内引起了巨大反响，因为要分享的技术还没有完全开发出来。1953 年年底，在美国宾夕法尼亚州希平港（Shippingport），第一座"满功率运转"电力示范工厂获批建设（6 万千瓦）。1954 年通过了一项法律，授权核反应堆设施可以私人所有，并且政府只保留拥有核燃料的权利。这些行动和其他许多计划显示了政府鼓励核能进入工业发展的决心。由于电力工厂公司高管层希望能尽快推进并迅速成功，所以希平港工厂只使用了海军"诺第留斯"号反应堆的升级模型，而这是瑞克弗的功劳。由于瑞

---

① 1953 年 12 月 8 日，美国总统艾森豪威尔在联合国大会发表讲话，建议在联合国名下成立国际原子能机构，通过向非核国家提供有限核技术用于和平，以换取它们不开发核武器。

克弗倾向于保留运行良好的事物，加上他叫停了钠冷快中子反应堆的开发，所以美国核工业一直主要致力于水冷反应堆设计研究。

希平港电力工厂获得建设授权4年后，于1957年希平港工厂压水堆完工。1960年，另外两个专用商业电力生产设计的反应堆也投入使用，其中一个是位于马萨诸塞州罗（Rowe）的压水堆［扬基（Yankee），14万千瓦］，另一个是位于伊利诺伊州莫里斯（Morris）的沸水堆［德勒斯登（Dresden），18万千瓦］。第一代大约6座反应堆的运行经验证明了核能在技术上的可行性。事实上，反应堆比预期效果更好，但成本远远高于化石燃料发电厂，建设费用也高于预期，而且煤炭价格的下降也给反应堆的未来蒙上阴影。

20世纪60年代初，公共事业面临着由于公众反对带来的其他问题。博德加湾（Bodega Bay）的反应堆因地震中断施工后便被叫停，因为博德加湾是位于加州北部的地质断层上。而纽约市市区内的一处选址也被害怕反应堆的市民否决了。但在人口密度较低的地区，特别是在那些化石燃料成本较高的地区，核电技术似乎仍具有经济价值，而且其发生事故产生危险时，也在相对较远的地方。

从1963年开始，因其规模经济，许多公用事业决定发展核电，还因为联邦政府持续推出的财政激励措施，以及反应堆制造商的低报价。反应堆制造商当时更感兴趣的是创建一个行业，而不是眼前的利润。虽然在这一时期之前就设想了核电站，但第二代规模更大的早期核电站是在南加州的圣奥诺弗雷（San Onofre）建造的，它的额定功率为42.8万千瓦，于1967年完工。该核电站的建造不仅标志着"大型"核电站的到来，也标志着美国7年未颁发商业核电站建设许可证时代的结束。

到20世纪60年代中期，美国电力公司治下的所有发电厂容量中，几乎有一半是核电，其规模从50万千瓦跃升至80万千瓦，再跃升至110万千瓦，而且除了某个电站采用压水反应堆和沸水反应堆之外，其余全是核电站。与此同时，煤炭价格不断上涨，公众对燃煤电厂造成空气污染的担忧日益增加。这也与人们日益理解"宇宙飞船地球"资源有限的概念相吻合，这无疑是受到美国和苏联太空计划的影响。因此，未来的燃料中显然至少有一种是铀。而对 1980 年或 20 世纪末的核电预测每年都在迅速增加。

自 20 世纪 60 年代中期以来，规划建设的许多发电厂已经完工。截至 1976 年，美国共有 58 座核反应堆（不包括军事、实验和原型反应堆在内），其发电量约为当时全国电力的 9%（4000 万千瓦）。（相比之下，其他 20 个国家总共有大约 100 座核反应堆。）美国已经在计划或正在建设中的商业反应堆超过 150 座，其发电量约为 1.7 亿千瓦[①]。

核能：赞成和反对

反应堆的未来尚不明朗。虽然一些环保主义人士称赞反应堆在控制空气污染方面做出的贡献，尤其是它与燃煤电厂的排放形成对比。尽管 1973 年石油输出国组织（Organization of Petroleum Exporting Countries）的石油禁运促使美国政府想争取能源独立，但对于反应堆是否是一个可行的解决方案，仍存在很多争议。

由于选址、安全计划、环境影响报告等造成的不可避免的诉讼，电力公司面临着不断增长的核电站建设成本和昂贵的时间延误成本，并且由于认识到电力消耗的增长速度低于预期，所以电力公司正在重新考虑发展核电的必要性，而且许多工厂已被取消建设。然而，与经济利益相比，对核电行业更不利的是大量民众的反对，他们敦促对核电站的建设或运营采取立法行动。这种不确定的氛围显然不利于投资。

---

① 编者按：这些计划至少在 1979 年遭遇了短暂的挫折，当时宾夕法尼亚州的三里岛核电站发生事故，引起了公众的广泛关注，并导致政府对核电工程和核电站的程序性安全预防措施进行了研究。

反对派质疑核裂变反应堆的必要性，强调可以考虑核聚变、煤炭、石油、地热、潮汐、风能、太阳能和其他替代能源，并声称铀矿储量不能维持到 2000 年。行业和政府数据被认为是为其自身利益服务，前原子能委员会［现分为核能管理委员会（Nuclear Regulatory Commission）和能源部（Department of Energy）］同时作为该行业的促进者和监管者尤其不受信任。最重要的是安全问题，目前各种各样的反应堆出现故障时，因为无法形成所需纯度的临界质量不会导致核爆炸。但假设管道泄漏中断了流动的冷却水并且应急系统无法正常运行，反应堆堆芯熔化的可能性虽然很小，蒸汽爆炸将破坏安全壳，而堆芯的强放射性物质将会顺风排放。同样地，反应堆因地震、飞机失事或人为破坏都可能释放出大量的放射性物质。如果增殖反应堆在技术和经济上具有可行性，那么就有可能意外地在某个反应堆中形成爆炸临界质量。虽然这类事故发生的可能性极小，但事故后果将涉及成千上万人和数十亿美元，所以会产生巨大影响。另一个令人担忧的是，废弃物必须储存数千年，而且不能泄漏到水或空气中。在这方面，寻找确定地质上不活跃的地点亦非易事。通过铁路或卡车运输用于再处理的热废物和辐照燃料棒也令人担忧。

这类事故只是反对者看到的某种危险。当时更可靠的是创建所谓的"钚经济"。现有的反应堆在正常运行过程中会生产一些钚，同时也会消耗一部分铀。所以将专门设计增殖反应堆用于制造钚。虽然钚的强放射性会带来危害，钚有致癌特性，并且钚涉及的费用金额巨大，但愿意为此付出代价的政府或其他组织仍可通过化学方法将钚从铀、裂变碎片等成分中分离出来，从而积累原子弹材料的库存。在长崎投下的原子弹所使用的钚元素大约只有 5 千克，而到 21 世纪末，在世界各地的反应堆中生成的这种元素将达到数百万千克[1]。无论核反应堆扩散是作为国家政策的一部分还是由

[1] 这一判断可以在 David R. Inglis, Nuclear Energy: Its Physics and Its Social Challenge (Reading, MA; Addison-Wesley, 1973), 336 页上找到依据。

恐怖组织造成，其都被视为等同于核武器扩散。尽管国际条约要求对某些设施进行检查或再处理，尽管采取了很好的保护措施，但一些批评人士认为，条约可能被废除、1% 的特殊核材料可能在该体系的簿记中"丢失"，但其实是被秘密转移、或可能被盗走，这些都可能使得原子弹的制造和使用不可避免。

结　论

对于那些注意到 20 世纪生活节奏日益加快的人来说，核反应堆是合适的试金石。多亏了费米的天赋，在发现反应堆所基于的物理现象仅仅 4 年之后，第一座反应堆就变得至关重要。在 3 年多的时间里，反应堆被用来制造足够多的新元素钚，并用这种新元素制造令人畏惧的新武器。在第二次世界大战结束后仅仅 10 年，虽然没有像曼哈顿计划那样得到国家有力和大规模的支持，但反应堆已开始为海上船只提供动力。在接下来的 20 年里（1955—1975 年），人们对民用反应堆的憧憬，很大程度上从一种无限、安全、廉价、无污染的能源发展至截然相反的对立面。反应堆支持者承认反应堆负有责任，但支持者也认为没有一种技术是没有风险的，而这些特殊的危险已经而且将会得到很好的控制。他们认为替代能源的健康和环境成本更高，而且这种能源是繁荣经济所必需的。反对反应堆的人则认为，某种形式的灾难是不可避免的，所以我们不应该使用这种技术。

在双方为支持自己的观点而提供的大量技术数据面前，需要做出一个价值判断。因为这确实是一个重大的社会问题，而公众正被给予（或正在利用）这个难得的机会来选择自己的未来。反应堆的风险大于益处吗？拒绝反应堆会对能源消耗、经济、控制人口的必要性（如果资源不足的情况下）或生活质量产生什么影响？在美国进入 20 世纪时，技术的必要性——如果它能做到，它就会做到——是美国所期望的哲学，还是一种更新的态度——用更少的资源做事的意愿——这在一个日益相互依存的世界里是更合适的做法吗？这些问题绝不局限于对核能的争论，但是反应堆确实提供了一幅全景图，展现了在一个生命周期内引进新技术将经历的成功、失败、不确定和社会影响。

费米基本上没有看到反应堆的发展。他在 20 世纪 30 年代初放弃了原子物理学，转而研究核物理学，他认为新发明的量子力学将解决前一学科的所有主要问题。带着同样的远见和勇气，"二战"后，他不再继续核物理学研究，转而研究高能粒子物理学，认为这将是未来研究中激动人心的领域。他于 1954 年去世，留下该领域让其他人继续探索。但作为一位优秀的老师，在下一代科学家中，他的弟子们在该领域的研究也同样表现突出。

第二十四章

罗伯特·哈钦斯·戈达德
与太空飞行的起源

现代火箭技术始于 20 世纪，当时有少数人渴望太空旅行，火箭技术便是开始于这些人对太空旅行的憧憬。火箭技术的繁荣源自政府出于军事考虑而投入的资源。太空飞行的成就得益于技术想象力的运用和组织机构的支持，也即个人创造力和社会组织的结合。美国物理学家罗伯特·哈钦斯·戈达德（Robert Hutchings Goddard）正是那些以创造性想象力开辟了太空时代的一员。他几乎是独自一人完成了开创性的实验。在几位值得信赖的助手的帮助下，以及几位私人或半公共赞助方的资金支持下，他设计、测试并申请了现代火箭几乎所有特征的专利。但他从未成为最终将人类送入太空的大型社会性企业的一员。矛盾的是，这位帮助创造了太空飞行（20 世纪企业技术的典型代表）的人，在精神和风格上却更崇尚个人主义。军方资助研究和发展的资金充足的大规模项目，旨在使火箭成为可靠的炸弹发射系统，但戈达德并没有参与这一决定性的项目。

戈达德的职业生涯

戈达德是一位实验物理学家，这一职业决定了他将取得怎样的成就。他于 1882 年 10 月 5 日出生在马萨诸塞州的伍斯特（Worcester），但在波士顿度过了他的青年时代，并于 1898 年与家人回到伍斯特。他勤奋好学但体弱多病，所以直到 1904 年才完成高中学业。4 年后，他从伍斯特理工学院（Worcester Polytechnic Institute）毕业。在那里做了一年物理讲师后，他开始在克拉克大学（Clark University）继续研究生阶段的学习，该大学也在伍斯特。戈达德于 1911 年从克拉克大学获得物理学博士学位，然后到普林斯顿大学（Princeton University）做了一年研究后，又回到克拉克大学任教，直到 1943 年辞职。当 1920 年被任命为教授时，他的火箭研究已经在顺利进行中。

戈达德是在 1909 年首次开始考虑将化学火箭作为穿越星际空间的一种手段。从 1 月 24 日到 2 月 2 日，他的笔记本记录了第一次计算火箭飞行的过程。某种基于艾萨克·牛顿第三定律的独立反应装置提供了唯一可行的方法，以穿越地球大气层之外几乎完全是真空的空间。而化学火箭满足这些要求，尽管它们现有的形式只不过是一端封闭并装满黑色粉末的空心管。戈达德在 1915 年和 1916 年用这种火箭进行的实验表明，它们的效率非常低，同时也证实了他之前的怀疑：需要更好的方法控制燃烧以及更好的燃料和氧化剂组合。1914 年 7 月，他成功为"火箭装置"申请了两项基本专利，详细说明了燃烧室和喷管的使用方法，并提出了发展液体推进剂的可能性，从理论上讲，液体推进剂的能量要比固体推进剂高得多。

戈达德当时已尽了自己最大的努力，所以一直在寻求外界支持。1917 年 1 月，史密森学会（Smithsonian Institution）向他提供了 5000 美元的资金支持用于进一步的火箭研究。但在美国参加第一次世界大战之前，他几乎没有存款。戈达德曾为美国陆军信号部队（U.S. Army Signal Corps）工作。1918 年，他开发了一种由空心管发射的固体推进剂火箭，打算作为便携式火炮供步兵使用。1918 年 11 月 6 日，就在停战的 5 天前，这枚火箭在马里兰州（Maryland）的阿伯丁试验场（Aberdeen Proving Ground）进行了演示，但进一步的工作也因停战而中断。

尽管如此，戈达德仍然拥有史密森学会提供的资金支持，而克拉克大学也提供了一些研究基金。到 1921 年，他主要致力于研究使用液体推进剂的火箭。1926 年 3 月 16 日，戈达德在位于马萨诸塞州奥本（Auburn）的一个农场里完成了世界上第一次液体推进剂火箭飞行。之后他继续研究火箭飞行，特别是在 1929 年 7 月的那次飞行，其令人惊叹的亮度和巨大的噪声引起了轰动。记者和好奇人士强烈要求戈达德寻找新的地点再进行一次实验，于是他将实验地点定在了附近的德文斯营地（Camp Devens）军事保留地。

关于戈达德研究的相关报道引起了世界著名飞行员查尔斯·林德伯格（Charles Lindbergh）的注意，林德伯格常常担任富豪和有影响人士的顾问。林德伯格对掌握了航空技术之后未来的飞行何去何从的担忧似乎在戈达德计划征服太空的研究中找到了答案。1929 年 11 月两人一见如故，从此开始了这段长久而富有成果的关系。

林德伯格很快就安排了戈达德与几位潜在的赞助方会面，于是戈达德先是得到了华盛顿特区卡内基研究所（Carnegie Institution）的一笔资助，后又从纽约丹尼尔·古根海姆（Daniel Guggenheim）那儿得到更大数额的资助。戈达德业余时间一直在研究火箭，有了这些资助后，他于 1930 年年中就在新墨西哥州（New Mexico）的罗斯威尔（Roswell）设立了一个火箭实验项目。

1930—1941 年，戈达德和几位助手进行了 100 多次验证或静态试验，尝试了 48 次火箭发射，其中 31 次实现了某种形式的飞行。火箭变得越来

罗伯特·哈钦斯·戈达德站在发射平台旁，他于 1926 年在马萨诸塞州奥本建造的液氧火箭便是在该平台上发射

越大，越来越复杂，其长度约为 6.6 米，直径约为 0.45 米，重量约为 0.25 吨，而且满载汽油和液氧。但是戈达德没有得到进一步的支持。第二次世界大战期间，他为美国海军和陆军空军（U.S. Navy and Army Air Force）研究火箭助推起飞和可变推力火箭发动机。1945 年 8 月 10 日，就在战争

即将结束前，戈达德去世了。他的太空旅行梦想没有实现，但在战争后期出现的大型德国 V-2 导弹让人觉得他的愿望在不远的将来就会实现。

戈达德在世时就从来不是默默无闻，他的名气在他死后也越来越大。1960 年，为了回应埃斯特·戈达德（Esther Goddard）和古根海姆基金会（Guggenheim Foundation）在 1951 年发起的行政诉讼，美国才姗姗来迟地承认了戈达德的重要地位。军方当时正在开发的导弹使用了戈达德的专利。政府使用戈达德博士的专利超过 200 项，范围涵盖火箭、导弹和太空探索领域的基本发明，因此，政府支付了 100 万美元的和解金[①]。

太空旅行的梦想

虽然戈达德在太空旅行这个话题上保持沉默，但他和其他研究火箭技术的先驱一样怀有太空旅行的梦想。不知是出于个人羞怯和敏感，还是出于实验科学家的专业谨慎，抑或是出于对一个具有潜在价值的军事秘密的保护，戈达德没有对自己的工作及其可能的应用发表过任何看法。唯一的例外是气象研究，火箭在气象研究中是研究上层大气的工具。

戈达德有一份价值巨大的手稿，记录了他自 1913 年以来一直研究和不断新增的内容，1916 年他对史密森学会提出资金资助请求，其资助请求因这份手稿而得到支持。这份手稿最终以《到达超高空的方法》（*A Method of Reaching Extreme Altitudes*）为题发表在 1919 年的《史密森学会杂集》（*Smithsonian Miscellaneous Collections*）中。文章基于高空研究的价值，全面阐述了有关火箭的理论和发展火箭的理论基础。文章中只有一个不起眼的提议——在月球上引爆由火箭运载的大量镁粉，然后从地球上观察其发出的闪光——暗示了戈达德内心最深处的想法：实现太空旅行。但私底下，

---

① 戈达德在世时获得了 48 项专利，另外 35 项专利在他死后获得。还有 131 项专利是埃斯特·戈达德后来根据她丈夫的笔记、草图和照片中收集资料整理后才颁发的。

他却在努力为太空旅行做准备，特别是他在 20 世纪 20 年代向史密森学会和克拉克大学提交的机密报告中也有所体现。

戈达德还是孩子时接触到了科幻小说，他对太空旅行的痴迷便是从那时开始。他首先接触到的是 H. G. 威尔斯（H. G. Wells）的《世界大战》（*War of the Worlds*），该小说于 1898 年 1 月开始在《波士顿邮报》（*Boston Post*）上连载，接下来便是加勒特·P. 塞尔维（Garrett P. Serviss）的《爱迪生征服火星》（*Edison's Conquest of Mars*）[①]。年轻的戈达德被这些小说迷住了。多年后，戈达德在撰写自传时回忆道："这些小说极大地刺激了我的想象力，威尔斯精彩真实的心理学使故事情节非常生动，同时也让我忙于思考实现这些物理奇迹可能的方式方法。"1932 年，他给威尔斯写了一封感谢《世界大战》的信。他在传记中写道："当时我 16 岁，科学应用的新观点，以及令人信服的现实主义，给我留下了深刻的印象。大约一年后，科幻小说的咒语起作用了，我认为高空研究（暂且保守地这样说）是现存最令人着迷的领域。但科幻小说的咒语在我身上的作用并没有结束，相反，我选择了物理学作为我的职业。"

戈达德所说的"科幻小说的咒语起作用了"发生在 1899 年 10 月 19日。戈达德爬上了谷仓后面的一棵樱桃树，他在自传中回忆道："那是新英格兰 10 月份常见的宁静、绚烂、美丽的午后，当我向东边看着田野时，我想象着如果能制造出某种能升到火星上的装置，那该有多好啊！如果能从我脚下的草地上慢慢升起来，又会是什么样呢？……我从树上下来时，已不再是爬上树时的我，因为活着对我而言终于变得很有意义。"在之后的日子里，戈达德将 10 月 19 日作为周年纪念日来庆祝，在方便的时候，他也常去看那棵树。

但什么是科幻小说，为什么它会对一个男孩产生如此大的影响？"科

---

① 从 1 月 6 日起，威尔斯的作品每天都在报纸上连载，但改成了波士顿被入侵。并将作品重新命名为"来自火星的战士，或在波士顿及其附近地区的世界大战"。

幻小说"一词直到 20 世纪 20 年代才出现，尽管它所属的文学类别在当时已有一百年的历史。科幻小说第一个里程碑式的作品是 1818 年玛丽·雪莱（Mary Shelley）的《弗兰肯斯坦》（*Frankenstein*）。在 19 世纪最后几十年，科幻小说这种体裁在儒勒·凡尔纳（Jules Verne）、威尔斯、库德·拉斯维茨（Kurd Lasswitz）和许多籍籍无名的作家的作品中非常盛行。但科幻小说这一术语本身有点用词不当，因为通常该类作品最明确的焦点是技术而非科学。科幻小说在很大程度上是工业革命的产物：它是一种文学形式，表达了人们的希望和焦虑，人们在技术和社会的快速变革中挣扎。事实上，科幻小说可以说是对技术变革的幻想，它是一种文化手段，在人类所处环境变化太快的情况下，用来安抚人们无能为力时的不安情绪。

在 19 世纪最后 30 年里，这种不安主要来自战争，因为军事和海军技术的发展使未来变得非常不确定，所以战争带来的威胁更加令人焦虑。特别是在新技术的影响下，未来战争的性质不再是只有军官们才感兴趣的专业话题。从 19 世纪 70 年代开始，先是在英国，后是在欧洲大陆和美国，流行的报纸和杂志上充斥着耸人听闻的故事主题：敌军入侵及其造成的浩劫。这引起了公众越来越多的关注。在写作《世界大战》时，威尔斯将这些不安与对火星上有生命的科学猜测和穿越星际空间的技术想法结合起来，为现代科幻小说创造了一个经久不衰的主题。威尔斯的写作技巧和洞察力使他的小说比典型的战争恐慌文学作品更有意义，但他也了解此类作品，并予以借鉴。

几个世纪以来，军事方面的担忧一直在强烈刺激着西方文明对技术的想象。列奥纳多·达·芬奇（Leonardo da Vinci）描绘奇异武器的画作众所周知，但想象一种新战争技术的努力，至少需要追溯到圭多·达·维吉瓦诺（Guido da Vigevano）在 13 世纪的作品，或许还更早。这样的想象在威尔斯引人入胜的故事中变成了令人兴奋的事物，而戈达德不是唯

——个被吸引的男孩。戈达德的观点得到了早期火箭史上每一位重要人物的认同，同时也被许多后来的重要人物所认可。例如，沃纳·冯·布劳恩（Wernher von Braun）回忆了他和其他德国年轻人是如何怀着好奇和兴奋阅读了库德·拉斯维茨1897年的小说《宇宙星球》（*Auf zwei planetten*）。威利·雷（Willy Ley）指出，这部小说提前训练了整整一代德国人包括他自己认真对待太空旅行理论。《宇宙星球》也具有星际战争的特点。

科幻小说成了理论领域和现实世界之间的桥梁。火箭也许是实现太空旅行唯一可行的现实基础，20世纪初，人们的想象力有了一次真正的飞跃，人们通过玩具和烟花这类移动的黑火药装置看到了在行星之间旅行的可能性。科幻小说刺激了想象力的飞跃，它使戈达德开始思考太空旅行，戈达德直接从他对如何实现太空旅行的想象中开始火箭的研究。

机构支持和军事担忧

在太空飞行梦想和实现梦想之间，横亘着一项开销巨大的艰难任务，即研制可靠而高效的火箭。将想法变为机器需要资金和机构的支持，因为这超出了任何个人可能拥有的资源，而且肯定也超过了戈达德所拥有的资源。所以，如何找到实现自己目标所需的资源，一直是戈达德关心的问题。在某种程度上，他取得了令人讶异的成功，因为在他生前，人们普遍对太空旅行持怀疑态度。在与人打交道方面，他也通常很有说服力。但对戈达德来说，想要获得政府或行业中大型官僚机构的支持却非易事，他经历了无数的挫折。

这一切在最开始时都不值得过多关注。对太空旅行和火箭进行理论研究不会花费太多，甚至最初的一系列火箭实验也开销不大。但到了1916年9月，当戈达德第一次请求史密森学会给予支持时，他感到了手头拮据。戈达德解释道："我已经达到了个人所能完成工作的极限，这不仅是因为费用，

还因为进一步的工作需要更多人来完成。"史密森学会只有 3 个人参与决定
戈达德的申请，最终，他的申请被批准通过。

　　戈达德在争取某些机构的支持方面取得了很大成功。像克拉克大学、
史密森学会、卡内基研究所和古根海姆基金会这类赞助方在私人或半公共
赞助的旧传统上进行了更新调整。戈达德从赞助方那里每年获得几千美元
来继续实验。在 25 年的时间里，赞助方给予的资金支持是一笔不小的数
目。1917—1941 年，戈达德通过所有非军事渠道获得的拨款共计 209940
美元，其中 90% 来自古根海姆家族（Guggenheims）。戈达德论文的编辑
们认为其收到的拨款总额，超过了截至"二战"时任何一位科学家就单个
项目所收到的拨款总额。

　　戈达德面临且从未真正解决的问题是，对于这样一个全面发展计划，
他找到的赞助方无法保证提供长期的资金支持。尽管他在整个职业生涯中
获得了一大笔资金，但赞助资金总是按年分发，所以并不能保证下一年的
工作也能得到资金支持。几乎每年春天，戈达德都会收到一大堆信件，这
些信件会告诉他现在的资助方是否会为下一学年提供资金支持。这种不确
定性使可能需要的长期资金支持无法得到满足，比如用资金来建造大量试
验设施。因此，全面发展火箭是不可能的，因为发展火箭需要更多更稳定
的资金支持。

　　19 世纪后半叶，由政府和工业支持的有组织的研究和开发已成为一种
重要现象，并形成了现代技术最典型的特征。虽然戈达德仍发挥着重要作
用，而且从地下实验室或类似的实验室中不断有技术创新，且数量惊人，
但开发和生产通常需要大规模的组织来进行。尽管苦苦寻觅，戈达德却没
有成功找到这类支持。

　　鉴于火箭在军事上显而易见的前景，军方和相关行业似乎应该是戈达德
研究工作合乎情理的支持者，但戈达德却一再遭到拒绝。事实上，戈达德为
自己的研究寻求外部支持的第一次努力，是在 1914 年 7 月 25 日写给海军

部长的一封信，他在信中建议在其刚刚成功申请的专利基础上，开发一款由火箭推进的空投鱼雷。但这个提议遭到了拒绝。在第一次世界大战的紧张氛围中，戈达德在史密森学会朋友的帮助下，的确获得了一份军事合同，但研究小型固体推进剂火箭确实有别于主要的研究任务。虽然停战后军事资金枯竭，但戈达德还是在 1920—1923 年为海军和陆军的几个火箭项目担任兼职顾问，不过这些项目都没有产生实际结果。总之，所有这些项目都只涉及固体推进剂火箭，而戈达德认为液体推进剂火箭才最有发展前景。

军事方面的关切在整个 20 世纪 20 年代一直处于停顿状态，但在接下来的 10 年里又再次复苏并呈加剧态势。早在 1931 年，戈达德就以国防为由，要求重新颁发他在 1914 年申请的基本专利，但遭到了拒绝。1933年，戈达德在古根海姆基金会资助中断期间寻找其他资金支持时，尝试再次联系海军，但没有成功。1937 年，有传言说德国在秘密进行军用火箭研究，戈达德和林德伯格都对此感到担忧。戈达德与军方的联系也因此逐渐增多，不过他寻求军方赞助的努力仍然无果。在寻求杜邦（DuPont）公司赞助时，即使有了林德伯格的帮助，他也没有成功。虽然有些人对戈达德的想法很感兴趣，但他们所属的机构不会支持戈达德的研究。

戈达德在 1938 年向林德伯格表达了长期以来的沮丧。他在 7 月 23 日的信中写道："液体推进剂火箭的首次实际使用很可能是用在军事方面"。不过，军方似乎不愿无缘无故信任民间研究人员。戈达德指出，学者们发现军方对新武器的排斥反应仅仅是因为已经习惯了原来做事方式。

> 对于火箭这样的新技术，军人们持强烈的怀疑态度。比如，我最近读了一份陆军军官的手稿，他不赞成液体推进剂火箭，因为输送液氧很难。该军官忘记了在黑火药时代，人们对船上装有现代无烟火药的恒温控制弹匣的反对。

但也可能是戈达德太苛刻了。军方官员拒绝他的提议是基于他们所掌握的数据而作出的恰当决定，而且官员中很少有人认同戈达德对未来的看法。因为他的火箭花费大、工艺复杂，而且是手工制作，同时火箭实际演示时长少于戈达德承诺的时间。戈达德可以辩称火箭会改进，而火箭也确实改进了，不过在新墨西哥州进行的试飞中，足足有三分之一的试飞是失败的，即使有些试飞成功了，但也微不足道。而且即使是戈达德最大的火箭，用在军事上也太小，因为其有效载荷只有几磅。在两次世界大战之间的那些年里，费用是一个重要因素，因为当时的军事预算几乎很难满足对成熟武器的所有需求，所以更不用说投资像火箭这样带有高风险的研究了。1933 年美国海军拒绝戈达德的提议并指出，火箭研究过于昂贵，而且很可能需要花很长时间才能达到它预期的性能。但后来发生的事件使费用显得

戈达德正在新墨西哥州罗斯威尔实验室查看一枚更先进的火箭

无关紧要，而且火箭不完美的性能也能被接受。这并不是指责之前那些人的判断，毕竟谁也没有水晶球来预知未来，也不是指责未限制德国火箭发展的特殊条款——"一战"后签订的《凡尔赛条约》（*Treaty of Versailles*）未将火箭纳入禁止德国使用的武器之列。正如戈达德自己后来所言："美国当时不需要远程火箭。"

第二次世界大战在欧洲爆发时，戈达德再次寻求军方支持，但还是遭到拒绝。在 1940 年 5 月的一次重要会议上，他想开发大型火箭导弹的愿望也被忽视。美国海军、陆军和空军官员只想要一个火箭装置来帮助飞机起飞，这是戈达德在 1941 年年底与海军、陆军和空军三方签订的合同里应完成的任务。这是一项重要的工作，就像戈达德在战争后期开发可变推力火箭发动机一样重要，但戈达德本可以做更多。

在戈达德看来，"二战"后期出现的德国 V-2 导弹不过是他自己战前火箭的放大版。他更多关心的是这种大型火箭将使太空冒险更有可能实现，而不是在火箭运载的炸弹下丧生的 2754 名伦敦人。戈达德和林德伯格对德国军事火箭技术的担忧被证明是有根据的。1930 年，德国陆军发起了一项研制液体推进剂火箭发动机的秘密计划。虽然按照后来的标准，当时德国投入的人力和资金都不多，但他们的研究成果很快就超过了戈达德虽有条理但却独自进行的实验计划。戈达德可能是第一个跨越每一个里程碑的人，但大型液体推进剂火箭的实际开发和生产却是德国团队的成就。这些成就（不是戈达德的成就）直接影响了太空飞行在接下来的 10 年里取得的实际成就。尽管戈达德努力使火箭研究有更多发展，但他的研究本质上仍是一个人的项目，并且随着他的去世而结束。

戈达德的成就

在评价戈达德对现代火箭技术的兴起和太空时代的起源所做出的贡献

时，必须明确区分发明和理论实验工作与开发和实际应用之间的区别。戈达德是现代航天学的奠基人之一，在形成太空飞行的理论基础方面发挥了至关重要的作用，他毕生致力于发明液体推进剂火箭，并认为这是实现航天飞行的一种方式。

但从长期来看，戈达德有条不紊、一步一个脚印，以及将火箭研究工作作为个人秘密项目进行维护的做法，导致了他被其他人超越。这其中多少只是反映了戈达德当时的实际情况，又有多少是由他的性格和个性决定的，这很难回答。不管他是不能还是不愿建立一个组织来继续他的研究，戈达德始终追求的是自我为中心的发展道路，这最终使他成为一个孤独且被孤立的人。

虽然在火箭技术发展过程中存在着突出的军事方面的担忧，正如戈达德意识到火箭的军事作用一样，潜在的共同利益从未成为提供系统型长期支持的基础。尽管付出了努力，但戈达德从未享受过完备的设施和充足的人员配备，而这些设施和人员配备，让他的德国对手在有军方支持的情况下，完成了他认为在同样的条件下自己也能完成的任务。西方文明对军事机构的独特看法意味着军事方面的担忧往往会推动没有明显军事利益的事业发展。不仅科幻小说中有重要的军事成分，促使戈达德和其他人开始研究火箭，而且德国在 V-2 导弹发展计划中获得的专业知识也成为"二战"后太空飞行的起点。德国用改进军事技术后制造出的火箭，发射了第一批卫星。直到那时，戈达德的重要地位才得到了姗姗来迟的承认。

复杂的社会组织也许是工程而不是科学的特征，实现太空飞行更像是一个工程问题而不是科学问题。物理学家戈达德受到个人太空旅行想法的启发，可以在形成理论和解决一些基本问题方面发挥作用，但最终，他的工作对实现太空飞行本身没有产生直接作用。太空飞行在很大程度上是军事化发展大规模杀伤性武器的副产物。

第二十五章

蕾切尔·卡逊与绿色技术挑战

在第二次世界大战后的几十年里，许多美国人认为现代技术终将使人类从自然的约束和重担中解放出来。届时，我们将战胜疾病，缓和极端气候，在较短的时间内实现远距离出行，并且享受各类丰富的资源。洗涤剂会使衣服变得更干净，核裂变产生的电力成本低到无须计量，看似取之不尽且具有无限韧性的塑料将使我们不再依赖稀缺的自然资源，推土机将把沼泽和陡峭的山坡变成可用的土地。很快，我们就会生活在一个完美的地球上，一切都会变得安逸、舒适和安全。

但战后时期出现的许多技术奇迹都有不好的一面。它们污染空气和水资源，使野生动物濒临灭绝，扰乱重要的自然进程，有的则直接威胁到人类健康。到 1970 年，当数百万美国人在首个"地球日"抗议环境恶化时，征服自然的旧观念已是广受质疑的观点。一位在地球日发言者表示，持续的技术发展如果没有同等程度的环境进步将会导致灾难出现。另一位在地球日发言者也表示："我们需要的，是有益于生命的新技术。"

自 1970 年的首个地球日以来，重塑人类与自然关系的呼声越来越大。在不同时期，人们致力于推动"适宜技术""工业生态"和"可持续设计"

的发展。现在，寻找更环保的方式来满足人类需求的驱动力正在重塑从建筑到化学的一切事物。创新人士通常把自然系统作为模型来参考。虽然美国仍然存在严重的环境问题，但对技术和环境的新思考方式有可能会给社会带来革命性的改变。

这场正在酝酿中的革命很大程度上归功于作家蕾切尔·卡逊（Rachel Carson），她在 1962 年出版的《寂静的春天》（*Silent Spring*）一书，批判了人们征服自然的野心，这本书也是美国历史上颇有影响力的作品之一。她控诉了当时的奇迹——新型化学杀虫剂，它可以消灭大量人们讨厌的昆虫、杂草、鼠类和菌类。她认为，如果向地球释放大量前所未有的有毒物质，可能会使周围的环境不适合任何生命生存。但《寂静的春天》不仅敢于批评，令人信服，卡逊在书中还提出了解决害虫问题的更复杂的生态学方法。她呼吁采取行动，从而帮助将对环境状况日益增长的不安转变为一场强有力的社会运动。她还激励了社会运动中的许多先驱发展绿色技术。

卡逊在 50 岁时开始创作《寂静的春天》，在那之前，她的生命里几乎没有任何迹象表明她会成为一名革命人士。小时候，卡逊生活在宾夕法尼亚州匹兹堡（Pittsburgh）城乡接合的郊区，她热爱自然和文学。1925 年高中毕业时，卡逊立志成为一名作家。但她在宾夕法尼亚女子学院（Pennsylvania College for Women）学习的理科课程改变了她的想法。当时她主修生物学，之后又到约翰霍普金斯大学（Johns Hopkins University）学习动物学。但在 1934 年，家庭的变故导致卡逊在完成博士学位之前就离开了研究生院。她需要一份高薪工作，于是便在美国鱼类和野生动物管理局（U.S. Fish and Wildlife Service）找到了一份这样的工作，在那里她做了 15 年的作家和编辑。在业余时间她也为杂志撰稿。她还写了两本关于海洋的书，第 2 本《我们身边的海洋》（*The Sea around Us*）在出版界引起了轰动，该书在畅销书排行榜上保持了 18 个月，它还是某部奥斯卡获奖纪录片的灵感来源，并很快被翻译成几十种语言，在其他国家出版。她的第 1 本书《海风之下》（*Under the Sea-Wind*）再版时，也成了畅销书。因此，卡逊在 1952 年辞去鱼类和野生动物管理局的工作，专注写作，很快她就完成了第 3 本书《大海的边缘》（*The Edge of the Sea*）。虽然她曾为政府撰写宣传保护自然资源意义的小册子，但她受到人们喜爱的作品并未涉及当下的问题，相反，她以讲述自然奇观著称。

但在 20 世纪 50 年代末，卡逊经历了一场生存危机。她一直认为人类的愚蠢不会从根本上威胁到地球。虽然我们可能会破坏森林，在河流上筑坝，但无论我们做什么，她始终认为"人类永远无法对大自然作出大量的改变，生命之流将按照上帝为它指定的路线在时间的长河里流淌。"但战后 10 年的技术发展粉碎了她的信念。人类突然拥有了"彻底改变甚至摧毁物质世界"的能力。卡逊试图无视新出现的事实。正如 1958 年她在写给最亲密朋友的信中提到，她拒绝承认无法避免看到的事物。但她最终承认，无视真相没有任何好处。如果她想在未来写一些有价值的东西，那她需要找到一种新的方式来思考人类在自然界中所处的位置。

核武器试验的潜在危害尤其令卡逊感到不安。当时，爆炸试验是在地面上进行，没有人确切知道原子弹爆炸产生的辐射上升到大气中，然后又像雨点一样落在地球上时会发生什么。但媒体已经开始报道令人震惊的事态发展。美国西南部的测试地点附近有绵羊死亡，数百公里外的牛奶也有辐射痕迹。在太平洋捕获的金枪鱼也是如此，因为美国曾在那里的岛屿上试验新炸弹。放射性沉降物成了一个公共问题。科学家和家庭主妇联合起来要求禁止地面试验。一些政治家也对该问题施加压力，其中包括 1952 年和 1956 年的民主党总统候选人阿德莱·史蒂文森（Adlai Stevenson）。宗教领袖则警告放射性沉降物不仅是一种新的污染形式，它还亵渎神明，是对神圣创造秩序的侮辱。一个 5 岁男孩甚至警告他的一位朋友不要吃雪，因为里面有炸弹碎片。

放射性沉降物使卡逊以不同的眼光来看待化学杀虫剂。十多年来，她一直担心这种新毒药可能会带来麻烦。1945 年，她向《读者文摘》（*Reader's Digest*）投了一篇关于滴滴涕（DDT，一种杀虫剂）对鸟类影响的文章，内容是鱼类和野生动物管理局对该问题的初次研究成果，但却被该杂志拒绝，于是卡逊放弃了这个想法。但就在她努力接受放射性沉降物时，她又被之前的这个话题吸引住了。1957 年，一群纽约长岛（Long Island）居民起诉政府，要求其停止为控制舞毒蛾（gypsy moths）而在私人土地上喷洒滴滴涕。卡逊很快就意识到这一诉讼的重要性。她还收到几位朋友关于空中喷洒运动（aerial spraying campaigns）对野生动物造成损害的报告，里面的内容令人痛心。她打电话给专家们以获取更多事实。听到的越多，她就越确信，对杀虫剂的日益依赖是"对人类福祉的严重威胁，也是对人类赖以生存的自然界基本平衡的严重威胁"。

卡逊的突破在于她发现化学品的随意使用导致了某种被忽视但却更危险的沉降物出现。就像核武器实验产生的辐射一样，杀虫剂通常也会产生广泛的影响。杀虫剂不会在原地停留，它能在环境中持续存在并在生物体内累积。但化学沉降物并不只是来自社会的某个领域。杀虫剂无处不在。它被企业、消费者和政府机构广泛使用，同时其对经济的作用也越来越重要。卡逊试图通过《寂静的春天》迫使公众就人类所得到的回报是否值得冒险进行讨论。

正如卡逊所了解到的，人们对化学品的普遍看法在很大程度上都是正面的。支持者和记者们认为滴滴涕确保了对昆虫战争的彻底胜利。"原子弹式杀虫剂"使农民能够提供多余的食物。房屋主人轻轻一按按钮就能灭掉蚊子和蟑螂："瞧！害虫一扫光！"1947 年的一则广告甚至让一位家庭主妇、奶牛、苹果、土豆、宠物狗和鸡齐唱："滴滴涕，我的好帮手！"而这不仅仅只发生在麦迪逊大道。到了 20 世纪 50 年代中期，一位记者写道，杀虫剂就像橙汁一样受到广泛欢迎。超市货架上摆放着数百种杀虫剂，消费者

1945 年，在纽约长岛琼斯海滩演示滴滴涕的安全性［蚊虫控制，琼斯海滩州立公园（Jones Beach State Park），长岛，1945 年］
资料来源：贝特曼 / 考比斯

购买的墙纸和油漆中也含有滴滴涕。政府官员也理所当然地认为杀虫剂能服务于公众利益。因此，他们在居住区街道、公园、游泳池、道路和海滩喷洒该化学品。

虽然卡逊承认有时存在使用杀虫剂的必要性，但她也认为杀虫剂的使用过于随意。人类对自然界中错综复杂的相互关系的任何干涉，"其后果都可能在未来的某个时间和地点显现出来，"而且化学品使用的激增"几乎或根本没有事先调查其对土壤、水、野生动物和人类自身的影响"。其结果就是人类在进行一个具有潜在灾难性的实验。但我们能否在不造成自我毁灭的情况下与大自然为敌吗？

在卡逊看来，现有的证据让人极其不安。由于杀虫剂自身在消杀时不具备选择性，所以它滥杀无辜。事实上，杀虫剂是"生物消灭剂"。"有益"物种和"有害"物种，不管蜜蜂还是玉米螟，都是它的消杀目标。空中喷洒杀虫剂的做法尤其欠妥。"化学死亡雨"落在鸟、鱼、农场动物和儿童身上，其产生的伤害往往直接显现出来。卡逊曾详细描写了生物垂死时出现的抽搐和极度痛苦的场景。但杀虫剂的直接致命影响只是这场浩劫的开始。当杀虫剂成为食物链的一部分时，受害者数量开始不断增加。沼泽地里喷洒了杀虫剂，老鹰吃了沼泽地里的鱼和螃蟹后无法繁殖后代，蚯蚓吃了有化学残留物的榆树叶，知更鸟吃了这样的蚯蚓后也死了。杀虫剂还会影响人类生态，它可能导致癌症、基因损伤和生育问题的出现。

卡逊还对杀虫剂的根本目标提出了质疑。杀虫剂是对付害虫最有效的方法吗？即使仅以这一标准来衡量，杀虫剂也常常达不到要求，因为它的设计没有考虑生物世界的复杂性。而且杀虫剂还"弄巧成拙"。因为随着时间的推移，害虫对杀虫剂产生了抗药性，所以为了跟上害虫的进化速度，害虫防治研究人员必须不断加快开发新的毒性更大杀虫剂。但许多杀虫剂也会杀死消杀目标的天敌，所以当害虫卷土重来时（害虫总能卷土重来），鸟类或其他昆虫就再也不能对付它们了。这就使人们不得不以越来越高的成本一次又一次地使用杀虫剂。

因此，就实践和道德而言，杀虫剂是失败的。虽然杀虫剂看起来很复杂，但实际上它是非常粗糙的工具，它仿佛"诞生于尼安德特人（Neanderthal）所掌握的生物学和哲学时代，当时人们认为自然的存在是为了方便人类。"但我们还有一个更明智的方法。我们不应该使用"蛮力"，而应该"尽可能谨慎地引导自然过程朝着预期的方向发展"。但这需要一种新的谦卑，即向大自然学习的意愿。而实现这个目标的可能性很大。卡逊认为，某些替代化学防虫的方法已经确定，虽然另一些方法还在试验中，或者仅仅还是科学家脑中的想象。我们可以依靠那些导致目标害虫受尽折

漫画家比尔·莫尔丁（Bill Mauldin）《笔下的杀虫剂》（1962 年）
资料来源：《芝加哥太阳时报》，1962 年，美国国会图书馆

磨的疾病，也可以使用干扰害虫繁殖的天然引诱剂和驱避剂，或者将绝育雄性引入害虫种群，还可以改变耕种、园艺和家庭习惯，从而减少害虫传

播的机会。这些方法的关键都需要对生物学和生态学而不是对化学进行透彻了解。

卡逊对选择"另一条路"所面临的阻碍不抱任何幻想。她对杀虫剂的政治经济学进行了有力论述。除非公众坚持新的灭虫方法，否则可以控制害虫的生物学方法研究终将会被忽视。生产商投入大量资金给大学进行杀虫剂研究，因此产生了有吸引力的研究生奖学金和教职员工职位，但其他方法却从未得到足够的支持，"原因很简单，其他方法不会向任何人承诺化学工业所能带来的那种财富。"杀虫剂的替代品也处于不利地位，因为替代品似乎过于昂贵。但这种计算是错误的。杀虫剂的"真实成本"包括其对环境和人类健康造成的损害，这些成本令人望而却步。杀虫剂的持续使用关乎该行业的经济利益，同时害虫防治研究人员中也常常存在杀虫剂狂热分子。当人们向其提出质疑时，他们会提供半真半假的信息来安抚公众情绪，或者作出虚假保证，或者将令人不快的事实进行美化。因为大多数学术研究人员都是由该行业资助的，他们不一定会诚实地说出使用杀虫剂的危害。

最终，《寂静的春天》得以出版了，其目的在于呼吁人们关注社会的技术发展方向。因为现代生活中使用的工具相较于其产生的奇迹作用而言，可能危害作用更大，所以技术发展的方向需要人们进行广泛讨论。卡逊认为："既然是公众承担风险，那就必须由公众决定是否希望继续在目前的道路上走下去，并且只有在完全掌握事实的情况下才能这样做。"卡逊在总结时强调了这一点。她写道："毕竟，这是我们自己做出的选择。如果在经历了许多之后，我们终于要求'知情权'，在了解事实之后，如果我们得出结论——我们在不知不觉中承担了可怕的风险，那么我们就不应该再让我们的世界充满有毒化学物质。相反，我们应该看看是否还有别的路可走。"

许多美国人已准备好接受卡逊发出的警告。虽然还没有多少人意识到环境危机，但在 20 世纪 50 年代末和 60 年代初，各种环境问题开始浮出水面。许多州的居民发起运动，希望将"开放空间"从郊区的无序扩张中拯救出来。加州爆炸性的城市发展造成的弥漫在城市上空的烟雾，意味着危机在不断加深。联邦卫生官员组织了一场关于讨论空气污染危害的全国性会议。在新住宅区，成千上万的房屋主人震惊地看到洗涤剂泡沫从厨房的水龙头里冒出来。许多家庭在尝试享受户外娱乐活动时，也遇到了水污染问题。1959 年，美国食品和药物管理局（Food and Drug Administration）因为可能存在的杀虫剂污染问题，在感恩节前停止了蔓越莓的销售。当然，化学沉降物也非常让人担忧。

《寂静的春天》也得益于社会批评的盛行。当时，许多书籍都质疑国家是否为了追求物质繁荣而牺牲了太多。约翰·肯尼斯·加尔布雷斯（John Kenneth Galbraith）的《富裕社会》（*The Affluent Society*，1958 年）一书认为，丰富新的消费品的掩盖了学校、公园和其他公共产品的供应的下降。万斯·帕卡德（Vance Packard）的 3 本畅销评论书：《隐藏的说服者》（*The Hidden Persuaders*，1957 年）、《追求地位的人》（*The Status Seekers*，1959 年）和《废物制造者》（*The Waste Makers*，1960 年）抨击了炫耀性消费、广告和计划性淘汰；威廉·怀特（William Whyte）的《组织人》（*The Organization Man*，1956 年）则嘲讽了企业坚持支持者；约翰·济慈（John Keats）的《窗上的裂缝》（*The Crack in the Picture Window*，1956 年）和《傲慢的战车》（*The Insolent Chariots*，1958 年）则讽刺了战后郊区缺乏灵气以及汽车工业的功能性却屈服于流行式样。卡逊在《寂静的春天》一书中引用了他们的某些观点，并且该书在质疑美国社会的某些基本制度方面与他们的观点相一致。

关于《寂静的春天》的讨论，在这本书出版前几个月就开始了。尽管某家居于行业领先地位的化学公司威胁要以诽谤罪起诉卡逊，但《纽约客》（*New Yorker*）杂志还是刊登了一篇节选，卡逊的言论成了激烈辩论的主题。某个标题这样写道："寂静的春天现在变成了喧闹的夏天"。《寂静的春天》成了月度图书俱乐部的主要出版选择，其首次出版便印刷了 15 万册。在该俱乐部的时事通讯中，美国最高法院（U.S. Supreme Court）法官威廉·道格拉斯（William O. Douglas）称赞这本书是"本世纪（20 世纪）人类最重要的编年史"。消费者联盟（Consumers Union）是《消费者报告》（*Consumer Reports*）的非营利出版商，也计划购买 4 万册平装本特别版转售给其成员。虽然卡逊拒绝了几乎所有的采访请求，但她所做的几次采访却都成了新闻。

几个月的宣传使《寂静的春天》初次亮相便成为美国的畅销书。而农用化学品行业协会（Trade Association of the Agricultural Chemical Industry）很快就组织了一场耗资 25 万美元的宣传活动来诋毁卡逊的这部作品。孟山都公司（Monsanto）甚至把《寂静的春天》第一章的拙劣仿写稿寄给了全国各家报纸。但行业反击只是确保了关于这本书的争议将继续发展成一个大事件。在许多社区，人们组织举办了有关杀虫剂的讨论，当地媒体经常报道此类活动，全国性的媒体也在持续报道这个问题。

到目前为止，最重要的报道是哥伦比亚广播公司（CBS）于 1963 年 4 月在黄金时段播出的纪录片《蕾切尔·卡逊的〈寂静的春天〉》（*Silent Spring of Rachel Carson*）。广播公司估计有 1000 万—1500 万人观看了该纪录片，他们中大多数人之前没有读过卡逊的作品，也没有听过她的发言。与出现在节目中的工业界和政界人士不同，卡逊没有机构背景，所以哥伦比亚广播公司是在她位于马里兰州郊区的家中，在客厅里拍摄了她的纪录片。尽管因癌症治疗而身体虚弱，但她还是坚持了下来。在纪录片中，卡逊朗读了《寂静的春天》中的某些段落。同时，她冷静而有力地反驳了批评者的观点，尤其是美国氰胺化学公司（American Cyanamid）罗伯特·怀特－史蒂文斯（Robert White-Stevens）的观点。在怀特－史蒂文斯看来，卡逊最大的失败在于没有意识到现代技术正在逐步控制自然。他断言："如果人类忠实地遵循卡逊女士的教诲，那我们将回到黑暗时代（欧

1963 年蕾切尔·卡逊在国会面前就杀虫剂及其对环境的污染作证
资料来源:《合众国际社》于 1963 年拍摄的照片。美国国会图书馆印刷与摄影部摄制

洲中世纪,the Dark Ages),昆虫、疾病和害虫将再次占领地球。"卡逊则回应:"杀虫剂支持者们误解了人类在自然中所处的位置。"她在纪录片结尾说道:"我们仍在谈论征服自然,我们还没有成熟地认识到自己只是广袤无边宇宙中极小的一部分。现在我真的认为,我们这一代人必须与自然达成和解,我们要证明自己足够成熟和对自身而不是对自然具有掌控力。我们正面临人类此前从未遇到过的一大挑战。"

卡逊发出的警示言论引起了美国政府最高层的注意。在阅读了《纽约客》上的文章后,约翰·肯尼迪总统(President John Kennedy)的科学顾问召集了 6 个机构的官员讨论杀虫剂政策,肯尼迪总统之后还授权对该问题进行官方评估。在《寂静的春天》出版前一个月,肯尼迪本人在某次新闻发布会上,当被问及美国政府是否会调查滴滴涕和其他化学品是否有"长期且危险的副作用"时,他认可了卡逊的作品。1963 年总统科学顾问委员会（Science Advisory Committee）关于《杀虫剂的使用》（*The Use of Pesticides*）的报告被广泛解读为对卡逊言论的支持，哥伦比亚广播公司就《寂静的春天》在黄金时段播出了另一个特别节目《裁决》（*The Verdict*）。国会也调查了这个问题，并邀请卡逊在两个委员会面前作证。卡逊借此机会强调了自己的观点，即杀虫剂只是更广泛的环境污染问题中的一例。

《寂静的春天》改变了许多科学家的想法。虽然科学家长期以来一直坚持远离政治讨论的思想，但越来越多的证据表明，现代技术产生的危害使许多科学家成了政治讨论的积极分子。对某些人而言，化学沉降物犹如催化剂一般在他们身上发挥着作用，同时更多的人则被有关杀虫剂的争议所驱使而采取行动，这在生物学和生态学领域尤其如此。美国生态学会（Ecological Society of America）的某个委员会在 1965 年表示："蕾切尔·卡逊的《寂静的春天》一书引发的这种舆论，再也不能让专业的生态学家自在地远离公众责任。生态学家在提供可能避免环境灾难的信息时，显然有义务把自己的观点公之于众。"虽然并不是每个人都同意这个观点，但到了 20 世纪 60 年代末，直言不讳的科学家确实成了日益发展的环境运动的先知型领袖。正如《时代》（*Time*）杂志在 1969 年所写：他们是"新的先知"。

在基层，成千上万人将卡逊的事业当作自己的事业。许多人通过写信给编辑、准备教育小册子或赞助讨论来传播杀虫剂的危害。还有一些人游说政府限制杀虫剂的使用。有些人以个人身份行动，也有许多人是以园艺俱乐部、妇女团体或野生动物保护协会成员的身份来采取行动。令卡逊惊讶的是，当地的积极活动人士经常写信向她表达自己的担忧，他们的信件比任何东西都更能让卡逊受到鼓舞，并使卡逊认为《寂静的春天》是"觉醒公众的战斗口号"。

1967 年，纽约某位律师提起诉讼，要求他所在的县停止喷洒滴滴涕，这场诉讼使环境保护基金会（Environmental Defense Fund）得以成立，它也是第一个将科学和法律结合起来为环境保护提供服务的组织。该基金会很快就在威斯康星州（Wisconsin）和密歇根州（Michigan）获得了停止使用滴滴涕的许可。20世纪70年代初，联邦政府禁止了包括滴滴涕在内的几种化学品，它们被卡逊列为"死亡灵丹妙药"。正如卡逊所希望的，研究人员开始更多地关注杀虫剂的替代品，虽然这项新研究主要探索的是"害虫综合治理"的可能性，其结合了生物学和化学方法。到了20世纪80年代末，农业机构开始考虑有机生产的益处。

难以衡量《寂静的春天》产生的更广泛的影响。在卡逊去世后，参议员亚伯拉罕·里比科夫（Abraham Ribicoff）曾说卡逊的工作确保了未来没有人会在不考虑环境风险的情况下只考虑技术带来的好处。他认为："在不考虑空气污染的情况下建造新工厂，在不考虑核污染的情况下建造核反应堆，或者在不考虑野生动物甚至人类健康的情况下发明某种能让食物更加丰富的新农药，已经不可能了。"这篇悼词或许有些夸张，但《寂静的春天》确实促使读者对"进步"的定义进行更深入的思考。到了1970年，许多美国人开始质疑建造超音速运输是否明智，开始抵制不可生物降解的清洁剂，并呼吁逐步淘汰内燃机。国会在1972年成立了技术评估办公室（Office of Technology Assessment），这表示其认同人们对新的技术发展带来的"不良副产品和副作用"的担忧。

卡逊对现实中未实施的发展道路的讨论激励了许多人，并坚定了他们的做法，这些人致力于建设更可持续的社会。而卡逊指出了他们希望被满足的要求。化学就是最好的例子，虽然卡逊曾被大多数化学家所痛斥，但她现在却因指出了有益的范式转变之路而广受赞誉。正如美国化学学会（American Chemical Society）前会长在《寂静的春天》出版50周年时所写的那样："卡逊系统的生态学方法是绿色化学的有力支撑，绿色化学在全球范围内已发展成重要的力量。现在，化学家们选择的方法，将产生更少的废物、使用更少的水和资源、在解决问题的同时却不会超过必要的强度，并且他们开发的产品能在自然界中降解和代谢。"这是一大显著变化。

　　遗憾的是,卡逊没能活着看到她的作品留下的许多遗产。1964年,在《寂静的春天》出版后一年半,卡逊便因心脏病去世。她在重病中度过了生命里的最后5年,逝世时年仅56岁。她曾因乳腺癌转移而进行了放射治疗。除此之外,她还患有静脉炎、溃疡、虹膜炎、肺炎、脑膜炎、带状疱疹等疾病,甚至还骨盆骨折。有一段时间,卡逊担心自己无法完成这本书。《寂静的春天》出版后,在病痛的困扰下,她仍努力坚持继续阐述自己的观点。她最终做到了。在生命的最后几个月里,虽然仍受到杀虫剂支持者的攻击,但她在很多方面都受到人们尊重。她已竭尽全力。

　　尽管卡逊完成了《寂静的春天》这部作品,但她的故事并没有一个好莱坞式的结局。我们现在使用的杀虫剂比1962年时使用的还多,围绕《寂静的春天》的争议促使生产商开发了在环境中可降解的杀虫剂。我们在做许多初步决定时,仍然没有充分考虑其环境成本。但《寂静的春天》仍在再版,每天都会有新的读者受到卡逊号召的鼓舞,这样他们就可以更睿智、更谦逊地处理社会中的其他事物。

第二十六章

弗雷德里克·E. 特曼与硅谷的崛起

加州圣克拉拉谷（Santa Clara Valley）是位于旧金山湾南端的冲积平原。其西面由太平洋海岸山脉（Pacific's Coast Ranges）的群山环绕，东面则是戴勃洛山脉（Diablo Range）。这两处山脉在海湾下方约 45 千米处交汇，形成了圣克拉拉谷，其北部边界是帕洛阿尔托（Palo Alto），斯坦福大学（Stanford University）便坐落于此，那里的泥滩可以延伸至海湾。直到 20 世纪 60 年代，圣克拉拉谷盛产西梅、杏和樱桃，并拥有世界级的罐装和包装产业。但今天，它却是作为"硅谷"而被世人所熟知。

"硅谷"这一名字的由来是因为电子行业发源于此，该行业的起源可以追溯到一个世纪以前，那时加州基本上就像是美国的殖民地，其在地理上与全国其他地方处于隔绝状态，所以在某种程度上加州是处于自主发展模式。加州主要城市旧金山当时开始致力于航运发展，但最终却转向发展资本投资。加州的主要工业活动是自然开采——采矿、伐木和农业。在发展制造业方面，加州落后于东部，部分原因是出于必不可少的工业能源——煤炭在加州需要进口。但 40 年的金矿开采经验使加州人具备了丰富的水利工程知识。19 世纪 90 年代，当地的企业家和工程师开始讨论利用水能来发电，他们学习并且使用因采矿业而发展起来的水利工程。某位工程师表示："通过电力传输，（电力）可以输送到那些能够促进工业发展的地方，而如果没有电力，工业发展是不可能的。"

当地的电力公司开始在内华达山脉（Sierra Nevada Mountains）的高处建造水力发电站，发电站使用了为了旧金山采矿业开发的佩尔顿水车（Pelton waterwheel）以及由东部制造商生产的发电机。如果电力公司想把电力输送到旧金山和其他沿海城市，那么它们将面临独自开创远距离输送高压电力的挑战。到了 1901 年，电力公司成功实现了这一目标。在这个过程中，电力公司的工程师和大学的工程教授开始了研发的合作模式。

实践经验能促进发明创新，可以促进大学实验室实验和合作测试的发展。比如，1898 年斯坦福大学教授弗雷德里克·A. C. 佩林（Frederic A. C. Perrine）和他的学生以及电力公司的工程师一起成功地对地区开发的某种高电位油开关进行了现场测试，测试结果产生的影响便是之后直接建设了高达 4 万伏特的线路。佩林还曾短暂地离开过斯坦福大学两年，到新成立的加州标准电气公司（Standard Electric Company of California）为其提供咨询服务。在那里，他协调了铝线的现场和实验室测试，帮助将铝线引入加州电力系统投入使用。其他参与类似工作的斯坦福大学教授还包括 E. E. 法默（E. E. Farmer）和乔治·H. 罗维（George H. Rowe）。

实践工程师和教授之间的交流合作使得远距离高压电力输送得以不断发展。他们彼此分享对绝缘子、开关和变压器的设计与测试，并且使用诸如示波器之类的科学仪器来研究传输现象。他们之间的交流很顺畅，因为教授会寻求有实践经验人的意见，并以同样实践的方式与其沟通。正如某位电力行业人士所言，教授们撕开"充满歧义的电气理论"。他们并没有带领我们"进行数学和理论的推导，而是直接在我们面前立即打开理论结果的全景图，避免了时间浪费。"

斯坦福大学的电气工程专业在自创办以来的 10 年里逐渐发展成加州

电力行业的重要组成部分。不断扩张的电力公司里也需要该校电气工程专业的毕业生们，该校的教授也与电力行业密切合作。1905 年，康奈尔大学（Cornell University）研究电力传输的先驱哈里斯·J. 瑞安（Harris J. Ryan）来到斯坦福大学，领导新成立的电气工程系。他延续了大学与企业之间的研发合作模式，并在 1913 年建立了西部第一个高压实验室，之后又在 1926 年建立了美国第一个 200 万伏的大学实验室。

与此同时，旧金山港口不断发展，地处该港口的航运界开始对由古列尔莫·马可尼（Guglielmo Marconi）在欧洲开发的无线通信系统产生兴趣。1900 年，无线通信公司开始出现在太平洋海岸（Pacific Coast）为该地区提供船岸间的通信服务。这些公司还让年轻的业余爱好者对无线电技术产生了浓厚的兴趣，所以还出现了业余爱好者用食品盒制作收音机的事例。历史学家亚瑟·诺伯格（Arthur Norberg）指出："无线领域的创新时机已经成熟，而且其开发只需投入很少的资本。对于业余爱好者和企业家而言，唯一的阻碍就是如何绕开马可尼（Marconi）的专利。"

1909 年，刚从斯坦福大学电气工程专业毕业的西里尔·F. 埃尔韦尔（Cyril F. Elwell）绕开马可尼，购买了丹麦科学家瓦尔德马尔·波尔森（Valdemar Poulsen）的无线电技术专利在美国的独家使用权。在帕洛阿尔托，他演示了这套系统，并从斯坦福大学校长大卫·斯塔尔·乔丹（David Starr Jordon）和几位教授那里获得了资金支持，成立了一家公司。埃尔韦尔的新公司总部设在旧金山，公司迅速发展壮大。1911 年，制造业分支机构联邦电报公司（Federal Telegraph Company）成立，该公司随后又在斯坦福附近的帕洛阿尔托建立了一个实验室，给当时年轻的大学毕业生在电力新领域提供了就业机会。

*　　*　　*

1910 年，10 岁的天才少年弗雷德里克·E. 特曼（Frederick E.Terman）来到了这个硕果累累的地方。他的父亲、心理学家刘易斯·M. 特曼

（Lewis M.Terman）从印第安纳州带着家人来到斯坦福大学。那时他的父亲特曼已经是人类智力方面的专家，并且很快就开发出斯坦福－比奈（Stanford-Binet）智力商数，这是标准智商测试的基础。与此同时，儿子特曼则在斯坦福大学校园的小山上用22毫米口径的来福枪打兔子；在费尔特湖钓鲈鱼；在拉古尼塔湖学习游泳。小特曼还迷上了无线电，16岁时，特曼这位年轻的无线电业余爱好者就和小赫伯特·胡佛（Herbert Hoover Jr）一起制造了一台信号发射机。

　　意料之中，年轻的特曼在斯坦福大学接受了高等教育，并于1920年毕业，获得了化学工程学士学位。他曾在联邦电报实验室（Federal Telegraph lab）工作过一段时间，后来又参加了哈里斯·J.瑞安的电气工程课程。在1922年毕业后，他便被瑞安和父亲催促到麻省理工学院

联邦电报实验室，位于加州帕洛阿尔托
资料来源：加州历史中心基金会，位于库比蒂诺

（Massachusetts Institute of Technology，MIT）继续深造。特曼在万尼瓦尔·布什（Vannevar Bush）的指导下，两年内便获得了电气工程博士学位并留校任教。1924 年，特曼回到斯坦福，为他在东部的新事业做准备，但却查出患有肺结核病。

1925 年，特曼的导师瑞安在校内电气工程大楼的阁楼上开设了一个小型无线电通信实验室。虽然特曼还没有完全康复，但瑞安还是推荐给了他一份斯坦福大学兼职教书的工作。由于特曼已经下定决心要在无线电领域发展，所以他立即接受了这份工作。多年后特曼回忆道：

> 我之前学过高压线路的理论课程，所以我当时就把那门课程做了调整，变成了针对长线路的通用理论课程，修改之后的课程内容包括电话线路，射频传输线路、天线、人工线路和滤波器等，还有高压输电线路。我对理论进行了归纳整理，这样就可以把所有的知识放在一起教授。如此一来，学生进行的研究就会越来越多地与真空电子管以及与真空电子管相关的电路有关。

特曼在麻省理工学院的经历使他确信斯坦福大学当时正落后于其他工程学院，需要更多的支持进行更深入的研究才能迎头赶上。1927 年，在负责无线电实验室时，他在《科学》（*Science*）杂志上发表了一篇文章，文章指出公司里进行的工程研究优于大学里进行的工程研究。特曼将文章寄给瑞安，并附了一封信，信中他请求给予大学研究大力支持。特曼写道："斯坦福大学过去曾经是高压电力研究的中心，仅凭此声誉再加上瑞安实验室（Ryan Laboratory）的建立，斯坦福大学就处在一个可以发起一场开创性运动的绝佳战略位置，这将使斯坦福大学成为全国电气工程研究中心。"他认为，只要有一点点支持，斯坦福大学就能在招生和树立声望方面创造奇迹。

瑞安被特曼说服了。特曼得到了
额外的支持，他招收了聪明的学生，
启动了艰巨的无线电波传播和真空电
子管设计的研究项目。无线电实验室
很快便汇集了许多"电子狂人"，这
是多年后特曼对他们的称呼，"电子
狂人"即那些对真空电子管、晶体管
和计算机像对恋人一样充满激情的
年轻人。在最初的 6 年里，特曼指
导了 33 个学生获得高级学位，占系
里总学位的一半。1932 年瑞安退休
后，越来越多的电气工程专业的学生
被特曼所吸引。当地记者迈克尔・马
龙（Michael Malone）这样描述特

弗雷德里克・E. 特曼
资料来源；斯坦福大学图书馆特别收藏和大学
档案部

曼："他勤奋好学、温文尔雅、低调谦逊。"该记者还补充道，特曼整合知识
的能力"先使其成为出色的教师，后又使其成为具有远见卓识的人"。

学生们被特曼吸引的其中一个原因是他与当地电子行业的联系。特曼
解释道，他"对那些能够提供一些工作机会的公司感兴趣，反正不管怎样，
公司里都会有有趣的活动。我会带孩子们出去体验这些活动，看看校园外
的世界是什么样的，有时还会邀请这些公司的人来给学生们做演讲。"这
一点在 1932 年联邦电报公司迁至东部后显得尤为重要，因为该公司是斯
坦福大学早期通信专业毕业生在当地的主要雇主。之后该公司的退出留下
了"一片半荒漠，但仍有人对这些（小）公司感兴趣，并在他们能力范围
内给这些公司提供帮助。"在剩下的公司中，有海因茨（Heintz）和考夫曼
（Kaufmann），还有位于旧金山的艾特尔－麦卡洛（Eitel-McCullough），
以及位于红木城（Redwood City）的新利顿工程实验室（Litton Engineering

Laboratories)。拉尔夫·海因茨（Ralph Heintz）和查尔斯·利顿（Charles Litton）均毕业于斯坦福大学。

特曼还寻求与其他院系建立联系。1929 年，他在实验室的年度报告中写道："预计化学、物理和数学这三个系在未来对某些问题的研究中，会不时地进行合作，这是非常可取的，也许也是必要的。"院系之间的这种联系最终得以建立，很大程度上要归功于 1934 年加入物理系的斯坦福大学毕业生威廉·W. 汉森（William W. Hansen）做出的努力。汉森对原子核研究很感兴趣，他曾决定用 X 射线管和瑞安高压实验室来加速电子以探测原子核，但由于大萧条时期缺乏资金，他的这一方法未能付诸实践。但汉森通过共振技术推进了他的研究，并很快开发了一种用于加速电子的空腔谐振器，汉森称之为"菱形管"。

当时，年轻的飞行员西格德·瓦里安（Sigurd Varian）说服其哥哥在他们家附近建立了一个小实验室，那里是位于帕洛阿尔托以南 360 千米的哈尔西恩镇（Halcyon）。西格德对开发飞机导航和探测系统特别感兴趣，而他的哥哥拉塞尔（Russell）则是斯坦福大学物理学专业的毕业生。巧合的是，在学生时期，拉塞尔是汉森的室友，所以拉塞尔写信给汉森，认为菱形管可能对西格德的项目有用。汉森同意拉塞尔的看法，于是双方开始展开合作，合作使拉塞尔兄弟二人从哈尔西恩镇来到斯坦福大学。斯坦福大学同意聘用他们为无薪研究助理，并向其每年提供 100 美元的实验材料，他们也可以使用实验室，作为回报，学校将获得实验产生的任何专利的一半权益。在几个月的时间里，他们便开发出一种新的电子管，即速调管，该管似乎是解决导航和探测问题的关键。之后，他们很快又向纽约的斯佩里陀螺仪公司（Sperry Gyroscope Company）寻求资金支持并获得通过。这反过来又推动了微波研究在斯坦福大学的发展。

与此同时，特曼在 1937 年被任命为斯坦福电气工程系主任。他的两位学生威廉·休利特（William Hewlett）和戴维·帕卡德（David Packard），在 1934 年毕业后却走上了不同的人生道路。休利特待在特曼身边继续工作了一段时间，然后便去了麻省理工学院深造，帕卡德则在纽约的通用电气公司（General Electric）找到一份工作。1936 年，特曼帮助休利特找到一份工作，同时还用研究生奖学金将帕卡德带回了斯坦福大学。该奖学金间接来自汉森与瓦里安兄弟和斯佩里公司之间的合作。查尔斯·利顿为一些发生振荡的多栅极管申请了专利并把这些专利给了斯坦福大学，这样多栅极管和速调管的专利就都属于斯坦福大学。诺伯格回忆了斯佩里公司授权这些专利时的情景："斯坦福大学因为利顿的做法额外获得了 1000 美元奖励，并且利顿坚持把这笔钱捐给工程学院用于电子管研究。特曼把这笔钱用来资助研究生，尤其是资助戴维·帕卡德。"

1937 年，特曼鼓励休利特和帕卡德成立公司，将休利特在他导师的指导下开发的音频振荡器商业化。在帕卡德车库的小工厂里，休利特完善了音频振荡器，使其成为失真分析仪，可以产生不同频率的信号。两人还生产了电子频率计，而特曼能知道他们的设备是否有订单："如果汽车停在车库里，就没有订单积压。但如果汽车停在车道上，那么生意就很好。"到了 1940 年，这两位年轻工程师的生意发展迅速，并且在战争年代也迅速扩大。

除了帮助休利特和帕卡德，特曼还指导了几名学生参加汉森的速调管项目。在第二次世界大战前夕，他们成功地使速调管成为具有多种用途的实用型微波无线电设备。战争带来了各种机遇和变化。斯佩里公司成了重要的战争产品承包商，而特曼与汉森的工作关系使特曼从斯佩里公司获得了 1 万美元，用于斯坦福大学通信项目中的速调管研究。与此同时，斯佩里在战争持续期间将汉森及其物理团队转移到了长岛研究中心。但在 1940年 12 月离开之前，汉森为特曼的研究生开设了一门有关速调管的特别课程，使学生们可以为将来的战时工作在斯佩里的支持下做好准备。正如历史学家斯图尔特·莱斯利（Stuart Leslie）和布鲁斯·赫夫利（Bruce

Hevly）所描述的那样："斯佩里在斯坦福大学对速调管研究的支持，培养了新一代微波工程师。在短短几年里，斯坦福大学的电气工程项目就从为物理系培养几位从事微波研究的研究生，逐渐发展成全面发展的自主研究项目。"

特曼本人也深受这场战争影响。1942 年，美国科学研究与发展办公室（Office of Scientific Research and Development）当时的负责人布什（Bush）邀请特曼前往波士顿，接管哈佛大学（Harvard University）的绝密无线电研究实验室（Radio Research Laboratory）。在那里，他管理了一个超过 800 人参与的研究项目，设计了雷达干扰设备，并且开发了可调谐接收器，用于探测和分析雷达信号。特曼住在哈佛大学财务主管家的街对面，由于特曼的项目带来的资金超过了哈佛大学在战争研究上投入费用的一半以上，所以两人之间的关系比较友好。每逢星期天，特曼总是跟这位财务主管聊天，跟着他在花园里干活。"我问他认为战后会发生什么？""在我看来，政府将会提供新一轮的支持。因为事实证明在战争中使用科学手段是如此有效。"

特曼更加坚定了自己的观点。因为虽然在战前和平时期政府对大学研究的支持很少，但他确信这种情况将会改变。他曾表示："战争使我明白，对国防而言，科学技术比人口数量更重要。这场战争也表明，电子对于我们的文明是多么重要。"战后，"将首次有真正的资金来支持工程研究和研究生学习。这种新的情况将被称为资助研究。"

* * *

特曼认为："斯坦福大学在'二战'期间是一所弱势学府。所以它没能显著参与任何与战争有关的激动人心的工程和科学活动。"特曼在 1946 年返回斯坦福大学担任工程学院院长时，他坚信并践行斯坦福大学一定会在全国电子学领域占有重要地位。因为斯坦福大学在高压电力传输方面已经享有盛誉，并且他认为："在哈里斯·J. 瑞安的领导下，斯坦福大学做出了某些非常重要的贡献。"但是"新的机会、未来的发展存在于电子和与电子相关的事物之中。"因此，特曼发起了一个简单的计划，以吸引最聪明的教师，这些教师会为最值得的研究项目寻求支持，从而吸引最优秀的研究生。同时，他们将与私营企业建立密切联系。特曼将自己的方法称为"顶尖建筑"，并且由于斯坦福大学因速调管研究而在微波技术方面已占据优势，所以特曼将其视为未来研究的基础。

特曼回忆道："我回到斯坦福大学后的一两个月左右，几位海军小伙子就来了。当时海军研究办公室（Office of Naval Research，ONR）刚刚成立，他们首先来到我的实验室。"特曼与美国海军讨论了一些想法，然后得到了斯坦福大学校长唐纳德·特雷西德（Donald Tresidder）的支持，之后特曼便拿到了一份每年 22.5 万美元的基础研究合同。"我们一开始有 3 个项目。其中，化学项目失败了，但物理项目让菲利克斯·布洛赫博士（Dr. Felix Bloch）获得了诺贝尔奖，因为他发现了核磁共振现象。而电气工程项目则逐渐发展成如今美国认可的工程研究项目。"最初的资助研究使斯坦福大学电子研究实验室（Electronics Research Laboratories，ERL）得以成立，同时，还进行了斯坦福大学线性加速器中心（Stanford Linear Accelerator Center）的开发项目。

斯坦福大学电子研究实验室进行的是电子学方面的基础研究。虽然研究人员没有做应用型研究，并且对该实验室可能成为军事或商业项目的开发实验室感到不满，但他们还是跟随特曼的领导，在大学之外与企业建立联系。战后，瓦里安兄弟在离帕洛阿尔托不远的圣卡洛斯（San Carlos）成立了一家公司，成了休利特－帕卡德公司（Hewlett-Packard，即惠普公司）、利顿工程公司（Litton Engineering）和其他本土电子公司中的一分子。电子研究实验室的研究人员通过非正式或正式的方式与某些公司合作，以将他们的科学发现转化为实用产品。该实验室基础研究的创新数量使斯坦福大学在军事和商业项目方面占据着越来越重要的位置。因此，1950 年，海军研究办公室首先向特曼提出进行应用型研究的建议时，一点也不让人意外。而特曼在两周内让斯坦福大学同意对该建议的支持。

这项每年多达 45 万美元的应用型电子学研究合同巩固了斯坦福大学在电子学领域的地位。特曼成了新的应用型电子学实验室（Applied Electronics Laboratory）的负责人，实验室所在的新大楼是由海军研究办公室的赞助以及惠普公司的捐赠修建而成。在领导该实验室的过程中，特曼只接受能加强斯坦福大学基础电子学研究以及提高该校声誉的项目。他还更加努力地与行业建立更紧密的联系。多年来特曼一直在向企业宣传了解大学研究工作和了解当地企业中研究人员的好处。但现在，这种"大学和当地企业之间的利益共同体"变得非常重要，因为应用型电子学实验室将生产电子设备的原型，然后再与实际生产电子设备的公司合作。

斯坦福大学当时的财政状况激发了大家对利益共同体的兴趣。斯坦福大学当时得到的捐赠基金太少，所以无法提供足够的运营资金或资本改善基金，而且该校的原则也不允许出售自己的校园用地。1951 年后，学校管理人员与教员委员会合作，制定了从土地上获取收入的几个计划，其中包括发展农业、建设区域购物中心以及开发住宅项目。一个 240 亩（1 亩 ≈ 666.7 平方米）的角落被规划由某个小型轻工业使用。规划者的大部分精力都花在了购物中心和住宅项目上。直到 1953 年，总体规划才最终确定下来。但瓦里安联合公司（Varian Associates）看中了这块工业用地，并且率先对其进行开发使用。

据历史学家亨利·罗沃德（Henry Lowood）所述，瓦里安联合公司擅长于从斯坦福大学进行的研究中开发产品，并定期聘请大学教员、研究助理和学生到公司工作。该公司非常成功，到 1949 年，其生产需求已经超出了该公司在圣卡洛斯的生产能力。所以拉塞尔·瓦里安和爱德华·金兹顿（Edward Ginzton）决定在斯坦福大学附近成立一家分公司。爱德华·金兹顿在战前还是学生时，特曼曾指导他进行过速调管项目，现在他既是瓦里安联合公司的主管，也是斯坦福大学的教授。早在 1950 年，瓦里安就请求斯坦福大学将土地租给自己的公司用于建设新的研发大楼。双方之间的这项协议看起来非常明智。因为该公司的研究是基于斯坦福大学的专利，而斯坦福大学的教职员工同时也是该公司的重要股东、董事和顾问。

这一举动使得同样是瓦里安联合公司董事的特曼将统率权纳入了斯坦福大学发展中的土地使用总体规划。特曼看到了仅向业务与斯坦福大学项目相关的公司出租土地的机会，但总体规划似乎包括了其他行业，甚至还包括保险公司。伊士曼柯达公司（Eastman Kodak）的照片加工厂拿到了斯坦福大学的第二份土地租约，这调动起了特曼的积极性。到 1953 年时，特曼已进入斯坦福大学的土地和建筑发展咨询委员会（Advisory Committee on Land and Building Development），并且忙着说服斯坦福大学的商业经理阿尔夫·布兰丁（Alf Brandin）接受他的想法。

特曼从几个方面阐述了自己的论点。他重申工业园可以使大学在研究方面取得更好的成绩，并指出斯坦福大学收到了惠普、瓦里安联合公司和拉塞尔·瓦里安的巨额捐赠。这些公司都是很好的捐赠者，他们的捐赠相当于斯坦福大学的租赁收入。他还指出，当地企业为参加荣誉合作项目的员工支付的相应学费，也是非常重要的收入来源，该项目使得外部工程师可以直接在课堂或通过电视网络旁听斯坦福大学的课程。特曼回忆道："布兰丁很快就反应过来，因为此后不久，非高科技公司想要拿到一份租约，就得花很多时间说服布兰丁。"

1955 年，特曼成了斯坦福大学的教务长，并着手建立斯坦福大学化学系，作为生物技术社区的基础。不久他的工作取得了成效。他在工程方面的卓越成就使斯坦福大学成为美国重要的研究型大学之一，并且使该校的赞助研究从 1946 年第一个海军研究办公室赞助项目的 22.5 万美元，上升到 1967 年的 1200 万美元。同时也带来了更多的捐赠，企业捐赠在 1956 年达到 50 万美元，到 1965 年则上升到超过 200 万美元。与此同时，惠普公司在 1956 年成为斯坦福大学工业园的标杆。很快，安培公司（Ampex）

和洛克希德公司（Lockheed）新的太空和导弹分部（Space and Missile Division）也搬进了工业园。到 1960 年，超过 40 家公司在这 2700 亩的校园风格工业园中办公，而特曼也被要求在得克萨斯州（Texas）和新泽西州（New Jersey）帮助规划类似的工业园。

＊　　＊　　＊

圣克拉拉谷曾被当地农业支持者称为"心之乐谷"，但如今它已变成不断发展的电子和航空工业的中心。国防合同推动了这一热潮，使得最早的那批公司搬到了斯坦福大学工业园，并促进了电子公司群体不断发展壮大。位于加州森尼维尔（Sunnyvale）的美国宇航局艾姆斯研究中心（NASA-Ames Research Center，成立于 1940 年）也带来了合作促进了工业发展。圣何塞商会（San Jose Chamber of Commerce）经理拉塞尔·佩蒂（Russell Petit）在全国投放了大量广告，吸引了更多公司来到斯坦福大学工业园，这也促进了该地区的发展。由于与真空电子管、雷达、微波技术、冷战和太空探索相关的发展都能盈利，所以从帕洛阿尔托以南到圣何塞，电子管时代的大型国有公司以及年轻的新企业家们纷纷开办工厂。高科技企业这一群体的发展引起了全国关注。马龙指出："任何一位有抱负的电气工程师都在这里四处投简历，希望能得到企业回应。"同时，经验丰富的研究人员也来到了西部。

1956 年，威廉·B. 肖克利（William B. Shockley）回到了他在帕洛阿尔托儿时的家。1947 年在贝尔电话实验室（Bell Telephone Laboratories）工作时，肖克利是晶体管的共同发明者之一，因此不久前他与约翰·巴丁（John Bardeen）和沃尔特·布拉顿（Walter Brattain）一起获得了诺贝尔奖。肖克利当时计划在这具有良好发展环境的工业园建立第一家半导体公司。全国最聪明的年轻工程师响应了他的号召，而肖克利则雇用了最好的工程师。但两年之内，在年轻的工程师中就出现了反抗肖克利的情况。由于不同意肖克利的研究方向，加上受够了肖克利对他们的轻蔑态度，有7位工程师开始寻求支持以自立门户。在西海岸几乎没有风险资本资源的情况下，一家纽约投资公司最终帮助这7位工程师与新泽西州的飞兆相机仪器公司（Fairchild Camera and Instrument Corporation）取得了联系。该公司似乎很感兴趣，但担心他们7人都不具备有效的管理技能。为了赢得该公司支持，这7人说服了拥有必备领导能力的27岁的罗伯特·诺伊斯（Robert Noyce）加入该公司，而他是肖克利唯一的支持者。于是，这8人在暴怒的肖克利面前集体辞职。随后，飞兆半导体公司（Fairchild Semiconductor）在加州山景城成立，硅谷从此诞生。

一开始有许多问题困扰着飞兆，虽然它发展迅速，并引入了第一个可量产的单片集成电路。马龙称该公司为年轻工程师的"企业职业学校"。"在这里，他们可以把事情搞砸而不用担心严重的后果，毕竟，其他人也不

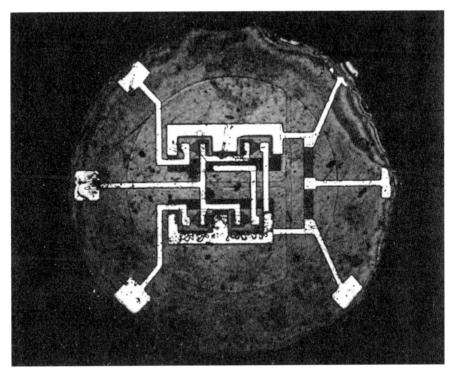

第一个可量产的单片集成电路，由飞兆半导体公司在1961年开发
资料来源：加州历史中心基金会，位于库比蒂诺

知道他们的工作是如何完成的，然后他们再从错误中吸取教训。"但这些工程师做到了，他们释放出的创业创新吸引力成了硅谷的特色。到 1968 年，最后加入飞兆创始人阵营的诺伊斯，连同许多其他飞兆工程师一起，也已经在新企业中成功复制了飞兆创始人的创业经历。后来，诺伊斯评论道，这"是一个伟大的启示，也是一个伟大的激励"，即年轻的工程师或科学家可以为一家新公司带来风险投资。1969 年在森尼维尔举行的一次会议上，400 位在场的半导体工程师中，只有不到 24 位之前没有为飞兆工作过。到 20 世纪 70 年代初，飞兆的前雇员们已经创办了 41 家新的半导体公司，其中大部分公司就在硅谷。

飞兆早期与特曼建立的斯坦福社区之间，存在的唯一明显联系是该公司最初雇佣斯坦福大学研究生作为其生产工人。直到斯坦福大学毕业生马西安·"泰德"·霍夫（Marcian "Ted" Hoff）在获得电气工程博士学位后加入诺伊斯新成立的英特尔公司（Intel Corporation），两者之间才建立了更紧密的联系。1969 年，霍夫发明了微处理器，即第一台芯片计算机。英特尔的 4004 芯片在硅谷内外掀起了另一波爆炸性浪潮。到 1975 年，英特尔的第 3 个微处理器 8080 成了第一款价格实惠的计算机"牛牛星"（Altair）的核心，该计算机在新墨西哥州的阿尔伯克基（Albuquerque）进行生产。

1975 年 1 月，美国著名杂志《大众电子学》（*Popular Electronics*）刊出世界第一台个人电脑——"牛牛星"的广告，而硅谷的自制计算机俱乐部（Homebrew Computer Club）从此诞生。该俱乐部当年 3 月的第一次会议吸引了 32 人来到帕洛阿尔托附近门洛帕克（Menlo Park）的一处住宅里。几周内，俱乐部的会议就吸引了数百名计算机狂热爱好者，所以会议开始在斯坦福大学线性加速器中心的礼堂里进行。根据作家保罗·弗莱伯格（Paul Freiberger）和迈克尔·斯温（Michael Swaine）的说法，自制计算机俱乐部提供了硅谷微型计算机公司最初赖以生存的"智力养分"。该俱乐部"在一种欢乐的无政府状态中蓬勃发展",并且该俱乐部发展出可靠的工程技术供人们使用。

史蒂夫・沃兹尼亚克(Stephen Wozniak)是惠普公司的一位年轻员工,也是一位天才型计算机爱好者,他从一开始就是自制计算机俱乐部的成员。他曾定期参加会议,学习了解别人带来的自制机器,并逐渐开始认为自己可以改进他人的设计。沃兹尼亚克曾在旧金山计算机展上购买了最新的微处理器芯片,并自己制造了计算机。他把计算机带到俱乐部进行展示,并给大家分发他为苹果所设计产品的复印件。与此同时,他的朋友史蒂文・乔布斯(Steven Jobs)建议两人一起创办公司。1976 年,苹果电脑公司(Apple Computer)继承了惠普的传统,从库比蒂诺的一间车库里诞生了。8 年后,苹果公司的销售额达到 15 亿美元,硅谷成了全世界的焦点。

特曼 1965 年从斯坦福大学退休,他一定对自己这次圣克拉拉谷的艰险之旅感到心满意足。毕竟,正是他的远见卓识和毕生的努力工作为这里取得的成就奠定了基础。特曼 1952 年时曾说过:"当今世界,人们想做的几乎任何事情都因电子技术而可能实现,或做得更好,或者得益于该技术。电子技术通过在光、声和电之间实现控制、放大和转换,为我们所处的机器时代文明创造了一个神经系统。"到特曼 1982 年去世时,他的梦想已全部实现。

拓展阅读

1 Technology in America: An Introduction

Hindle, Brooke, and Steven Lubar. *Engines of Change: The American Industrial Revolution, 1790–1860*. Washington, DC: Smithsonian Institution Press, 1986.

Hughes, Thomas P. *American Genesis: A Century of Technological Enthusiasm, 1870–1970*. New York: Viking, 1989.

Marx, Leo. *The Pilot and the Passenger: Essays on Literature, Technology, and Culture in the United States*. New York: Oxford University Press, 1988.

Morison, Elting E. *From Know-how to Nowhere: The Development of American Technology*. New York: Basic Books, 1974.

Smith, Merritt Roe, ed. *Military Enterprise and Technological Change: Perspectives on the American Experience*. Cambridge, MA: MIT Press, 1985.

2 The Artisan during America's Wooden Age

Bedini, Silvio A. *Thinkers and Tinkers: Early American Men of Science*. New York: Charles Scribners' Sons, 1975.

Hindle, Brooke, ed. *America's Wooden Age: Aspects of Its Early Technology*. Tarrytown, NY: Sleepy Hollow Restorations, 1975.

Hindle, Brooke. *Technology in Early America: Needs and Opportunities for Study*. Chapel Hill, NC: University of North Carolina Press, 1965.

McGaw, Judith A., ed. *Early American Technology: Making and Doing Things from the Colonial Era to 1850*. Chapel Hill: University of North Carolina Press, 1994.

McPhee, John. *The Survival of the Bark Canoe*. New York: Warner Books, 1975.

Sloane, Eric. *Our Vanishing Landscape*. New York: Funk and Wagnalls, 1955.

Sloane, Eric. *A Reverence for Wood*. New York: Funk and Wagnalls, 1965.

3 Thomas Jefferson and a Democratic Technology

Ferguson, Eugene S. *Oliver Evans: Inventive Genius of the American Industrial Revolution*. Greenville, NC: Hagley Museum and Library, 1980.

Hindle, Brooke. *Emulation and Invention*. New York: NYU Press, 1981.

Kasson, John. *Civilizing the Machine: Technology and Republican Values in America*. New York: Grossman Publishers, 1976.

Kouwenhoven, John. *Made in America*. New York: Doubleday, 1948.

Marx, Leo. *The Machine in the Garden: Technology and the Pastoral ideal in America*. New York: Oxford University Press, 1964.

Rigal, Laura. *The American Manufactory: Art, Labor, and the World of Things in the Early Republic*. Princeton, NJ: Princeton University Press, 1998.

4 Benjamin Henry Latrobe and the Transfer of Technology

Jeremy, David J. *Transatlantic Industrial Revolution: The Diffusion of Textile Technologies between Britain and America, 1790–1830*. Cambridge, MA: MIT Press, 1981.

Pursell, Carroll W., Jr. *Early Stationary Steam Engines in America: A Study in the Migration of a Technology*. Washington, DC: Smithsonian Institution Press, 1969.

Stapleton, Darwin H. *The Transfer of Early Industrial Technologies to America*. Philadelphia: American Philosophical Society, 1987.

Tucker, Barbara M. *Samuel Slater and the Origins of the American Textile Industry, 1790–1860*. Ithaca, NY: Cornell University Press, 1984.

5 Eli Whitney and the American System of Manufacturing

Hoke, Donald. *Ingenious Yankees: The Rise of the American System of Manufactures in the Private Sector*. New York: Columbia University Press, 1989.

Hounshell, David A. *From the American System to Mass Production, 1800–1932: The Development of Manufacturing Technology in the United States*. Baltimore: Johns Hopkins University Press, 1984.

Lakwete, Angela. *Inventing the Cotton Gin: Machine and Myth in Antebellum America*. Baltimore: Johns Hopkins University Press, 2003.

Mayr, Otto, and Robert C. Post, eds. *Yankee Enterprise: The Rise of the American System of Manufactures*. Washington, DC: Smithsonian Institution Press, 1981.

McGaw, Judith A. *Most Wonderful Machine: Mechanization and Social Change in Berkshire Paper Making, 1801–1885*. Princeton, NJ: Princeton University Press, 1987.

Noble, David F. *Forces of Production: A Social History of Industrial Automation*. New York: Oxford University Press, 1984.

Rosenberg, N., ed. *The American System of Manufactures*. Edinburgh: Edinburgh University Press, 1969.

6 Thomas P. Jones and the Evolution of Technical Education

Bix, Amy. *Girls Coming to Tech! A History of American Engineering Education for Women*. Cambridge, MA: MIT Press, 2014.

Calvert, Monte A. *The Mechanical Engineer in America, 1830–1910: Professional Cultures in Conflict*. Baltimore: Johns Hopkins University Press, 1967.

Ferguson, Eugene S., ed. *Early Engineering Reminiscences (1815–1840) of George Escol Sellers*. Washington, DC: Smithsonian Institution Press, 1965.

Post, Robert Charles. *Physics, Patents, and Politics: A Biography of Charles Grafton Page*. New York: Science History Publications, 1976.

Sinclair, Bruce. *Philadelphia's Philosopher Mechanics: A History of the Franklin Institute, 1824–1865*. Baltimore: Johns Hopkins University Press, 1974.

Williams, Rosalind. *Retooling: A Historian Confronts Technological Change*. Cambridge, MA: MIT Press, 2002.

7 Cyrus Hall McCormick and the Mechanization of Agriculture

Danhof, Clarence H. *Change in Agriculture: The Northern United States, 1820–1870*. Cambridge, MA: Harvard University Press, 1969.

Hutchinson, William T. *Cyrus Hall McCormick*. 2 vols. New York: The Century Co., 1930–1935.

Jellison, Katherine. *Entitled to Power: Farm Women and Technology, 1913–1963*. Chapel Hill: University of North Carolina Press, 1993.

Rossiter, Margaret W. *The Emergence of Agricultural Science: Justus Liebig and the Americans, 1840–1880*. New Haven, CT: Yale University Press, 1975.

Wik, Reynold M. *Steam Power on the American Farm*. Philadelphia: University of Pennsylvania Press, 1953.

Williams, Robert C. *Fordson, Farmall, and Poppin' Johnny: A History of the Farm Tractor and Its Impact on America*. Urbana: University of Illinois Press, 1987.

8 James Buchanan Eads: The Engineer as Entrepreneur

Chandler, Alfred D. *The Visible Hand: Managerial Revolution in American Business*. Cambridge, MA: Belknap Press, 1977.

Hughes, Thomas Parke. *Elmer Speny: Inventor and Engineer*. Baltimore: Johns Hopkins University Press, 1971.

McCartney, Laton. *Friends in High Places. The Bechtel Story: The Most Secret Corporation and How It Engineered the World*. New York: Simon & Schuster, 1988.

McMahon, A. Michal. *The Making of a Profession: A Century of Electrical Engineering in America*. New York: The Institute of Electrical and Electronic Engineers, 1984.

Merritt, Raymond H. *Engineering in American Society, 1850–1875*. Lexington: University of Kentucky Press, 1969.

Sinclair, Bruce. *A Centennial History of the American Society of Mechanical Engineers, 1880–1980*. Toronto: University of Toronto Press, 1980.

9 James B. Francis and the Rise of Scientific Technology

Hunter, Louis C. *A History of Industrial Power in the United States, 1780–1930. Volume One: Waterpower in the Century of the Steam Engine*. Charlottesville: University of Virginia Press, 1979.

Hunter, Louis C. *A History of Industrial Power in the United States, 1780–1930. Volume Two: Steam Power*. Charlottesville: University of Virginia Press, 1985.

McHugh, Jeanne. *Alexander Holley and the Makers of Steel*. Baltimore: Johns Hopkins University Press, 1980.

Noble, David F. *America by Design: Science, Technology, and the Rise of Corporate Capitalism*. New York: Knopf, 1977.

Spence, Clark C. *Mining Engineers and the American West: The LaceBoot Brigade, 1849–1933*. New Haven, CT: Yale University Press, 1970.

10 Alexander Graham Bell and the Conquest of Solitude

Bruce, Robert V. *Bell: Alexander Graham Bell and the Conquest of Solitude*. Boston: Little Brown, 1973.

Fischer, Claude S. *America Calling: A Social History of the Telephone to 1940*. Berkeley: University of California Press, 1992.

Hochfelder, David. *The Telegraph in America, 1832–1920*. Baltimore: Johns Hopkins University Press, 2012.

Smith, George David. *The Anatomy of a Business Strategy: Bell, Western Electric, and the Origins of the American Telephone Industry*. Baltimore: Johns Hopkins University Press, 1985.

Thompson, Robert Luther. *Wiring a Continent: The History of the Telegraph Industry in the United States*. Princeton, NJ: Princeton University Press, 1947.

Wasserman, Neil H. *From Invention to Innovation: Long-Distance Telephone Transmission at the Turn of the Century*. Baltimore: Johns Hopkins University Press, 1985.

11 Thomas Alva Edison and the Rise of Electricity

Friedel, Robert, and Paul Israel. *Edison's Electric Light: Biography of an Invention*. New Brunswick, NJ: Rutgers University Press, 1986.

Josephson, Matthew. *Edison: A Biography*. New York: McGraw-Hill, 1959.

MacLaren, Malcolm. *The Rise of the Electrical Industry during the Nineteenth Century*. Princeton, NJ: Princeton University Press, 1943.

Nye, David E. *Electrifying America: Social Meanings of a New Technology*. Cambridge, MA: MIT Press, 1990.

Passer, Harold C. *The Electrical Manufacturers, 1875–1900: A Study in Competition, Entrepreneurship, Technical Change, and Economic Growth*. Cambridge, MA: Harvard University Press, 1953.

Wachhorst, Wyn. *Thomas Alva Edison: An American Myth*. Cambridge, MA: MIT Press, 1981.

12 Lewis Latimer and the Role of Black Inventors

Fouche, Rayvon. *Black Inventors in the Age of Segregation: Granville T. Woods, Lewis H. Latimer, and Shelby J. Davidson*. Baltimore: Johns Hopkins University Press, 2003.

Friedel, Robert, and Paul Israel. *Edison's Electric Light: Biography of an Invention*. New Brunswick, NJ: Rutgers University Press, 1986.

James, Portia P. *The Real McCoy: African-American Invention and Innovation, 1619–1930*. Washington, DC: Smithsonian Institution Press, 1989.

McMahon, A. Michal. *The Making of a Profession: A Century of Electrical Engineering in America*. New York: The Institute of Electrical and Electronics Engineers, 1984.

Pursell, Carroll, ed. *A Hammer in Their Hands: A Documentary History of Technology and the African-American Experience*. Cambridge, MA: MIT Press, 2005.

Sinclair, Bruce, ed. *Technology and the African-American Experience: Needs and Opportunities for Study*. Cambridge, MA: MIT Press, 2004.

13 George Eastman and the Coming of Industrial Research in America

Hounshell, David A., and John Kenly Smith Jr. *Science and Corporate Strategy: Du Pont R&D, 1902–1980*. Cambridge: Cambridge University Press 1988.

Jenkins, Reese V. *Images and Enterprise: Technology and the American Photographic Industry, 1839–1925*. Baltimore: Johns Hopkins University Press, 1975.

Jewkes, John, David Sawers, and Richard Stillerman. *The Sources of Invention*. London: St. Martin's Press, 1958.

Reich, Leonard S. *The Making of American Industrial Research: Science and Business at GE and Bell, 1876–1926*. Cambridge: Cambridge University Press, 1985.

Wise, George. *Willis R. Whitney, General Electric, and the Origins of U.S. Industrial Research*. New York: Columbia University Press, 1985.

14 Ellen Swallow Richards: Technology and Women

Cowan, Ruth Schwartz. *More Work for Mother: The Ironies of Household Technology from the Open Hearth to the Microwave*. New York: Basic Books, 1983.

Dublin, Thomas. *Women at Work: The Transformation of Work and Community in Lowell, Massachusetts, 1826–1860*. New York: Columbia University Press, 1979.

Hayden, Dolores. *The Grand Domestic Revolution: A History of Feminist Designs for American Homes, Neighborhoods, and Cities*. Cambridge, MA: MIT Press, 1981.

Rothman, Barbara Katz. *Recreating Motherhood: Ideology and Technology in a Patriarchal Society*. New Brunswick, NJ: Rutgers University Press, 1989.

Strasser, Susan. *Never Done: A History of American Housework*. New York: Pantheon Books, 1982.

15 Gifford Pinchot and the American Conservation Movement

Hays, Samuel P. *Beauty, Health, and Permanence: Environmental Politics in the United States, 1955–1985*. Cambridge: Cambridge University Press, 1987.

Hays, Samuel P. *Conservation and the Gospel of Efficiency: The Progressive Conservation Movement, 1890–1920*. Cambridge, MA: Harvard University Press, 1959.

Melosi, Martin V., ed. *Pollution and Reform in American Cities, 1870–1930*. Austin: University of Texas Press, 1980.

Tarr, Joel A., and Gabriel Dupuy, eds. *Technology and the Rise of the Networked City in Europe and America*. Philadelphia: Temple University Press, 1989.

Worster, Donald. *Rivers of Empire: Water Aridity and the Growth of the American West*. New York: Pantheon Books, 1985.

16 Frederick Winslow Taylor and Scientific Management

Aitken, Hugh G. J. *Scientific Management in Action: Taylorism at Watertown Arsenal, 1908–1915*. Cambridge, MA: Harvard University Press, 1960.

Braverman, Harry. *Labor and Monopoly Capital: The Degradation of Work in the Twentieth Century*. New York: Monthly Review Press, 1974.

Copley, Frank Barkley. *Frederick W. Taylor: Father of Scientific Management*. 2 vols. New York: Harper & Bros., 1923.

Gilbreth, Frank B., Jr. *Time Out for Happiness*. New York: Crowell, 1970.

Kakar, Sudhir. *Frederick Taylor: A Study in Personality and Innovation*. Cambridge, MA: MIT Press, 1970.

Nelson, Daniel. *Frederick W. Taylor and the Rise of Scientific Management*. Madison: University of Wisconsin Press, 1980.

17 Henry Ford and the Triumph of the Automobile

Borg, Kevin L. *Auto Mechanics: Technology and Expertise in Twentieth-Century America*. Baltimore: Johns Hopkins University Press, 2002.

Flink, James J. *The Automobile Age*. Cambridge, MA: MIT Press, 1988.

Flink, James J. *The Car Culture*. Cambridge, MA: MIT Press, 1975.

Foster, Mark S. *From Streetcar to Superhighway: American City Planners and Urban Transportation, 1900–1940*. Philadelphia: Temple University Press, 1981.

Leslie, Stuart W. *Boss Kettering: Wizard of General Motors*. New York: Columbia University Press, 1983.

Rose, Mark H. *Interstate: Express Highway Politics, 1941–1956*. Lawrence: Regents Press of Kansas, 1979.

Scharff, Virginia. *Taking the Wheel: Women and the Coming of the Motor Age*. New York: Free Press, 1991.

Seely, Bruce E. *Building the American Highway System: Engineers as Policy Makers*. Philadelphia: Temple University Press, 1987.

18 A. C. Gilbert, Toys, and the Boy Engineer

Cross, Gary. *Kids' Stuff: Toys and the Changing World of American Childhood*. Rev. ed. Cambridge, MA: Harvard University Press, 1999.

Gilbert, A. C., and Marshall McClintock. *The Man Who Lives in Paradise*. New York: Heimburger House, 1954.

McReavy, Anthony. *The Toy Story: The Life and Times of Inventor Frank Hornby*. London: Ebury Press, 2002.

Onion, Rebecca. *Innocent Experiments: Childhood and the Culture of Popular Science in the United States*. Chapel Hill: University of North Carolina Press, 2016.

Pursell, Carroll. *From Playgrounds to PlayStation: The Interaction of Technology and Play*. Baltimore: Johns Hopkins University Press, 2015.

19 Peter L. Jensen and the Amplification of Sound

Aitken, Hugh G. J. *The Continuous Wave: Technology and American Radio, 1900–1932*. Princeton, NJ: Princeton University Press, 1985.

Aitken, Hugh G. J. *Syntony and Spark: The Origins of Radio*. Princeton, NJ: Princeton University Press, 1976.

Czitrom, Daniel J. *Media and the American Mind: From Morse to McLuhan*. Chapel Hill: University of North Carolina Press, 1982.

Douglas, Susan J. *Inventing American Broadcasting, 1899–1922*. Baltimore: Johns Hopkins University Press, 1987.

Horning, Susan Schmidt. *Chasing Sound: Technology, Culture, and the Art of Studio Recording from Edison to the LP*. Baltimore: Johns Hopkins University Press, 2013.

Jensen, Peter L. *The Great Voice*. Richardson, TX: Havilah Press, 1975.

20 Charles A. Lindbergh: His Flight and the American Ideal

Bilstein, Roger E. *Flight in America, 1900–1983: From the Wrights to the Astronauts*. Baltimore: Johns Hopkins University Press, 1984.

Bilstein, Roger E. *Flight Patterns: Trends of Aeronautical Development in the United States, 1918–1929*. Athens: University of Georgia Press, 1983.

Constant, Edward W., II. *The Origins of the Turbojet Revolution*. Baltimore: Johns Hopkins University Press, 1980.

Corn, Joseph J. *The Winged Gospel: America's Romance with Aviation, 1900–1950*. New York: Oxford University Press, 1983.

Rae, John B. *Climb to Greatness: The American Aircraft Industry, 1920–1960*. Cambridge, MA: MIT Press, 1968.

Roland, Alex. *Model Research: The National Advisory Committee for Aeronautics, 1915–1958*. 2 vols. Washington, DC: NASA, 1985.

21 Buster Keaton and Charlie Chaplin: The Silent Film's Response to Technology

Corn, Joseph J., ed. *Imagining Tomorrow: History, Technology, and the American Future.* Cambridge, MA: MIT Press, 1986.

Kasson, John F. *Amusing the Million: Coney Island at the Turn of the Century.* New York: Hill & Wang, 1978.

Marzio, Peter C. *Rube Goldberg: His Life and Work.* New York: Harper & Row, 1973.

Meikle, Jeffrey L. *Twentieth Century Limited: Industrial Design in America, 1925–1939.* Philadelphia: Temple University Press, 1979.

22 Morris L. Cooke and Energy for America

Butti, Ken, and John Perlin. *A Golden Thread: 2500 Years of Solar Architecture and Technology.* Palo Alto, CA: Cheshire Books, 1980.

Christie, Jean. *Morris Llewellyn Cooke: Progressive Engineer.* New York: Garland Publications, 1983.

Hughes, Thomas P. *Networks of Power: Electrification in Western Society, 1880–1930.* Baltimore: Johns Hopkins University Press, 1983.

Melosi, Martin V. *Coping with Abundance: Energy and Environment in Industrial America.* New York: Knopf, 1985.

Williams, James C. *Energy and the Making of Modern California.* Akron, OH: University of Akron Press, 1997.

23 Enrico Fermi and the Development of Nuclear Power

Badash, Lawrence. *Radioactivity in America: Growth and Decay of a Science.* Baltimore: Johns Hopkins University Press, 1979.

Boyer, Paul. *By the Bomb's Early Light: American Thought and Culture at the Dawn of the Atomic Age.* New York: Pantheon, 1985.

Hewlett, Richard G., and Oscar E. Anderson, Jr. *The New World, 1939/1946: Volume I of a History of the United States Atomic Energy Commission.* University Park: Pennsylvania State University Press, 1962.

Hewlett, Richard G., and Francis Duncan. *Nuclear Navy, 1946–1962.* Chicago: University of Chicago Press, 1974.

Nelkin, Dorothy. *Nuclear Power and Its Critics: The Cayuga Lake Controversy.* Ithaca, NY: Cornell University Press, 1971.

York, Herbert F. *The Advisers: Oppenheimer, Teller, and the Superbomb*. San Francisco: W. H. Freeman, 1976.

24 Robert H. Goddard and the Origins of Space Flight

Koppes, Clayton R. *JPL and the American Space Program: A History of the Jet Propulsion Laboratory*. New Haven, CT: Yale University Press, 1982.

Lasby, Clarence G. *Project Paperclip: German Scientists and the Cold War*. New York: Atheneum, 1971.

Lehman, Milton. *This High Man: The Life of Robert H. Goddard*. New York: Farrar, Straus, 1963.

Mazlish, Bruce, ed. *The Railroad and the Space Program: An Exploration in Historical Analogy*. Cambridge, MA: MIT Press, 1965.

McDougall, Walter A. ... *The Heavens and the Earth: A Political History of the Space Age*. New York: Basic Books, 1985.

25 Rachel Carson and the Challenge of Greening Technology

Carson, Rachel. *Silent Spring*. Boston: Riverside Press, 1962.

Lear, Linda. *Rachel Carson: Witness for Nature*. New York: H. Holt, 1997.

Mart, Michelle. *Pesticides, a Love Story: America's Enduring Embrace of Dangerous Chemicals*. Lawrence: University Press of Kansas, 2015.

Murphy, Priscilla Coit. *What a Book Can Do: The Publication and Reception of Silent Spring*. Amherst: University of Massachusetts Press, 2005.

Pursell, Carroll. *Technology in Postwar America: A History*. New York: Columbia University Press, 2007.

Rome, Adam. *The Genius of Earth Day: How a 1970 Teach-in Unexpectedly Made the First Green Generation*. New York: Hill & Wang, 2013.

26 Frederick E. Terman and the Rise of Silicon Valley

Austrian, Geoffrey D. *Herman Hollerith: Forgotten Giant of Information Processing*. New York: Columbia University Press, 1982.

Dickson, David, *The New Politics of Science*. 2nd ed. Chicago: University of Chicago Press, 1988.

Hanson, Dirk. *The New Alchemists: Silicon Valley and the Microelectronics Revolution*. Boston: Little, Brown, 1982.

Kenney, Martin. *Biotechnology: The University-industrial Complex*. New Haven, CT: Yale University Press, 1986.

Kidder, Tracy. *The Soul of a New Machine*. Boston: Little, Brown, 1981.

Markoff, John. *What the Dormouse Said: How the 60s Counterculture Shaped the Personal Computer Industry*. New York: Viking, 2005.

Turkle, Sherry. *The Second Self: Computers and the Human Spirit*. Cambridge, MA: MIT Press, 2005 [1984].

Ullman, Ellen. *Close to the Machine: Technophilia and Its Discontents*. San Francisco: City Lights, 1997.

Young, Jeffrey S. *Steve Jobs: The Journey Is the Reward*. Glenview, IL: Scott Foresman, 1988.

贡献者

劳伦斯·巴达什（Lawrence Badash）：加州大学圣芭芭拉分校（University of California at Santa Barbara）科学史教授。主要研究核物理的历史及其应用。本书第二十三章的作者。

乔治·巴萨拉（George Basalla）：特拉华大学（University of Delaware）历史学教授。专门研究技术的社会历史，特别是技术与文化的关系，并著有《技术的进化》（*The Evolution of Technology*，1989 年）一书。本书第二十一章的作者。

罗伯特·V. 布鲁斯（Robert V. Bruce）：波士顿大学历史学教授。除了为亚历山大·格雷厄姆·贝尔撰写传记外，还著有《林肯和战争工具》（*Lincoln and the Tools of War*，1956 年），著作《现代美国科学的启动》（*The Launching of Modern American Science*，1988 年）获得普利策奖。本书第十章的作者。

琼·克里斯蒂（Jean Christie）：菲尔莱狄更斯大学（Fairleigh Dickinson University）历史学教授。除了关于莫里斯·L. 库克的专论外，还出版了两本关于20 世纪美国历史的文集。本书第二十二章的作者。

盖尔·库珀（Gail Cooper）：理海大学（Lehigh University）历史学副教授。著有《空调在美国：工程师和受控环境，1900-1960 年》（*Air-Conditioning in America: Engineers and the Controlled Environment, 1900–1960*，1998 年）。目前正在研究日本采用的统计质量控制。本书第十六章的作者。

鲁斯·施瓦兹·柯望（Ruth Schwartz Cowan）：宾夕法尼亚大学历史学教授。著有《给母亲更多的工作》（*More Work for Mother*，1983 年），还撰写了许多关于女性与科技关系的文章。本书第十四章的作者。

詹姆斯·J. 弗林克（James J. Flink）：加州大学欧文分校的比较文化教授。已著三本关于汽车的书。本书第十七章的作者。

巴顿·C. 哈克（Barton C. Hacker）：史密森学会军事历史馆的馆长。著有《龙的尾巴：曼哈顿计划中的辐射安全，1942-1946 年》（*The Dragon's Tail: Radiation Safety in the Manhattan Project, 1942–1946*，1987 年）。本书第二十四章的作者。

塞缪尔·P. 海斯（Samuel P. Hays）：匹兹堡大学（University of Pittsburgh）历史学教授。著有《美丽、健康和永久：美国 1955-1985 年的环境政治》（*Beauty, Health, and Permanence: Environmental Politics in the United States, 1955–1985*，1987 年）。本书第十五章的作者。

布鲁克·辛德（Brooke Hindle）：退休前系史密森学会美国国家历史博物馆的资深历史学家。著有许多关于美国技术的书籍，最近的一本是与史蒂文·卢巴合著的《变革的引擎：美国工业革命，1790-1860》（*Engines of Change: The American Industrial Revolution, 1790–1860*，1986 年）。本书第二章的作者。

托马斯·帕克·休斯（Thomas Parke Hughes）：宾夕法尼亚大学科技史教授。他的最新著作是《美国起源：1870-1970 年的技术热情世纪》（*American Genesis: A Century of Technological Enthusiasm, 1870-1970*，1989 年）。本书第十一章的作者。

里斯·V. 詹金斯（Reese V. Jenkins）：罗格斯大学任教，《托马斯·A. 爱迪生论文集》（Thomas A. Edison Papers）的负责人。著有《图像与企业：技术与美国摄影工业》（*Images and Enterprise: Technology and the American Photographic Industry*，1975 年）。本书第十三章的作者。

约翰·A. 考恩霍文（John A. Kouwenhoven）：巴纳德学院英语教授。其著作包括经典的《美国制造：现代美国文明中的艺术》（*Made in America: The Arts in Modern American Civilization*，1948）。本书第八章的作者。

小埃德温·T. 雷顿（Edwin T. Layton Jr.）：明尼苏达大学历史、科学和技术教授。著有《工程师的反抗：社会责任和美国工程专业》（*The Revolt of the Engineers: Social Responsibility and the American Engineering Profession,* 1971 年）。本书第九章的作者。

W·大卫. 刘易斯（W. David Lewis）：奥本大学历史学和工程学哈德森教授。著有几本航空历史书籍，包括与 W. P. 牛顿合著的《德尔塔：航空公司的历史》（*Delta: The History of an Airline* ，1979 年）。本书第十九章的作者。

雨果·A.迈耶（Hugo A. Meier）：宾夕法尼亚州立大学教授历史。其著作关注19世纪美国社会历史上的技术概念。本书第三章的作者。

卡罗尔·普塞尔（Carroll Pursell）：凯斯西储大学的艾德琳·巴里·戴维（Adeline Barry Davee）杰出历史学教授（荣誉），澳大利亚国立大学历史学兼职教授。本书第一章、第七章、第十二章和第十八章的作者

亚当·罗姆（Adam Rome）：纽约州立大学布法罗分校（University at Buffalo，SUNY）历史学教授。著有《乡下推土机》（*The Bulldozer in the Countryside*，2001 年）和《地球日的天才：1970 年的座谈会如何出人意料地造就了第一个绿色世代》（*The Genius of Earth Day: How a 1970 Teach-in Unexpectedly Made the First Green Generation*，2013 年）。本书第二十五章的作者。

布鲁斯·辛克莱（Bruce Sinclair）：佐治亚理工学院梅尔文·克兰兹伯格历史学教授。其最新著作是《技术与非洲裔美国人的经历：学习的需要和机会》（*Technology and the African-American Experience: Needs and Opportunities for Study*，2004 年）。本书第六章的作者。

梅里特·罗·史密斯（Merritt Roe Smith）：麻省理工学院科学、技术与社会项目的技术史学教授。著作《哈珀斯费里军械库和新技术》（*Harpers Ferry Armory and the New Technology*，1977 年）获得了美国历史学家组织（the Organization of American Historians）颁发的弗雷德里克·杰克逊·特纳奖（Frederick Jackson Turner Award）。本书第五章的作者。

达尔文·H.斯泰普尔顿（Darwin H. Stapleton）：《本杰明·亨利·拉特罗布的工程图纸》（*The Engineering Drawings of Benjamin Henry Latrobe*，1980 年）的编辑，也是三卷《本杰明·亨利·拉特罗布的通信和杂项著作》（*Correspondence and Miscellaneous Writings of Benjamin Henry Latrobe*，1984－1988 年）的副编辑。洛克菲勒档案中心（Rockefeller Archive Center）的名誉执行董事。本书第四章的作者。

约翰·威廉·沃德（John William Ward）：阿默斯特学院（Amherst College）院长，美国学术协会理事会（American Council of Learned Societies）负责人。本书第二十章的作者。

詹姆斯·C.威廉姆斯（James C. Williams）：斯泰森大学（Stetson University）客座研究教授。本书第二十六章的作者。

索　引

译者后记

技术一直以来都是人类永恒的话题。2008 年北京奥运会开幕式上,中国向世界所展示的"四大发明"(指南针、火药、造纸术、印刷术)不仅给中国人民带来强烈的民族自豪感,更是被国际认为这是中国对于世界文明做出的杰出贡献。当然,与中国漫长的技术史相比,美国的技术史相对太短,但接受过科学革命和工业革命的美国在短期内迅速建立起了世界一流的工业文明。以往鉴来,就像西方国家曾经可以从具有悠久技术史的中国学习到许多东西一样,今天的我们也可以在美国技术发展较为成熟的领域学习借鉴。

当有幸接到《美国技术简史》一书的翻译任务后,颇有感触,希望译介该书可以为各位读者提供观察技术发展问题的新视角。2021 年 11 月 4 日,习近平主席在第四届中国国际进口博览会开幕式上发表的主旨演讲中指出:"见出以知入,观往以知来,一个国家、一个民族要振兴,就必须在历史前进的逻辑中前进、在时代发展的潮流中发展。"因此以美国技术的发展和传播的历史视角出发,本书的译介具有一定的指导意义,这便于我们理解当今科技强国的时代是如何出现的,其次了解如何利用过去的历史逻辑应付今天的问题和预见时代潮流的未来问题。

　　正如书中所述："技术是人类行为的基本形式，有想法的人们设计了机器及操作过程，建立了制度，承担了技术变革所需的成本并最终享受到其带来的益处。"所以在译者看来，归根结底，技术其实最关心的是人类的生产活动，而并非是技术的革新与进步，技术史也同样是人类生活史。科学无国界，来自不同国度的科学家们的共通语言就是科学技术，科技合作应成为人类文明交流互鉴的重要渠道，相互促进，彼此受益，希望本书能给我们带来全新的视角看待技术，看待技术所打造的人类生活史。

　　最后，在翻译过程中，译者深感本书所含内容之深广及翻译意义之重大。但由于本人知识水平有限，加之时间紧迫，译文必定存在许多不足之处，甚至疏漏与错误也在所难免，祈请专家学者和广大读者批评指正。

洪雯

2021 年 12 月